高等职业教育机械制造类专业系列教材

机械加工工艺项目教程

主　编　肖善华

副主编　朱　利　严瑞强　王　强

参　编　刘咸超　王　信　宋　宁

主　审　袁永富

中国轻工业出版社

图书在版编目（CIP）数据

机械加工工艺项目教程/肖善华主编. —北京：中国轻工业出版社，2021.2

高等职业教育机械制造类专业系列教材

ISBN 978-7-5184-3133-5

Ⅰ.①机… Ⅱ.①肖… Ⅲ.①机械加工-工艺学-高等职业教育-教材 Ⅳ.①TG506

中国版本图书馆 CIP 数据核字（2020）第 147371 号

责任编辑：张文佳　宋　博

策划编辑：张文佳　　责任终审：李建华　　封面设计：锋尚设计

版式设计：霸　州　　责任校对：吴大鹏　　责任监印：张　可

出版发行：中国轻工业出版社（北京东长安街 6 号，邮编：100740）

印　　刷：三河市国英印务有限公司

经　　销：各地新华书店

版　　次：2021 年 2 月第 1 版第 1 次印刷

开　　本：787×1092　1/16　印张：14

字　　数：340 千字

书　　号：ISBN 978-7-5184-3133-5　定价：45.00 元

邮购电话：010-65241695

发行电话：010-85119835　　传真：85113293

网　　址：http://www.chlip.com.cn

Email：club@chlip.com.cn

如发现图书残缺请与我社邮购联系调换

200201J2X101ZBW

[前言] PREFACE

本教材是在《教育部关于全面提高高等职业教育教学质量的若干意见》(教育部 2006 年 16 号文件)、《教育部关于推进高等职业教育改革创新 引领职业教育科学发展的若干意见》(教职成〔2011〕1 号)和《教育部关于充分发挥职业教育行业指导作用的意见》(教职成〔2011〕6 号)、国务院关于印发《国家职业教育改革实施方案》的通知(国发〔2019〕4 号)(简称“职教 20 条”)精神指导下,根据该课程在数控专业中所承担的任务要求,依据行业主导、校企联合制定的《机械制造岗位职业标准》,参考中华人民共和国劳动及社会保障部制定的《国家职业标准》中级数控铣工、数控车工、加工中心操作工等级标准,由学校课程组牵头组织编写。

机械加工工艺课程是高职院校机械类专业的核心专业课程,基于项目课程的“机械加工工艺设计”的教材目前国内较少。本教材将传统的课程内容——金属切削知识、刀具角度、机械制造工艺规程、机械加工工艺等内容进行项目化编写,将机械工艺的理论知识与岗位实际技能相结合,以典型加工工艺为项目载体,按照项目组织教学,供学生边实践边学习理论,有效培养学生运用机械工艺理论知识,完成识读图纸、零件图技术文件分析、确定毛坯类型、制定加工定位基准、选择加工机床及相关的工装设备、正确使用刀具及检具、编写工艺规程、制定机械加工工艺的能力。每个项目都以项目工作任务的过程为引导,突出基础知识、技术技能和能力及职业素质的培养。

本书由宜宾职业技术学院肖善华担任主编,宜宾职业技术学院袁永富教授担任主审,朱利、严瑞强、王强担任副主编。参加编写工作的还有刘咸超、王信、宋宁。具体编写分工:项目 1、项目 11、项目 12 由王强编写;项目 2、项目 3 和项目 10 由刘咸超编写;项目 4、项目 6、项目 7 由朱利编写;项目 5、项目 8 由宋宁编写;项目 9、项目 13 由肖善华编写;项目 14 由严瑞强、王信编写。全书统稿由肖善华负责。

本书适合职业院校机电、数控、模具、机制等智能制造类专业作为教材使用,也可供有关教师与工程技术人员作为参考用书。

因编者水平有限,不足之处在所难免,恳请广大读者批评指正。读者在使用中发现错误或有更好的修改建议,请发邮件至作者邮箱:8868xsh@163.com 。

编者

[目 录]
CONTENTS

项目1　数控车床认识与选择

【项目概述】

数控车床是目前使用较为广泛的数控机床之一。 它主要用于轴类零件或盘类零件的内外圆柱面、任意锥角的内外圆锥面、复杂回转内外曲面和圆柱、圆锥螺纹等的切削加工，并能用于切槽、钻孔、扩孔、铰孔及镗孔等。 本项目将通过介绍数控和数控车床的基本概念，分析数控车床的组成和分类，使学生了解数控车床的主要技术指标，掌握数控车床性能指标的含义和影响，掌握数控车床的选择原则和方法。

【教学目标】

1. 能力目标

（1） 能对数控车床分类。

（2） 会识读数控车床的主要技术指标。

（3） 能合理正确选择数控车床。

2. 知识目标

（1） 了解数控与数控车床的概念。

（2） 掌握数控车床的组成和分类。

（3） 了解数控车床的主要特点。

（4） 了解数控车床的主要技术指标。

（5） 掌握数控车床性能指标的含义和影响。

（6） 掌握数控车床的选择原则和方法。

【任务描述】

选择制造设备是要为制造产品服务的。 选择的设备可能用于部分工序的加工，也可能用于全部工序。 制造水平的高低首先取决于工艺过程的设计。 工艺过程决定用什么方法和手段来加工，从而也决定了对使用设备的基本要求，这也是对生产进行技术组织和管理的依据。 如何选择适合的数控车床是数控加工工艺设计中的一个关键环节，也是一个综合性的技术问题。

【任务实施】

1.1　数控车床基础知识

1.1.1　数控

数控是“数字控制”的简称，数控技术是利用数字化信息对机械运动及加工过程进行控制的一种方法。

早期的数控系统是由硬件电路构成的，称为硬件数控（Hard NC）。20 世纪 70 年代以后，硬件电路元件逐渐被专用的计算机代替，一般是采用专用计算机并配有接口电路，可实现多台数控设备动作的控制，称为计算机数控系统。计算机数控系统所控制的通常是位置、角度、速度等机械量和与机械能量流向有关的开关量。因此现在的数控一般都是计算机数控（CNC），很少再用“数字控制”这个概念了。

图 1-1　数控车床 CK6132A

1.1.2　数控车床

数控车床是“数字控制车床”的简称，是一种装有程序控制系统的自动化车床，如图 1-1 所示。该控制系统能够逻辑地处理具有控制编码或其他符号指令规定的程序，并将其译码，用代码化的数字表示，通过信息载体输入数控装置。经运算处理后，数控装置发出各种控制信号，控制车床按图纸要求的形状和尺寸，自动地将零件加工出来。

数控车床较好地解决了复杂、精密、小批量、多品种的零件加工问题，是一种柔性的、高效能的自动化车床，代表了现代车床控制技术的发展方向，是一种典型的机电一体化产品。

1.2　数控车床的组成与分类

1.2.1　数控车床的组成

如图 1-2 所示，数控车床主要由车床本体和数控系统两大部分组成。

图 1-2　CKA6110A 型数控车床外形图

1—床身　2—主轴箱　3—电气控制箱　4—刀架　5—数控装置　6—尾座　7—导轨　8—丝杠

数控车床本体是数控机床的主体，主要由主机、数控装置、驱动装置、辅助装置、编程及其他附属设备等组成。主机是数控机床的主体，用于完成各种切削加工。

① 床身。机床床身是床身和床身底座的总称。底座是整台机床的支撑与基础，所有的机床部件均安装于其上，主电动机与冷却箱安装于床身右侧的底座内部。

② 主轴箱。主轴箱是一个复杂的传动部件，包括主轴组件、换向机构、传动机构、制动装置、操纵机构和润滑装置等。主轴箱的作用是支承主轴并使其旋转，实现主轴启动、制动、变速和换向等功能。

③ 电气控制箱。电气控制箱（图 1-3）内部用于安装各种机床电气控制元件、数控伺服控制单元、控制芯板和其他辅助装置。

④ 刀架。数控机床上的刀架是安放刀具的重要部件，许多刀架还直接参与切削工作，如卧式车床上的四方刀架、转塔车床的转塔刀架、回轮式转塔车床的回轮刀架、自动车床的转塔刀架和天平刀架等。

图 1-3　电气控制箱

数控车床可以配备以下两种刀架：

转塔刀架［图 1-4（a）］：由车床生产厂商开发，所使用的刀柄也是专用的。这种刀架制造成本低，但缺乏通用性。

四方刀架［图 1-4（b）］：根据一定的通用标准（如 VDI，德国工程师协会）而生产的刀架，数控车床生产厂商可以根据数控车床的功能要求选择配置。

(a) 转塔刀架　　(b) 四方刀架

图 1-4　刀架

⑤ 数控装置。数控装置是数控机床的核心，主要包括硬件（印刷电路板、CRT 显示器、键盒、纸带阅读机等）以及相应的软件（用于输入数字化的零件程序，并完成输入信息的存储、数据的变换、插补运算以及实现各种控制功能）。

⑥ 进给系统。进给系统在数控装置的控制下，通过电气或电液伺服系统实现主轴和进给驱动。它包括主轴驱动单元、进给单元、主轴电机及进给电机等。进给系统部分元件如图 1-5 所示。当几个进给联动时，进给系统可以完成定位、直线、平面曲线和空间曲线的加工。

(a) 伺服电机

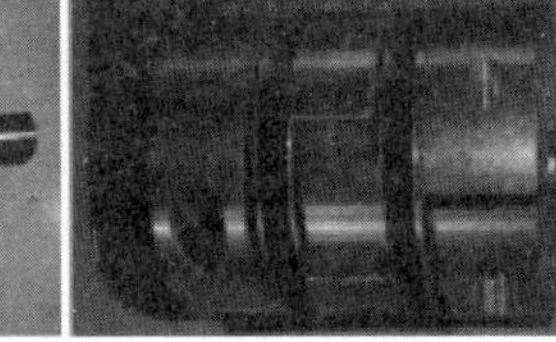

(b) 弹性联轴器

(c) 滚珠丝杠

图 1-5　进给系统部分元件

⑦ 尾座。尾座是用于配合主轴箱支承工件或工具的部件。尾座有普通液压尾座和可编程液压尾座。对轴向尺寸和径向尺寸的比值较大的零件，需要采用安装在液压尾座上的活顶尖对零件尾端进行支承，才能保证对零件进行正确的加工。

⑧ 辅助装置。辅助装置是指数控机床的一些必要的配套部件，用来保证数控机床的运行，如冷却、排屑、润滑、照明、监测等。辅助装置包括液压和气动装置、排屑装置、交换工作台、数控转台和数控分度头，还包括刀具及监控检测装置等。

⑨ 其他附属设备。可用来在机外进行零件的程序编制、存储等。

1.2.2　数控车床的分类

数控车床品种繁多、规格不一，一般可按如下方法进行分类。

（1）按车床主轴位置分类

① 立式数控车床，简称数控立车，如图 1-6 所示。其车床主轴垂直于水平面，主轴上有一个直径很大的圆形工作台，用来装夹工件。数控立车的优点是装夹工件方便，占地面积小，且它采用油水分离结构，可使冷却水清洁环保长久使用，主要用于加工径向尺寸大、轴向尺寸相对较小的大型复杂零件。

② 卧式数控车床，如图 1-7 所示。卧式数控车床又分为数控水平导轨卧式车床和数控倾斜导轨卧式车床，其倾斜导轨结构可以使车床具有更大的刚性，并易于排除切屑。卧式数控车床可实现自动控制，能够车削多种零件的内外圆、端面、槽、任意锥面、球面及公、英制螺纹、圆锥螺纹等，适用于大批量生产。

图 1-6　立式数控车床

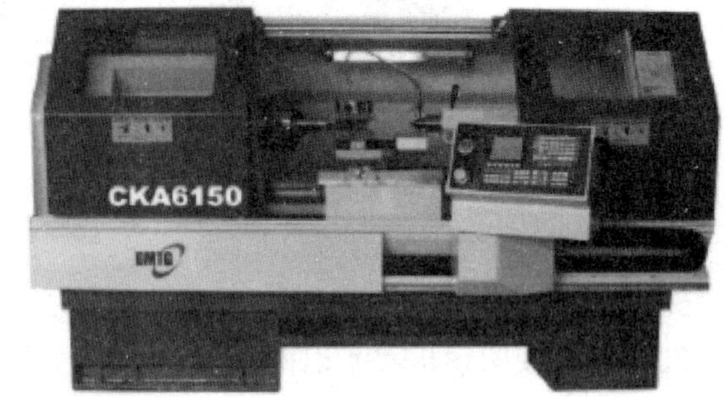

图 1-7　卧式数控车床

（2）按加工零件的类型分类

① 卡盘式数控车床，如图 1-8 所示。这类车床没有尾座，适合车削盘类（含短轴类）零件。卡盘结构多具有可调卡爪或不淬火卡爪（即软卡爪），其夹紧方式多为电动或液动

控制。

② 顶尖式数控车床，如图 1-7 所示。这类车床配有普通尾座或数控尾座，适合车削较长的零件及直径不太大的盘类零件。

图 1-8　卡盘式数控车床

图 1-9　车削加工中心

（3）按刀架数量分类

① 单刀架数控车床。这种车床一般都配置有各种形式的单刀架，如四工位卧动转位刀架或多工位转塔式自动转位刀架。

② 双刀架数控车床。这类车床的双刀架配置平行分布，也可以相互垂直分布。

（4）按功能进行分类

① 经济型数控车床，如图 1-7 所示。它是采用步进电动机和单片机对普通车床的进给系统进行改造后形成的简易型数控车床，成本较低，自动化程度和功能都比较差，车削加工精度也不高，适用于要求不高的回转类零件的车削加工。

② 普通数控车床。它是根据车削加工要求，在结构上进行专门设计并配备通用数控系统而形成的数控车床。普通数控车床数控系统功能强，自动化程度和加工精度也比较高，适用于一般回转类零件的车削加工。

③ 车削加工中心，如图 1-9 所示。加工中心是在普通数控车床的基础上，增加了 C 轴和动力头，更高级的数控车床带有刀库，可控制三个坐标轴。由于增加了 C 轴和铣削动力头，这种数控车床的加工功能大大增强，除可以进行一般车削外，还可以进行径向和轴向铣削、曲面铣削、中心线不在零件回转中心的孔和径向孔的钻削等。

（5）其他分类方法

按数控系统控制方式进行分类，数控车床可以分为开环控制数控车床、闭环控制数控车床、半闭环控制数控车床等；按特殊或专门工艺性能可分为螺纹数控车床、活塞数控车床、曲轴数控车床等多种。随着数控车削技术不断发展，车铣复合中心机床及双刀双主轴车床的应用日益广泛，如图 1-10、图 1-11 所示。

1.2.3　数控系统

（1）FANUC 数控系统

FANUC 系统是日本的 FANUC 公司创建的，该系统广泛应用于数控车床上。目前，在数控车床上使用的系统型号主要有 FANUC 18i TA/TB、FANUC 0i TA/TB/TC（图

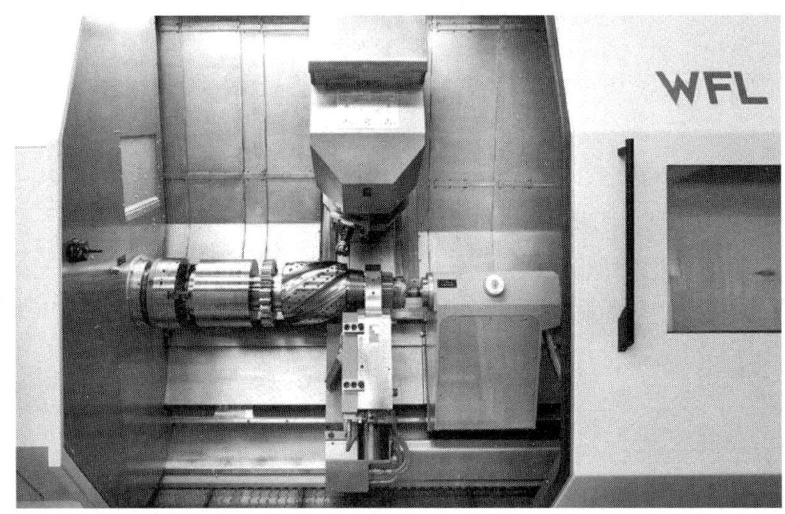

图 1-10　车铣复合中心

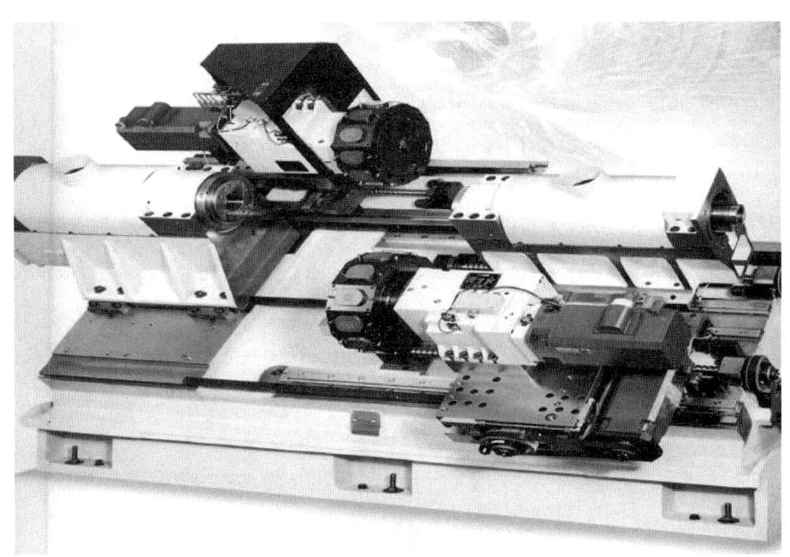

图 1-11　双刀双主轴车床

1-12)、FANUC 0 TD 等。

(2) SIEMENS 数控系统

SIEMENS 数控系统是西门子集团旗下自动化与驱动集团的产品。西门子数控系统 SINUMERIK 发展了很多代，目前广泛使用的主要有 802（图 1-13)、810、840 等几种类型。

(3) 国产数控系统

① 广州数控系统，如 GSK928T、GSK980T（图 1-14）等。

② 华中数控系统，如 HNC-21T（图 1-15）等。

③ 北京航天数控系统，如 CASNUC 2100 等。

④ 南京仁和数控系统，如 RENHE-32T/90T/100T 等。

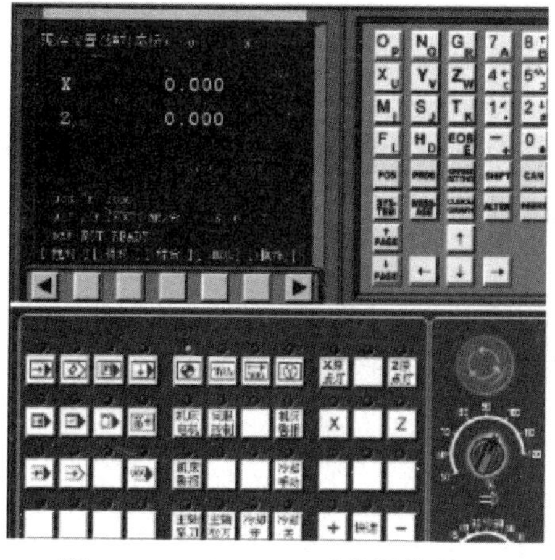

图 1-12　FANUC 0i 系统操作界面

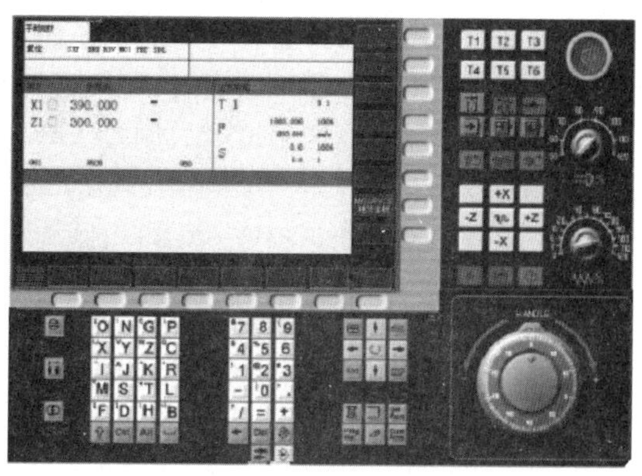

图 1-13　SIEMENS 802D 系统操作界面

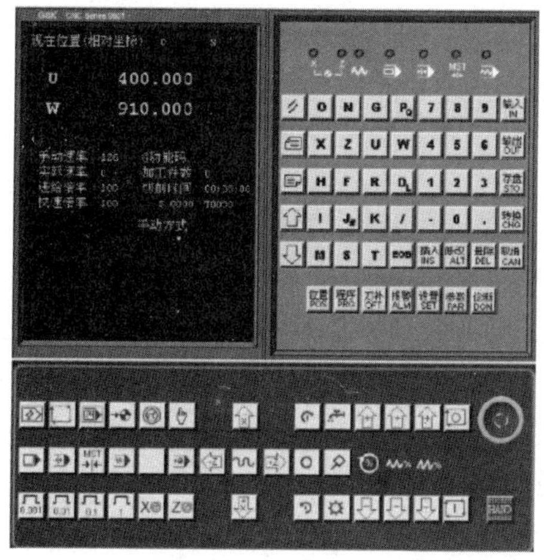

图 1-14　广数 GSK980T 系统操作界面

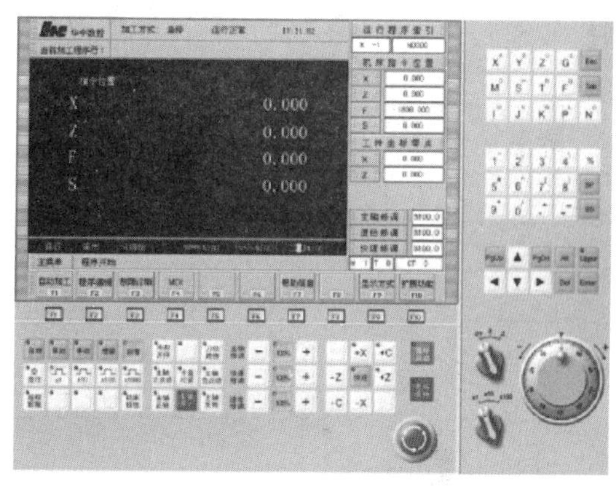

图 1-15　华数 HNC-21T 系统操作界面

（4）其他系统

国内使用较多的数控系统还有：海德汉系统、日本三菱数控系统和大森数控系统、法国施耐德数控系统、西班牙的法格数控系统、美国的 A-B 数控系统等。

1.3　数控车床的主要特点、技术参数

1.3.1　数控车床的主要特点

数控车床与普通车床在加工对象、车床结构以及工艺等方面有着很多的相似之处，但由于数控系统的存在，二者在车床机构、加工范围、加工精度等方面也有着很大的区别。与普通车床相比，数控车床有如下特点：

① 数控车床采用了全封闭或半封闭防护装置，可以防止金属切屑或切削液的飞溅。

② 数控车床大多采用自动排屑装置，使排屑更方便。

③ 数控车床主轴转速高，工件装夹更安全可靠。

④ 数控车床加工精度高，具有稳定的加工质量。

⑤ 数控车床可进行多坐标的联动，能加工形状复杂的零件。

⑥ 数控车床加工零件改变时，一般只需要更改数控程序，节省生产准备时间。

⑦ 数控车床本身的精度高、刚性大，可选择有利的加工用量，生产率高（一般为普通车床的 3～5 倍）。

⑧ 数控车床自动化程度高，可以减轻劳动强度。

⑨ 数控车床对操作人员的素质要求较高，对维修人员的技术要求更高。

1.3.2 数控车床的主要技术参数

数控车床的主要技术参数有：最大回转直径，最大车削直径，最大车削长度，最大棒料尺寸，主轴转速范围，*X*、*Z* 轴行程，*X*、*Z* 轴快速移动速度，定位精度，重复定位精度，刀架行程，刀位数，刀具装夹尺寸，主轴头型式，主轴电机功率，进给伺服电机功率，尾座行程，卡盘尺寸，机床重量，轮廓尺寸等。下面以配备 FANUC 0i 系统的 CKA6150/750 和配备 HNC 21T 系统的 CKA6136i 为例说明数控车床的主要技术参数。具体指标见表 1-1。

表 1-1　　数控车床的主要技术参数

项目		CKA6150/750	CKA6136i
床身最大工件回转直径/mm		ϕ500	ϕ360
刀架最大工件回转直径/mm		ϕ280	ϕ180
最大工件长度/mm		750	750
最大加工长度/mm		680	620
最大车削直径/mm	立式四工位刀台	ϕ500	ϕ360
	卧式六工位刀台	ϕ400	ϕ300
中心高/mm		250	—
坐标行程	*X* 向/mm	280	205
	Z 向/mm	685	625
横/纵向快速进给/(mm/min)		*X*:6000,*Z*:10000	*X*:4000,*Z*:5000
主轴			
主轴转速范围/(r/min)	手动＋变频型	低:7～135,中:30～550,高:110～2200	—
	单主轴＋变频型	—	200～3500
主轴头型式		D8	单主轴＋变频型 A2-5
主轴通孔直径/mm		ϕ82	ϕ40
主电机(变频型)功率/kW		7.5	5.5
刀台	刀位数	卧式 6 工位	4 工位
刀台转位重复定位精度/mm		0.008	—
换刀时间(单工位)/s		3	—

续表

项目		CKA6150/750	CKA6136i
刀杆截面/mm		25×25	20×20
尾架	套筒最大行程/mm	150	130(手动尾架)
	套筒直径/mm	$\phi75$	$\phi63$
	套筒锥孔锥度	莫氏 5 号	莫氏 4 号
数控系统		FAUNC 0i	HNC 21T
机床外形尺寸(长×宽×高)/mm		2580×1750×1620	2300×1480×1520
机床净重/kg		2550	1800

1.3.3 数控车床性能指标

数控车床的性能指标包括数控车床的精度、数控车床的可控轴数与联动轴数、数控车床的运动性能和数控车床加工能力四个方面。数控车床的性能指标见表 1-2。

表 1-2　　数控车床的性能指标

种类	项目	含　义	影　响
精度指标	定位精度	数控车床工作台等移动部件在确定的终点所达到的实际位置的水平	直接影响加工零件的位置精度
	重复定位精度	统一数控车床，应用相同加工程序加工一批零件所得连续质量的一致程度	影响一批零件的加工一致性、质量稳定性
	分度精度	分度工作台在分度时，理论要求回转的角度值与实际回转角度值的差值	影响零件加工部位的空间位置及孔系加工的同轴度
	分辨率	数控车床对两个相邻的分散细节间可分辨的最小间隔	决定车床的加工精度和表面质量
	脉冲当量	执行运动部件的移动量	决定车床的加工精度和表面质量
坐标轴	可控轴数	车床数控装置能控制的轴数	影响车床功能、加工适应性和工艺范围
	联动轴数	车床数控装置控制的坐标轴同时到达空间某一点的坐标数目	影响车床功能、加工适应性和工艺范围
运动性能指标	主轴转速	车床主轴转动速度	可加工小孔和提高零件表面质量
	进给速度	车床进给线速度	影响零件加工质量、生产效率和刀具寿命
	行程	数控车床坐标轴空间运动范围	影响加工零件大小
	摆角范围	数控车床摆角坐标的转角大小	影响加工零件的空间大小和机床刚度
	刀库容量	刀库能存放加工所需的刀具数量	加工适应性及加工范围
	换刀时间	带自动换刀装置的机床在主轴用刀与刀库中与下工序用刀交换所需的时间	影响加工效率
加工能力指标	每分钟最大金属切除率	单位时间内去除金属余量的体积	影响加工效率

1.4 数控车床的选择

如何从品种繁多、价格昂贵的数控设备中选择适用的设备，如何使这些设备在制造中充分发挥作用而且又能满足加工要求，都是数控加工工艺设计中必须正确处理的问题。一般来说，数控车床的选择应从以下几个方面考虑：

① 根据典型零件的工艺路线、加工工件的批量和拟定数控车床应具有的功能是合理选择车床型号的前期准备。

② 合理选择数控车床的另一个重要依据是满足典型零件的工艺要求。典型零件的工艺要求主要是零件的结构尺寸、加工范围和精度要求。根据精度要求，即工件的尺寸精度、定位精度和表面粗糙度的要求来选择数控车床的控制精度。

③ 数控车床的选择还应考虑数控车床的可靠性。可靠性是提高产品加工质量和生产效率的保证。数控车床的可靠性是指车床在规定条件下执行其功能时，能够长时间稳定运行而不出故障，即平均无故障时间长，即使出了故障，短时间内也能恢复，重新投入使用。选择数控车床时应选择结构合理、制造精良，并已批量生产的车床。一般用户越多，数控系统的可靠性越高。

1.5 考核评价小结

（1）形成性考核评价（30%）

形成性考核评价根据考勤、学生课堂表现等进行考核评价，评价表见表 1-3。

（2）数控车床的认识与选用考核评价（70%）

数控车床的认识与选用考核评价由学生自评、小组内互评、教师评价组成，评价表见表 1-4。

表 1-3　　数控车床的认识与选用形成性考核评价表

<table>
<tr><th>小组</th><th>成员</th><th>考勤</th><th>课堂表现</th><th>汇报人</th><th>补充发言
自由发言</th></tr>
<tr><td rowspan="4">1</td><td></td><td></td><td></td><td rowspan="4"></td><td rowspan="4"></td></tr>
<tr><td></td><td></td><td></td></tr>
<tr><td></td><td></td><td></td></tr>
<tr><td></td><td></td><td></td></tr>
<tr><td rowspan="4">2</td><td></td><td></td><td></td><td rowspan="4"></td><td rowspan="4"></td></tr>
<tr><td></td><td></td><td></td></tr>
<tr><td></td><td></td><td></td></tr>
<tr><td></td><td></td><td></td></tr>
<tr><td rowspan="5">3</td><td></td><td></td><td></td><td rowspan="5"></td><td rowspan="5"></td></tr>
<tr><td></td><td></td><td></td></tr>
<tr><td></td><td></td><td></td></tr>
<tr><td></td><td></td><td></td></tr>
<tr><td></td><td></td><td></td></tr>
</table>

表 1-4　　数控车床的认识与选用考核评价表

序号	项目名称			自评（15%）	互评（20%）	教评（65%）	得分
	评价项目	扣分标准	配分				
1	数控车床的组成	不正确，酌情扣分	15				
2	数控车床的分类	不清楚，酌情扣分	10				
3	数控车床规格的选用	不合理，酌情扣 10～20 分	20				
4	数控车床精度的选择	不合理，酌情扣 5～10 分	10				
5	数控车床系统的选择	不合理，酌情扣 5～15 分	15				
6	车床换刀装置的选用	不合理，酌情扣 5～10 分	10				
7	数控车床功能的选择	不合理，酌情扣 5～10 分	10				
8	数控车床附件的选择	不合理，酌情扣 5～10 分	10				
互评小组		指导教师		项目得分			
备　注				合　计			

拓展练习

1. 简述如何根据零件的技术要求合理选择数控车床。
2. 数控车床有哪些分类？

项目2　数控车刀认识及选择

【项目概述】

先进的数控加工设备与高性能的数控刀具相配合，才能充分发挥其应有的效能，获得良好的经济效益。随着刀具材料的迅速发展，各种新型刀具材料的物理、力学性能和切削加工性能都有了很大的提升，应用范围也在不断扩大。

【教学目标】

1. 能力目标

能正确选择数控车刀；能正确选择数控车刀切削部分的几何角度；培养独立工作的能力和安全文明生产的习惯。

2. 知识目标

（1）认识数控车刀切削部分材料性能的要求。

（2）熟悉常用数控车刀切削部分的几何角度。

（3）掌握数控车刀几何要素的名称和主要作用，并能初步选择车刀。

（4）掌握数控车刀的前角、后角、主偏角、副偏角、刃倾角的选择原则。

【任务描述】

数控刀具是机械制造中用于数控切削加工的工具。广义的数控刀具既包括刀具，还包括磨具；同时，除切削用的刀片外，数控刀具还包括刀杆和刀柄等附件。数控刀具的选择是在数控编程的人机交互状态下进行的。应根据机床的加工能力、工件材料的性能、加工工序、切削用量以及其他相关因素正确选用数控刀具及刀柄。

【任务实施】

2.1　认识数控车刀

2.1.1　数控车刀切削部分材料性能的要求

数控车刀的使用寿命和生产效率取决于数控车刀材料的切削性能。数控车刀由刀头和刀杆两部分组成，刀杆一般是用碳素结构钢制成。由于刀头担任切削工作，因此刀头材料必须具有下列基本性能：

（1）冷硬性

数控车刀在常温时具有较高的硬度，即数控车刀的耐磨性。一般数控车刀的常温洛氏

硬度应在 HRC60 以上。

（2）红硬性

数控车刀在高温下保持切削所需的硬度。该温度的最高值称为“红热硬度”，是评定数控车刀材料切削性能好坏的重要标志。

（3）韧性

数控车刀切削部分承受振动和冲击负荷所具有的强度和韧性。数控车刀在切削过程中要承受较大的切削力或冲击力，因此数控车刀材料必须具有足够的强度和韧性，才能防止数控车刀发生脆性断裂和崩刃。

数控车刀材料的以上三种性能是相互联系、相互制约的，在具体选用时，要考虑工件材料的性能和切削要求，同时还要考虑数控车刀材料价格、工艺性能，尽量以较低的成本加工、刃磨和焊接制造数控车刀。几种常用的数控车刀如图 2-1 所示。

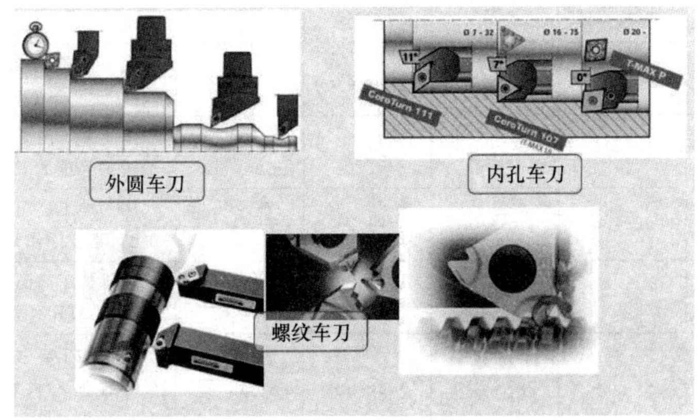

图 2-1　几种常用的数控车刀

2.1.2　常用刀具材料

目前数控车刀切削部分的常用材料主要有高速钢、硬质合金和非金属材料，碳素工具钢、合金工具钢多用于钻头、丝锥等工具，用于数控车刀的较少。现分别介绍用作数控车刀刀头的两种主要材料：高速钢及硬质合金。

（1）高速钢

高速钢是一种含钨、铬、钒较多的合金钢，又名锋钢、风钢或白钢。常见高速钢牌号、力学性能、适用范围见表 2-1。用得最多的高速钢是 W18Cr4V 高速钢，它的综合性能好、通用性强、可磨性好，适用于制造各种类型的数控车刀。但它具有碳化物分布不均匀、热塑性差的缺点，因此不能用热成型的方法制造数控刀具。

表 2-1　　常见高速钢牌号、力学性能、适用范围

钢号	硬度（HRC）	抗弯强度/GPa	冲击韧性/（MJ/m^2）	600℃时的硬度（HRC）	适用范围
W18Cr4V(W18)	63～66	3.0～3.4	0.2～0.3	48.5	加工一般钢与铸铁，可制造各种数控刀具，但不宜用热成型法制造数控刀具

续表

钢号	硬度（HRC）	抗弯强度/GPa	冲击韧性/(MJ/m^2)	600℃时的硬度(HRC)	适用范围
W6Mo5Cr4V2(M2)	63～66	3.5～4.0	0.3～0.4	47～48	加工一般钢与铸铁，可制造轧制数控刀具及要求热塑性好的数控刀具和受冲击力大的数控刀具
W14Cr4VMnXt	64～66	～4.0	～0.31	50.5	加工一般钢与铸铁，可制造各种数控刀具
W9Mo3Cr4V	63～66	4.0～4.5	0.35～0.4	—	加工一般钢与铸铁，可制造各种数控刀具
W12Cr4V4Mo(EV4)	66～67	～3.2	～0.1	52	用于制造对耐磨性要求高的数控刀具
W6Mo5Cr4V3(M3)	65～67	～3.2	～0.25	51.7	用于制造对耐磨性要求高的数控刀具
W9Cr4V5	63～66	～3.2	～0.25	51	用于制造对耐磨性要求高的数控刀具
W6Mo5Cr4V2Co8(M36)	66～68	～3.0	～0.3	54	用于加工高温合金、钛合金、奥氏体不锈钢等难加工材料
W12Cr4V5Co5(T15)	66～68	～3.0	～0.25	54	用于加工高温合金、不锈钢等，但因难磨，不宜用作复杂数控刀具
W9Cr4V5Co3	—	—	—	—	用于加工高温合金、不锈钢等，但因难磨，不宜用作复杂数控刀具
W2Mo9Cr4VCo8(M41)	67～69	2.7～3.8	0.2～0.3	55	用于加工高强度钢、高温合金、钛合金等难加工材料，可用作各种数控刀具
W7Mo4Cr4V2Co5(M41)	67～69	2.5～3.0	0.2～0.3	54	用于加工高强度钢、高温合金、钛合金等难加工材料，可用作各种数控刀具
W9Mo3Cr4V3Co10	66～69	～2.4	0.2～0.3	54	用于加工高强度钢、高温合金、钛合金等难加工材料，可用作各种数控刀具
W12Cr4V3Mo3Co5Si	67～69	2.4～3.3	0.1～0.2	54	用于加工高强度钢、高温合金、钛合金等难加工材料，可用作各种数控刀具
W6Mo5Cr4V2Al	67～69	2.9～3.9	0.2～0.3	55	可代替高钴高速钢加工难加工材料
W6Mo5Cr4V5SiNbAl	66～68	3.6～3.9	0.2～0.3	51	可代替高钴高速钢加工难加工材料
W10Mo4Cr4V3Al	67～69	3.1～3.5	0.2～0.3	54	可代替高钴高速钢加工难加工材料

（2）硬质合金

硬质合金是由难熔材料碳化钨、碳化铁和钴的粉末在高压下成型，经 1350～1560℃ 高温烧结而成的材料，其硬度极高，仅次于陶瓷和金刚石。硬质合金的红硬性很好，在 1000℃左右仍能保持良好的切削性能；硬质合金具有较高的使用强度，抗弯强度可高达 1000～1700MPa，但其脆性大、韧性差、怕振，这些缺点可通过刃磨合理的角度加以克服，因此，其现已被广泛应用。

常用的硬质合金可根据其合金元素不同，分为以下四类：

① 钨钴合金　它由碳化钨和钴组成，常温时的硬度为 HRA 87～92，代号为 YG，常用牌号为 YG3、YG3X、YG6、YG6X、YG8、YG8C 等，其中 YG3X 和 YG6X 属于细颗粒碳化钨合金。YG6 则是我国试制成功的一种含有少量碳化钴的细颗粒硬质合金。

钨钴合金冷硬性很高，韧性也较好，宜用于加工脆性材料，如金属蚀口铸铁，也可用于车削冲击性较大的工件。由于它的红硬性较差，在 600℃时，钨钴合金容易和切屑黏结，使刀头前面磨损，故不宜用于车削软钢等韧性金属。

YG6X 细颗粒碳化钴合金耐磨性较好，其强度接近 YG6，因此车削冷硬合金铸铁、耐热合金钢及普通铸铁等都有良好效果。

② 钨钴钛合金。它由碳化钨、碳化钛及元素钴组成，代号用 YT 表示，常用的有 YT5、YT14、YT15、YT30 等牌号。钨钴钛合金的冷硬性能和红硬性能比硬质合金高。在高温条件下比钨钴合金耐热耐磨、抗黏性大，宜用于加工钢料及其他韧性金属材料，但由于性脆，不耐冲击，故不宜用于加工脆性金属。

③ 钨钴钛铌合金。它是钨钴钛合金中的新产品，由碳化钨、碳化钛、碳化钴、少量碳化铌组成，代号为 YW，常用牌号为 YW1、YW2。它的耐磨性和热硬性都比较好，适用于切削各种铸铁和特殊合金钢材，如不锈钢、耐热钢、高锰钢等较难加工的材料。

④ 碳化钛基硬质合金。它以碳化钛为主要成分，铌、钼作为黏结金属，代号 YN。因碳化钛在所有碳化物中硬度最高，所以此类合金硬度很高，达 HRA90～95，且有较高的耐磨性和抗月牙洼磨损的能力，有较好的耐热性和抗氧化能力，在 1000～1300℃高温下仍能切削。切削速度可达 300～400m/min。此外，该合金化学稳定性好，与工件材料亲和力小、摩擦因数小、抗黏结能力强。这种合金可以加工钢件，也可以加工铸铁，当前主要用于精加工及半精加工。因其抗塑性变形和抗崩刃性差，所以不适于重切削及断续切削。

在选用硬质合金时，应根据硬质合金本身性能特点、加工工件材料和切削条件等因素综合考虑。表 2-2 为国产常用硬质合金的牌号、成分及性能，可作为选用的参考。

表 2-2　　几种常用国产硬质合金的牌号、成分及性能

牌号	密度 /(g/cm³)	硬度 (HRA)	抗弯强度 /GPa	对应的 ISO 牌号	使用性能	适用范围
YG610	14.4～14.9	93	1.2 (120)	K01～K10	属超细晶粒合金，具有较高的耐磨性和耐热性，较好的强度和韧性	适用于冷硬铸铁、合金铸铁、喷焊、堆焊及 HRC 65 以下的淬硬钢的连续切削
YG532	14	91	1.8 (180)	K20～K30	硬度高，韧性好，高温性能好，抗黏结，耐磨损，加工表面粗糙度参数值低	适用于奥氏体、马氏体不锈钢、无磁钢、高温合金、合金铸铁等大件的粗、精加工
YT05 (YT2)	12.5～12.9	92.5	1.2 (120)	P05	耐磨性高，耐热性良好，具有足够的高温硬度和韧性	适用于碳素钢、合金钢和高强度钢的高速精加工和半精加工，也适用于淬硬钢及含钴较高的合金的加工

续表

牌号	密度 /(g/cm³)	硬度 (HRA)	抗弯强度 /GPa	对应的 ISO 牌号	使用性能	适用范围
YT35	12.5～12.6	91.2	2.1 (210)	P35	属超细晶粒合金，使用强度和抗冲击性能优良，耐磨性优于YT5	适用于各类钢材，尤其是锻、铸件表皮粗车、粗铣和粗刨
YT726	13.6～14.5	92	1.4 (140)	K05～K10/M10	有高的耐磨性和耐热性	适合加工耐热合金、高强度钢、淬硬钢及HRC62以下喷焊材料的半精加工和精加工，加工有色金属、合金铸铁、冷硬铸铁、喷焊、堆焊材料等
YN10	6.3	92	1.1 (110)	P05	为碳化钛基硬质合金，耐磨性和耐热性较高，抗振性差，焊接及刃磨性能优于YT30	适用于碳素钢、合金钢、不锈钢、工具钢及淬硬钢的连续面精切
YN05	5.9	93.3	0.95 (95)	P01	为碳化钛基硬质合金，耐磨性接近陶瓷，耐热性极好，抗冲击及抗振性差	适用于钢、淬硬钢、合金钢、不锈钢、铸铁和合金铸铁的高速精加工
YW3	12.7～13.3	92	1.4 (140)	M10，M20	耐磨性及耐热性很高，抗冲击和抗振性能中等，韧性较好	适用于耐热合金钢、高强度钢、低合金超高强度钢的精加工和半精加工，亦可在冲击小的情况下粗加工
YW4	12.1～12.5	92	1.3 (130)	P10/M10	具有极好的耐高温性能和抗黏结性，通用性良好	适用于碳素钢、除镍基以外的大多数合金钢、调质钢，特别适合耐热不锈钢的精加工

2.1.3 其他数控刀具材料

除高速钢和硬质合金两种常用切削材料外，数控刀具材料还有碳素工具钢、合金工具钢、金刚石、陶瓷等。但由于碳素工具钢、合金工具钢的切削性能差，而金刚石价格高，因此以上三者较少采用。

陶瓷材料是以氧化铝为主要成分，冷压或热压成型，在高温下烧结而成的一种刀具材料。由于陶瓷材料比硬质合金的红硬性更好、耐磨性好、价格低，用作数控刀具时，切削速度比高速钢高4～7倍，寿命高5～8倍，因此近年来正成为一种应用广泛的刀具材料。但由于陶瓷材料性脆、怕冲击、刃磨困难，热导率低，很难被机械加工，因此常制成刀片镶焊在刀杆上使用，所以在使用时仍受到一定的限制。

按成分来分陶瓷材料有以下几种：

① 高纯氧化铝陶瓷，其主要成分为氧化铝（Al_2O_3）及微量用于细化晶粒的氧化镁MgO，经冷压烧结而成，硬度为HRA92～94，抗弯强度为0.392～0.491GPa。

② 复合氧化铝陶瓷，其是在Al_2O_3基体中添加诸如TiC、Ni和Mo等合金元素，经热压成型，硬度达到HRV93～94，抗弯强度为0.589～0.785GPa。

③ 复合氮化硅陶瓷，其是在Si_3N_4基体中添加TiC和Co，进一步提高了切削性能，可对冷硬铸铁、合金铸铁进行粗加工。

2.2　数控车刀结构

2.2.1　数控车刀切削部分的几何角度

（1）刀具切削部分的组成

金属切削刀具切削部分的结构要素、几何角度与斧头等有许多共同的特征。如图 2-2 所示，各种多齿刀具或复杂数控刀具，就其一个刀齿而言，都相当于一把斧头的刀头。数控车刀是由刀头（切削部分）和刀体（夹持部分）所组成。车刀的切削部分是由三面、两刃、一尖所组成，即“一点二线三面”，如图 2-3 所示。

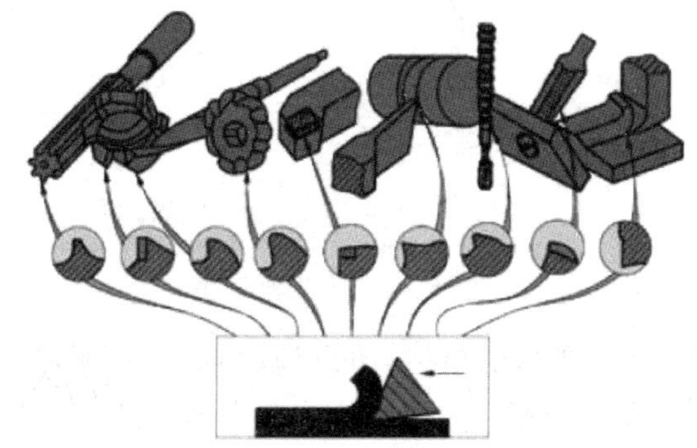

图 2-2　刀具的切削部分

① 前刀面。切屑流出时，刀头与切屑相接触的表面，又称前面，用符号 A_γ 表示。

② 主后刀面。刀头上与切削表面相对的表面，又称主后面，用符号 A_α 表示。

③ 副后刀面。刀头上与工件已加工表面相对的表面，又称副后面，用符号 A'_α 表示。

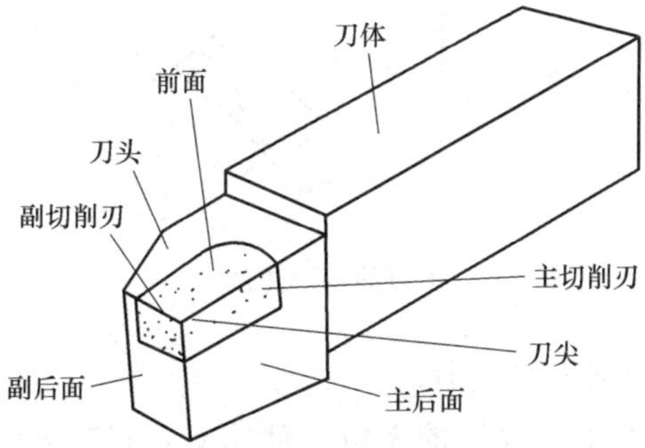

图 2-3　车刀的组成

④ 主切削刃。前面与主后刃面的交线，担负主要的切削工作。

⑤ 副切削刃。前面与副后刃面的交线，也起切削作用。

⑥ 刀尖。主切削刃与副切削刃的交点。

任何数控车刀都由以上部分组成，只是数目不完全相同，如普通外圆数控车刀的刀头部分一般由三面、两刃和一尖组成，但切断刀则由两个副切削刃和两个刀尖组成。

刀头部分的切削刃可以是直线，也可以是曲线，如样板数控车刀的切削刃就是曲线。

（2）辅助基准面

为了确定和测量数控车刀的几何角度，需要选择几个辅助平面作为基准面，如图 2-4 所示。

① 切削平面。通过切削平面并与该点切削速度方向相垂直的平面，用符号 P_s 表示。

② 基面。通过切削刃选定点并与工件过渡表面相切，且垂直于切削平面的平面，用符号 P_r 表示。

③ 正交平面。通过主切削刃选定点且垂直于主切削平面和基面的平面，用符号 P_o 表示。

当主切削刃与水平面平行时，切屑流出的方向正接近于这一平面所处的位置，因此数

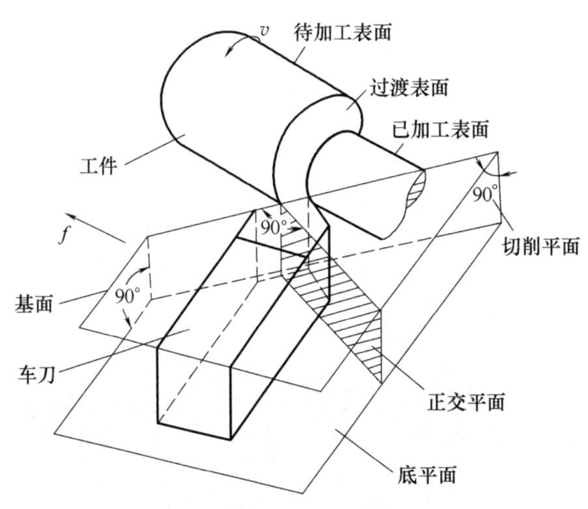

图 2-4　刀具的辅助基准面

控车刀上主要切削角度都在正交平面上进行测量，如前角、后角的测量。

（3）数控车刀的切削角度

数控车刀的切削角度共有七项，用于表示切削部分的几何形状，并可在主截面与上述三个基准面内度量，如图 2-5 所示。

① 前角 γ_o。它是数控车刀前刀面与基面之间在正交平面投影的角度，符号 γ_o。它是数控车刀切削部分的一个主要工作角度，直接影响数控车刀主切削刃的锋利度和刃口强度。加大前角 γ_o，可以减小切屑变形和摩擦，从而降低切削力和切削热，切削起来较快，但另一方面，前角 γ_o 过大，会削弱刀尖强度，减少散热能力，加剧刀具磨损。

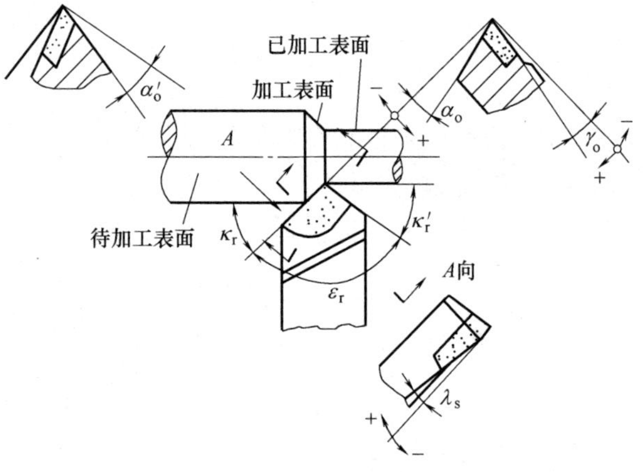

图 2-5　车刀的切削角度

② 后角 α_o。它是数控车刀副后刀面与基面之间在正交平面的投影角度，符号 α_o。它影响主后面与过渡表面之间的摩擦情况。

③ 主偏角 κ_r。它是主切削刃与进给方向在基面上投影的夹角，符号 κ_r。它影响主刀刃参加工作的长度，并影响切削力的大小。

④ 副偏角 κ_r'。它是副切削刃与进给方向在基面上投影的夹角，符号 κ_r'。它影响已加工表面的粗糙度及副刀刃参加工作的长度。

⑤ 刀尖角ε_r。刀尖角为主、副切削刃在基面上投影的夹角，符号ε_r。刀尖角的大小影响刀尖的强度及导热能力。

⑥ 刃倾角 λ_s。它是主切削刃与基面间的夹角，符号 λ_s，主要影响排屑情况和刀尖承受冲击的能力。当刀尖在主切削刃最低点时，λ_s 为正值；当刀尖在主切削刃最高点时，λ_s 为负值。当刀刃与基面平行时，λ_s 为零度。

⑦ 副后角 α_o'。它是副切削平面在副截面内的夹角，符号 α_o'，其作用与后角 α_o 相似。

2.2.2　数控车刀几何角度选择

合理选择数控车刀的几何参数，可保证零件的加工精度、粗糙度，增大切削用量，减少数控车刀磨损，提高刀具耐用度，降低成本，提高生产效率。

（1）前角 γ_o

前角 γ_o 大小主要与需切削的工件材料及刀具材料性能有关，选择前角 γ_o 时可考虑以下一些影响因素：

1）工件材料对前角选择的影响。车削塑性材料工件时，切屑呈带状，切削力集中在离主切削刃较远的前刀面上，刀尖不易受损。为减少变形，应取较大的前角。而车削脆性材料工件，其切屑呈碎粒状，加上工件表面硬度高，通常含有杂质及有砂眼、缩孔等缺陷，使刀尖附近集中了很大的冲击力，为保护刀尖，加工时一般前角应取小些。

但在加工较硬材料工件时，因切削阻力大，应取较小前角，以保证数控车刀刀刃强度。如在加工铬锰钢、淬硬钢工件时，数控车刀前角通常磨成负前角，以增加数控车刀耐用度。

2）刀具材料对前角选择的影响。采用硬质合金、高速钢等不同刀具材料，切削时其数控车刀前角大小选择有所不同，高速钢数控车刀前角一般比硬质合金数控车刀的前角大。

3）加工特点对前角选择的影响。加工阶段不同，前角的选择不同：粗加工时，切削深度大、切削时的冲击力大，为提高车削效率，应采用较小的前角；精加工时，切削深度小、进给量小、切削时的冲击力小，为减少变形，提高精度，前角可选择大些。

（2）后角 α_o

后角的选择原则是在保证刀具有足够的散热性能和强度的基础上，保证刀具锋利和减少与工件摩擦，一般不宜过大，否则会加速刀具磨损，降低刀具强度而造成崩刃。

在加工塑性材料时，由于工件表面弹性复原会与刀具后面发生摩擦，为了减少摩擦，应取大些后角；加工脆性材料时，应取小些后角。高速钢刀具后角一般可在 6°～12° 选取。

（3）主偏角 κ_r

主偏角 κ_r 主要是改变刀具散热情况，并适应机床—刀具—夹具系统的刚度需要。为了改善刀具的散热情况，常采用较小的主偏角。因此选择主偏角的原则是：在机床—刀具—夹具刚度允许的范围内，主偏角应尽量小些，一般可在 45°～75°选取；但在车细长轴时为了减少工件弯曲和振动，宜采用较大主偏角，一般可在 75°～90°选取；车阶台轴时 κ_r 取 90°。

（4）副偏角 κ_r'

副偏角的主要作用是减少副刀刃与工件之间的摩擦。此外，还可以改善工件表面光洁度及刀具散热情况。副偏角一般可在 10°～15°选取。

（5）刃倾角 λ_s

刃倾角 λ_s 的作用是改变切屑流动方向，以增加刀尖强度。当刃倾角是负值时，切屑向待加工面方向流出，刀尖强度差些；刃倾角是正值时，切屑向已加工方向流出，刀尖强度高；当刃倾角为零度时，切屑则垂直于刀刃方向流出。所以在选取角度时：粗加工取正值，精加工取负值，一般刃倾角 λ_s 可在 $-4°\sim+4°$ 选取；微量切削时，为增加切削刃的锋利程度和切薄能力，可取 $\lambda_s=45°\sim75°$；当工艺系统刚度较差时，一般不宜采用负刃倾角，以避免径向力的增加。以上角度一般均指静态下测量的角度。

2.2.3 硬质合金数控车刀几何角度选择的参考值

为了数控车刀的加工、调试方便，根据数控车刀的加工工艺特性和实际加工情况，对于数控车刀这一大类车刀中最常见的硬质合金车刀，针对粗加工和精加工的不同特点，国标给出了合理前角、后角的参考值，见表 2-3。

表 2-3　　硬质合金车刀合理前角、后角的参考值

工件材料种类	合理前角 γ_o 参考值/(°)		合理后角 α_o 参考值/(°)	
	粗车	精车	粗车	精车
低碳钢	20～25	25～30	8～10	10～12
中碳钢	10～15	15～20	5～7	6～8
合金钢	10～15	15～20	5～7	6～8
淬火钢	－15～－5		8～10	
不锈钢(奥氏体)	15～20	20～25	6～8	8～10
灰铸铁	10～15	5～10	4～6	6～8
铜及铜合金(脆)	10～15	5～10	6～8	6～8
铝及铝合金	30～35	35～40	8～10	10～12
钛合金($\sigma_b \leqslant$1.177GPa)	5～10		10～15	

注：粗加工用的硬质合金车刀，通常都有负倒棱及负刃倾角。

2.3 考核评价小结

(1) 形成性考核评价（30%）

形成性考核评价由学生自评、小组内互评、教师评价。评价表见表 2-4。

表 2-4　　数控车刀形成性考核评价表

小组	成员	考勤	课堂表现	汇报人	补充发言 自由发言
1					
2					
3					

（2）选择考核评价（70%）

数控车刀的选择考核评价由学生自评、小组内互评、教师评价三部分组成，评价表见表 2-5。

表 2-5 数控车刀的选择考核评价表

<table>
<tr><td rowspan="2">序号</td><td>项目名称</td><td></td><td rowspan="2">配分</td><td rowspan="2">自评
（15%）</td><td rowspan="2">互评
（20%）</td><td rowspan="2">教评
（65%）</td><td rowspan="2">得分</td></tr>
<tr><td>评价项目</td><td>扣分标准</td></tr>
<tr><td>1</td><td>确定刀具类型</td><td>不合理，扣 5～10 分</td><td>20</td><td></td><td></td><td></td><td></td></tr>
<tr><td>2</td><td>确定刀具材料</td><td>不合理，扣 5 分</td><td>25</td><td></td><td></td><td></td><td></td></tr>
<tr><td>3</td><td>确定刀具角度</td><td>不合理，扣 5～10 分</td><td>20</td><td></td><td></td><td></td><td></td></tr>
<tr><td>4</td><td>填写刀具卡片</td><td>不合理，扣 5 分</td><td>35</td><td></td><td></td><td></td><td></td></tr>
<tr><td>互评小组</td><td></td><td>指导教师</td><td></td><td colspan="2">项目得分</td><td colspan="2"></td></tr>
<tr><td>备　注</td><td colspan="3"></td><td colspan="2">合　计</td><td colspan="2"></td></tr>
</table>

拓展练习

1. 与高速钢刀具相比，硬质合金刀具有哪些优点？
2. 数控车刀前角增大对数控车削有什么影响？

项目3　台阶轴零件加工工艺

【项目概述】

台阶轴类零件是常见的零件之一。按轴类零件结构形式不同，一般可分为光轴、阶梯轴和异形轴三类；或分为实心轴、空心轴等。它们在机器中用来支承齿轮、带轮等传动零件，传递转矩或运动。台阶轴的加工工艺较为典型，反映了轴类零件加工的大部分内容与基本规律。

【教学目标】

1. 能力目标

能正确设计轴类零件的加工工艺卡；能正确选择合适的阶梯轴定位基准；能正确选择合适的阶梯轴刀具。

2. 知识目标

（1）熟悉台阶轴零件的加工路线。

（2）熟悉阶梯轴的工艺分析。

（3）熟悉阶梯轴工艺路线的拟定。

（4）掌握阶梯轴加工刀具、夹具的选择。

【任务描述】

如图3-1所示为某减速箱中的台阶轴零件。它由圆柱面、轴肩、键槽等组成。轴肩一般用来确定安装在轴上零件的轴向位置，各环槽的作用是使零件装配时有一个正确的位

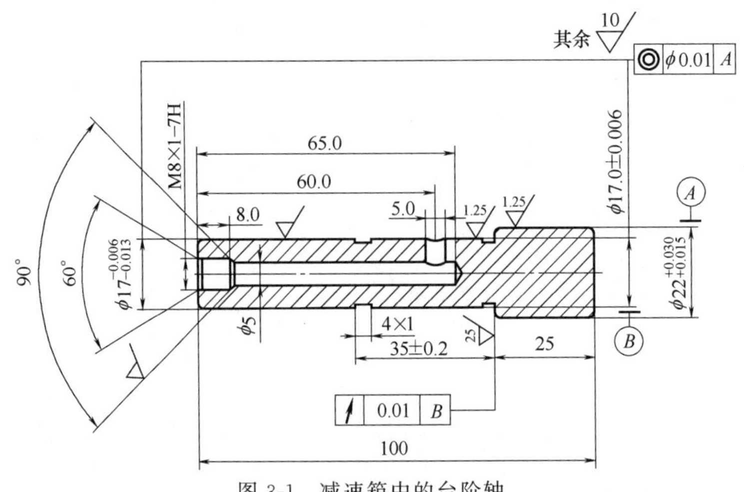

图3-1　减速箱中的台阶轴

置，并使加工中磨削外圆时退刀方便；键槽用于安装键，以传递转矩。

【任务实施】

3.1 台阶轴毛坯及材料分析

3.1.1 轴类零件的毛坯和材料介绍

（1）轴类零件的毛坯

轴类零件可根据使用要求、生产类型、设备条件及结构，选用棒料、锻件等毛坯形式。对于外圆直径相差不大的轴，一般以棒料为主；而对于外圆直径相差大的阶梯轴或重要的轴，常选用锻件，这样既节约材料又减少机械加工的工作量，还可以改善力学性能。

根据生产规模的不同，毛坯的锻造方式有自由锻和模锻两种。中小批生产多采用自由锻，大批量生产时采用模锻。

（2）轴类零件的材料

轴类零件应根据不同的工作条件和使用要求选用不同的材料并采用不同的热处理规范（如调质、正火、淬火等），以获得一定的强度、韧性和耐磨性。

45 钢是轴类零件的常用材料，它价格便宜，经过调质（或正火）后，可得到较好的切削性能，而且能获得较高的强度和韧性等综合力学性能。45 钢淬火后的表面硬度可达 HRC45～52。

40Cr 等合金结构钢适用于中等精度而转速较高的轴类零件，这类钢经调质和淬火后，具有较好的综合力学性能。

轴承钢 GCr15 和弹簧钢 65Mn，经调质和表面高频淬火后，表面硬度可达 HRC50～58，并具有较高的耐疲劳性能和较好的耐磨性能，可制造较高精度的轴。

精密机床的主轴（如磨床砂轮轴、坐标镗床主轴）可选用 38CrMoAlA 氮化钢。这种钢经调质和表面氮化后，不仅能获得很高的表面硬度，而且能保持较软的芯部，因此耐冲击韧性好。与渗碳淬火钢比较，它有热处理变形很小、硬度更高的特性。

3.1.2 轴类零件的功用、结构特点及技术要求

轴类零件是机器中经常遇到的典型零件之一。它主要用来支承传动零部件，传递扭矩和承受载荷。轴类零件是旋转体零件，其长度大于直径，一般由同心轴的外圆柱面、圆锥面、内孔和螺纹及相应的端面所组成。根据结构形状的不同，轴类零件可分为光轴、阶梯轴、空心轴和曲轴等。

轴的长径比小于 5 的称为短轴，大于 20 的称为细长轴，大多数轴介于两者之间。

轴用轴承支承，与轴承配合的轴段称为轴颈。轴颈是轴的装配基准，它们的精度和表面质量一般要求较高，其技术要求一般根据轴的主要功用和工作条件制定，通常有以下几项。

（1）尺寸精度

为了确定轴的位置，起支承作用的轴颈的尺寸精度通常要求较高（IT5～IT7）。装配

传动件的轴颈尺寸精度一般要求较低（IT6～IT9）。

（2）几何形状精度

轴类零件的几何形状精度主要是指轴颈、外锥面、莫氏锥孔等的圆度、圆柱度等，一般应将其公差限制在尺寸公差范围内。对精度要求较高的内外圆表面，应在图纸上标注其允许偏差。

（3）相互位置精度

轴类零件的位置精度要求主要是由轴在机械中的位置和功用决定的。通常应保证装配传动件的轴颈对支承轴颈的同轴度要求，否则会影响传动件（齿轮等）的传动精度，并产生噪声。普通精度的轴，其配合轴段对支承轴颈的径向跳动一般为0.01～0.03mm，高精度轴（如主轴）通常为0.001～0.005mm。

（4）表面粗糙度

一般与传动件相配合的轴径表面粗糙度为Ra2.5～0.63μm，与轴承相配合的支承轴径的表面粗糙度为Ra0.63～0.16μm。

3.1.3 台阶轴的加工工艺要求

台阶轴的加工工艺较为典型，反映了轴类零件加工的大部分内容与基本规律。下面就以图3-1所示某减速箱中的台阶轴为例，介绍一般台阶轴的加工工艺。

零件图是制定工艺规程最主要的原始资料。只有通过对零件图和装配图的分析，才能了解产品的性能、用途和工作条件，明确各零件的相互装配位置和作用，了解零件的主要技术要求，找出生产合格产品的关键技术问题。零件图的分析包括三项内容：

（1）检查零件图的完整性和正确性

主要检查零件视图是否表达直观、清晰、准确、充分；尺寸、公差、技术要求是否合理、齐全。如有错误或遗漏，应提出修改意见。

（2）分析零件材料选择是否恰当

零件材料的选择应立足于国内，尽量采用我国资源丰富的材料，尽量避免采用贵重金属；同时，所选材料必须具有良好的加工性。

（3）分析零件的技术要求

包括零件加工表面的尺寸精度、形状精度、位置精度、表面粗糙度、表面微观质量以及热处理等要求。分析零件的这些技术要求在保证使用性能的前提下是否经济合理，在企业现有生产条件下是否能够实现。零件图分析之后紧接着应确定毛坯类型，正确选择毛坯类型有着重要的技术经济意义。轴类零件可根据使用要求、生产类型、设备条件及结构，选用棒料、锻件等毛坯形式。对于外圆直径相差不大的轴，一般以棒料为主（本零件的外圆直径相差不大）；而对于外圆直径相差大的阶梯轴或重要的轴，常选用锻件，这样既节约材料又减少机械加工的工作量，还可改善机械性能。

对于图3-1所示台阶轴零件的分析包括以下几点：

① 该零件结构简单，轴的外圆需要磨削加工，为了保证同轴度的要求，选择两双顶尖孔定位。

② ϕ22（上偏差+0.03；下偏差+0.015）的外圆 | ◎ | ϕ0.01 | A |，尺寸的公差等级为IT5～IT6，对公共轴心线的圆跳动公差为0.01。

③ $\phi 17$（上偏差−0.006；下偏差−0.013）的外圆 | ↗ | 0.01 | B |，尺寸的公差等级为IT6～IT7，对公共轴心线的同轴度公差为0.01。

④ M8的螺纹孔的尺寸精度要达到7级精度。

⑤ 粗糙度要求：$\phi 22$ 和 $\phi 17$ 的外圆粗糙度要求较高，为1.25μm，所以要进行磨削加工，切槽部分的粗糙度要求为2.5μm，其余为10μm。

分析哪些部分需要加工，一些具有粗糙度要求的地方即是要加工的地方。

分析完零件图样后，根据各表面的结构形状、尺寸、精度和表面粗糙度等技术要求，确定加工方法、加工阶段，划分工序和安排加工顺序。

根据该零件的要求，毛坯材料为棒料，具体为40Cr合金钢，经调质后具有良好的综合力学性能，是使用广泛的钢种之一。用于制造中速、中载的零件，如机床齿轮、轴、蜗杆、花键轴等，它可以代用40MnB、45MnB、35SiMn、42SiMn、40MnVB等。

零件总长为100mm，粗车 $\phi 22$（上偏差＋0.03；下偏差＋0.015）的外圆留加工余量1mm，$\phi 17$（上偏差−0.006；下偏差−0.013）的外圆留加工余量0.2～0.3mm，掉头车 $\phi 22$（上偏差＋0.03；下偏差＋0.015）的外圆留加工余量0.2～0.3mm，切槽两处至尺寸，所以选择的零件的毛坯尺寸为 $\phi 25 \times 105$ 棒料。

3.2　台阶轴的工艺分析

零件的结构工艺性是指所设计的零件在不同类型的具体生产条件下，零件毛坯的制造、零件的加工和产品的装配所具备的可行性和经济性。零件结构工艺性涉及面很广，具有综合性，必须全面综合地分析。零件的结构对机械加工工艺过程的影响很大，不同结构的两个零件尽管都能满足使用要求，但它们的加工方法和制造成本却可能有很大的差别。所谓具有良好的结构工艺性，应是在不同生产类型的具体生产条件下，对零件毛坯的制造、零件的加工和产品的装配，都能以较高的生产率和最低的成本、采用较经济的方法进行并能满足使用性能的结构。它应遵循以下原则：

① 零件的结构、形状应便于加工、测量，加工表面应尽量简单，并尽可能布置在同一平面上或同一轴线上，以利于提高切削效率。

② 不需要加工的毛坯面或要求不高的表面，不要设计成加工面或高精度、低表面粗糙度值要求的表面。

③ 零件的结构、形状应能使零件在加工中定位准确、夹紧可靠，有位置精度要求的表面，最好能在一次安装中加工。

④ 零件的结构应有利于使用标准刀具和通用量具，减少专用刀具、量具的设计与制造。同时应尽量与高效率机床和先进的工艺方法相适应。

该阶梯轴零件的工艺分析如下：

（1）定位基准选择

工件在加工时，用以确定工件对机床及刀具相对位置的表面称为定位基准。最初工序中所用定位基准，是毛坯上未经加工的表面，称为粗基准。在其后各工序加工中所用定位基准是已加工的表面，称为精基准。

该零件属于小轴类零件，结构简单，轴的外圆面需要磨削加工，为了保证轴的同轴度要求，选择双顶尖孔定位。

（2）零件表面加工方法的选择

零件表面的加工，应根据这些表面的加工要求和零件的结构特点及材料性质等因素选用相应的加工方法。

在选择某一表面的加工方法时，一般总是首先选定它的最终加工方法，然后再逐一选定各有关前道工序的加工方法。

（3）加工顺序的安排

按加工性质和作用的不同，工艺过程一般可分为三个加工阶段：

① 粗加工阶段。主要是切除各加工表面上的大部分余量，所用精基准的粗加工则在本阶段的最初工序中完成。此轴在加工过程中需粗车 ϕ22 外圆，留加工余量 1mm。

② 半精加工阶段。为各主要表面的精加工做好准备（达到一定精度要求并留有精加工余量)，并完成一些次要表面的加工。此轴在加工过程中需粗车 ϕ22、ϕ17 外圆，留加工余量 0.3～0.5mm。

③ 精加工阶段。使各主要表面达到规定的质量要求，部分精密零件还需精磨后达到尺寸要求，如此轴需经过粗磨留 0.1mm 余量用于精磨从而达到图面要求。

此外，某些精密零件加工时还有精整（超精磨、镜面磨、研磨和超精加工等）或光整（滚压、抛光等）加工阶段。

下列情况可以不划分加工阶段：加工质量要求不高或虽然加工质量要求较高，但毛坯刚性好、精度高的零件就可以不划分加工阶段，特别是用加工中心加工时，对于加工要求不太高的大型、重型工件，在一次装夹中完成粗加工和精加工，也往往不划分加工阶段。

轴的左端有 M8X1-7H 螺孔，为达到双顶尖定位的目的，螺孔加工的步骤是：先钻 ϕ5mm 的孔，接着是螺纹孔的小径深 8mm，但不攻螺纹孔，而增加锪口孔倒角 90°工步。在后面的工序中就可以用 60°倒角定位了。

划分加工阶段的作用有以下几点：

① 避免毛坯内应力重新分布而影响获得的加工精度。

② 避免粗加工时较大的夹紧力和切削力所引发的弹性变形和热变形对精加工的影响。

③ 粗、精加工阶段分开，可较及时地发现毛坯的缺陷，避免不必要的损失。

④ 可以合理使用机床，使精密机床能较长期地保持其精度。

3.3 台阶轴工艺路线的拟定

机械加工工艺路线的拟定是制定工艺过程的总体布局，其主要任务是选择各个表面的加工方法和加工方案，确定各个表面的加工顺序以及整个工艺过程中工序数和各工序内容。拟定过程中应首先确定每步工序的加工定位基准和装夹方法。然后再将所需的调质处理等工序合理插入工序表中，得到机械加工工艺路线。

工艺路线的拟定是制定工艺规程的关键，它制定得是否合理，直接影响到工艺规程的合理性、科学性和经济性。工艺路线的拟定主要包括工序集中与分散的程度、合理选用机

床和刀具、确定所用夹具的大致结构等。关于工艺路线的拟定，经过长期的生产实践已总结出一些带有普遍性的工艺设计原则可参考，但在具体拟定时，特别要注意根据生产实际灵活应用。

3.3.1 加工工艺路线的拟定

本产品的生产批量为500件，是小批量生产，该零件的加工工艺路线如下：

① 车端面，钻顶尖孔。

② 粗车外圆 ϕ22（上偏差+0.03；下偏差+0.015），留加工余量1mm。

③ 掉头，车另一端面，长度至尺寸，钻 ϕ5mm 深 65mm 的孔，钻螺纹孔小径深8mm，倒90°倒棱，孔口倒60°角。

④ 精车 ϕ17（上偏差−0.006；下偏差−0.013）和 ϕ17（上偏差+0.006；下偏差−0.006）的外圆，留加工余量0.2～0.3mm。

⑤ 掉头，精车 ϕ22（上偏差+0.03；下偏差+0.015）外圆，留加工余量0.2～0.3mm，切槽两处至尺寸。

⑥ 钻 ϕ5mm 的径向孔。

⑦ 粗磨外圆 ϕ22（上偏差+0.03；下偏差+0.015）、ϕ17（上偏差−0.006；下偏差−0.013），留加工余量0.1mm。

⑧ 精磨外圆 ϕ22（上偏差+0.03；下偏差+0.015）、ϕ17（上偏差−0.006；下偏差−0.013），留加工余量0.05mm。

⑨ 初珩磨外圆 ϕ22（上偏差+0.03；下偏差+0.015）到图面尺寸要求。

⑩ 终珩磨外圆 ϕ17（上偏差−0.006；下偏差−0.013）到图面尺寸要求。

⑪ 攻螺纹 M8×1—7H。

⑫ 最终检查。

⑬ 涂油入库。

3.3.2 夹具的选择

该阶梯轴零件应该采用三爪自定心卡盘装夹，其安装方便、安装精度较高，能够满足使用要求。

3.3.3 刀具的选择

刀具的选择是在数控编程的人机交互状态下进行的。应结合机床的加工能力、工件材料的性能、加工工序、切削用量以及其他相关因素正确选用刀具及刀柄。刀具选择总的原则是：安装调整方便、刚性好、耐用度和精度高。在满足加工要求的前提下，尽量选择较短的刀柄，以提高刀具加工的刚性。选取刀具时，要使刀具的尺寸与被加工工件的表面尺寸相适应。

根据零件的要求，所选刀具材料应具备高的硬度和耐磨性、足够的强度和韧性、较好的热硬度、良好的工艺性和经济性。根据零件加工工序选择相应的刀具。

如图3-1所示的零件图，其加工过程需要的刀具有90°外圆车刀、45°端车面刀、切槽刀、麻花钻、丝锥。数控车床主要刀具的具体数据见表3-1。

表 3-1　　台阶轴的刀具卡片

工步	工步内容	刀具号	刀具规格	刀具材料
1	车端面	T1	45°外圆车刀	碳素工具钢
2	钻顶尖孔	T2	中心钻	高速钢
3	车外圆	T3	90°外圆车刀	合金钢
4	钻孔	T4	ϕ5 麻花钻	硬质合金钢
5	钻螺纹孔	T5	ϕ6.8 麻花钻	高速钢
6	切槽	T6	宽 3mm 的切槽刀	合金钢
7	攻丝	T7	M8 的丝锥	硬质合金钢

3.3.4　台阶轴零件的工艺过程卡

根据台阶轴零件填写工艺过程卡，如表 3-2 所示。

表 3-2　　台阶轴的工艺过程卡

<table>
<tr><td>材料</td><td>40Cr</td><td>毛坯种类</td><td>棒料</td><td>毛坯尺寸</td><td colspan="2">ϕ25mm×105mm</td><td rowspan="2" colspan="2">加工设备</td></tr>
<tr><td>序号</td><td>工序名称</td><td colspan="5">工作内容</td></tr>
<tr><td>1</td><td>备料</td><td colspan="5">ϕ25mm×105mm</td><td colspan="2">锯床</td></tr>
<tr><td>2</td><td>热处理</td><td colspan="5">正火</td><td colspan="2">热处理车间</td></tr>
<tr><td>3</td><td>车工</td><td colspan="5">粗精车端面，粗车外轮廓，留精车余量，精车轮廓</td><td colspan="2">CET112</td></tr>
<tr><td>4</td><td>车工</td><td colspan="5">调头装夹，粗精车端面，保证总长，粗车外轮廓，精车轮廓</td><td colspan="2">CET112</td></tr>
<tr><td>5</td><td>车工</td><td colspan="5">钻孔，钻螺纹孔</td><td colspan="2">C620</td></tr>
<tr><td>6</td><td>车工</td><td colspan="5">切槽</td><td colspan="2">CET112</td></tr>
<tr><td>7</td><td>车工</td><td colspan="5">攻丝</td><td colspan="2">C620</td></tr>
<tr><td>8</td><td>钳工</td><td colspan="5">去毛刺</td><td colspan="2">手工</td></tr>
<tr><td>9</td><td>检验</td><td colspan="5">按图纸要求检验</td><td colspan="2">检验台</td></tr>
<tr><td>编制</td><td></td><td>审核</td><td></td><td>批准</td><td colspan="2"></td><td>共　页</td><td>第　页</td></tr>
</table>

3.3.5　填写台阶轴类零件机械加工工序卡

根据台阶轴零件填写工序卡，如表 3-3 所示。

表 3-3　　台阶轴机械加工工序卡

<table>
<tr><td rowspan="2">全工序</td><td rowspan="2">机械工序卡</td><td>产品型号</td><td colspan="3"></td></tr>
<tr><td>产品名称</td><td colspan="3">阶梯轴</td></tr>
<tr><td rowspan="6" colspan="2">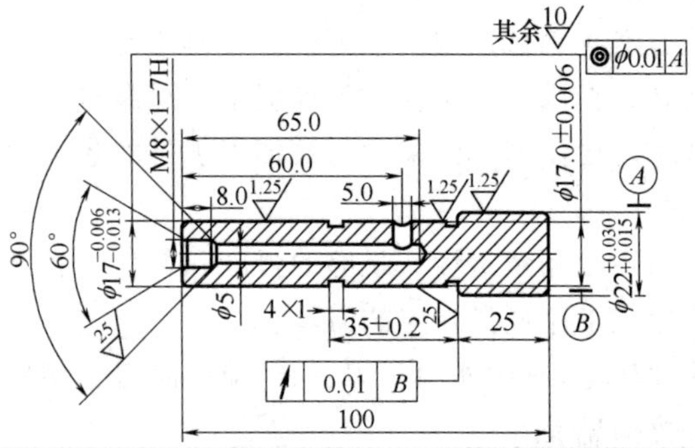
</td><td>设备</td><td>夹具</td><td colspan="2">量具</td></tr>
<tr><td>CET112</td><td>三爪卡盘</td><td colspan="2">千分尺、游标卡尺</td></tr>
<tr><td>程序号</td><td></td><td>工序工时</td><td></td></tr>
<tr><td rowspan="3"></td><td>准终工时</td><td colspan="2">单件工时</td></tr>
<tr><td></td><td colspan="2"></td></tr>
<tr><td></td><td colspan="2"></td></tr>
</table>

续表

工步号	工步内容	切削参数				冷却方式	刀号
		V_c	n	a_p	F		
5	检查毛坯尺寸						
10	夹毛坯任一端，车右端面，钻顶尖孔	180	1000	1	300	水冷	T1T2
15	粗车外圆 ϕ22（上偏差＋0.03；下偏差＋0.015），留加工余量1mm	180	1000	2	300	水冷	T3
20	掉头，车另一端面，长度至尺寸，钻 ϕ5mm 深65mm 的孔，钻螺纹孔小径深 8mm，倒 90°倒棱，孔口倒 60°角	180	1000	2	300	水冷	T3T5
25	精车 ϕ17（上偏差－0.006；下偏差－0.013）和 ϕ17（上偏差＋0.006；下偏差－0.006）的外圆，留加工余量 0.2～0.3mm	200	1500	0.3	150	水冷	T3
30	掉头，精车 ϕ22（上偏差＋0.03；下偏差＋0.015）外圆，留加工余量 0.2～0.3mm，切槽两处至尺寸	200	1500	0.3	150	水冷	T3T6
35	钻 ϕ5mm 的径向孔		400		60		T4
40	粗磨外圆 ϕ22（上偏差＋0.03；下偏差＋0.015）、ϕ17（上偏差－0.006；下偏差－0.013），留加工余量 0.1mm	180	1000	1	300	水冷	T3
45	精磨外圆 ϕ22（上偏差＋0.03；下偏差＋0.015）、ϕ17（上偏差－0.006；下偏差－0.013），留加工余量 0.05mm	200	1500	0.3	150	水冷	T3
50	初珩磨外圆 ϕ22（上偏差＋0.03；下偏差＋0.015）到图面尺寸要求	180	1000	1	200	水冷	T3
55	终珩磨外圆 ϕ17（上偏差－0.006；下偏差－0.013）到图面尺寸要求	200	1500	0.3	150	水冷	T3
60	攻螺纹 M8×1—7H						T7
65	检验，入库						

设计		校对		审核		标准化		会签	
标记		处数		更改文件号					

3.4　考核评价小结

（1）形成性考核评价（30%）

台阶轴形成性考核评价由教师根据考勤、学生课堂表现等进行考核评价，评价表见表

3-4。

表 3-4　　台阶轴形成性考核评价表

小组	成员	考勤	课堂表现	汇报人	补充发言 自由发言
1					
2					
3					

(2) 台阶轴工艺设计考核评价（70%）

形成性考核评价有学生自评、小组内互评、教师评价，评价表见表 3-5。

表 3-5　　台阶轴工艺设计考核评价表

<table>
<tr><td rowspan="2">序号</td><td>项目名称</td><td></td><td rowspan="2">配分</td><td rowspan="2">自评
(15%)</td><td rowspan="2">互评
(20%)</td><td rowspan="2">教评
(65%)</td><td rowspan="2">得分</td></tr>
<tr><td>评价项目</td><td>扣分标准</td></tr>
<tr><td>1</td><td>定位基准的选择</td><td>不合理,扣 5～10 分</td><td>10</td><td></td><td></td><td></td><td rowspan="2"></td></tr>
<tr><td>2</td><td>确定装夹方案</td><td>不合理,扣 5 分</td><td>5</td><td></td><td></td><td></td></tr>
<tr><td>3</td><td>拟定工艺路线</td><td>不合理,扣 10～20 分</td><td>20</td><td></td><td></td><td></td><td rowspan="2"></td></tr>
<tr><td>4</td><td>确定加工余量</td><td>不合理,扣 5～10 分</td><td>10</td><td></td><td></td><td></td></tr>
<tr><td>5</td><td>确定工序尺寸</td><td>不合理,扣 5～10 分</td><td>10</td><td></td><td></td><td></td><td rowspan="2"></td></tr>
<tr><td>6</td><td>确定切削用量</td><td>不合理,扣 1～5 分</td><td>10</td><td></td><td></td><td></td></tr>
<tr><td>7</td><td>机床夹具的选择</td><td>不合理,扣 5 分</td><td>5</td><td></td><td></td><td></td><td></td></tr>
<tr><td>8</td><td>刀具的确定</td><td>不合理,扣 5 分</td><td>5</td><td></td><td></td><td></td><td></td></tr>
<tr><td>9</td><td>工序图的绘制</td><td>不合理,扣 5～10 分</td><td>10</td><td></td><td></td><td></td><td></td></tr>
<tr><td>10</td><td>工艺文件内容</td><td>不合理,扣 5～10 分</td><td>15</td><td></td><td></td><td></td><td></td></tr>
<tr><td>互评小组</td><td></td><td>指导教师</td><td></td><td colspan="2">项目得分</td><td colspan="2"></td></tr>
<tr><td>备　注</td><td colspan="3"></td><td colspan="2">合　计</td><td colspan="2"></td></tr>
</table>

拓展练习

设计如图 3-2 所示传动轴零件的工艺过程卡和机械加工工序卡。

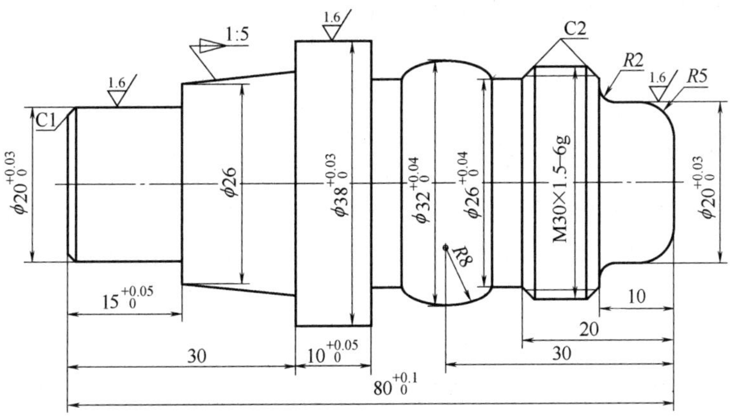

图 3-2　传动轴零件图

技术要求：1. 未倒角的按 C0.5 处理；2. 材料 45 钢，直径 ϕ40mm×85mm

项目4　螺纹轴零件加工工艺

【项目概述】

螺纹轴是一种常见的连接零件，如图4-1所示。通过对其加工工艺的设计，把螺纹加工的基础知识融入其中，使学生掌握螺纹的基本概念以及螺纹的加工方法。本项目通过对螺纹轴类零件的加工讲解，使学生掌握螺纹的基本概念、车削螺纹刀具的选择以及螺纹的加工方法。

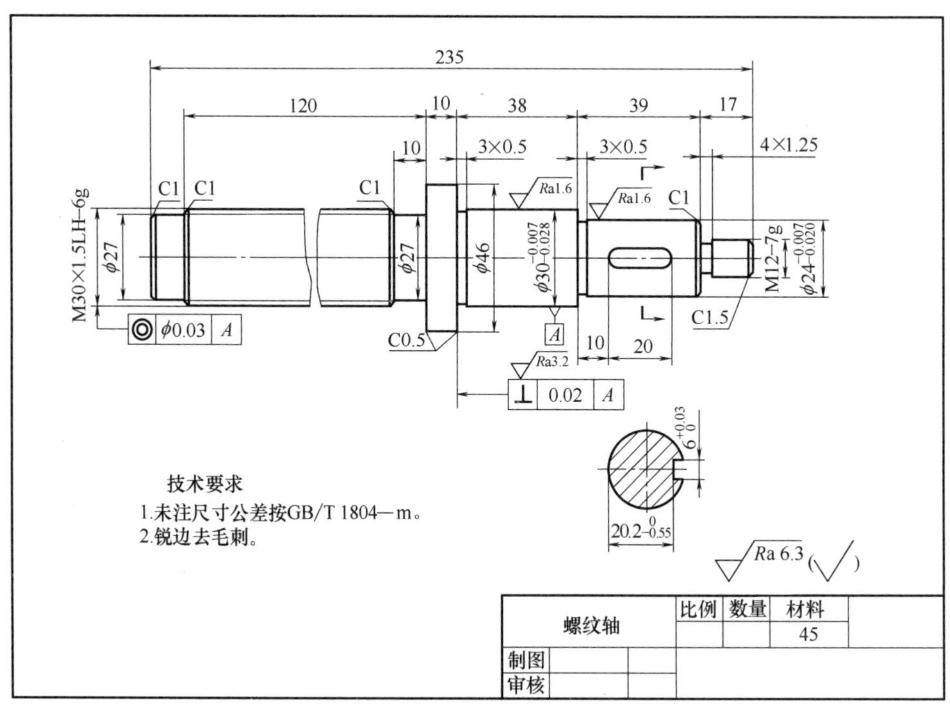

图4-1　螺纹轴零件图

【教学目标】

1. 能力目标

对螺纹轴零件进行加工工艺设计，能运用车削加工的相关知识，根据车工职业规范，完成对螺纹轴零件的加工，并初步具备操作机床加工零件的能力。

2. 知识目标

（1）了解螺纹的基本知识。

（2）掌握螺纹加工方法。

（3）掌握螺纹加工刀具的选择。

（4）了解螺纹切削的原理。

【任务描述】

机器制造中很多零件都带有螺纹，螺纹的用途十分广泛，有作连接的，也有作传递动力的。螺纹的种类很多，加工方法多种多样。本项目将针对螺纹轴零件完成如下任务：① 分析螺纹轴零件的加工要求以及工艺性；②分析螺纹轴零件的加工方法、定位基准和装夹方法。

【任务实施】

4.1　零件工艺分析

如图 4-1 所示，该螺纹轴零件由端面、外圆柱面、螺纹以及键槽组成，零件有同轴度公差 $\phi0.03$mm 和垂直度公差 0.02mm 的要求。

4.1.1　螺纹轴零件材料

该螺纹轴零件选用 45 钢。

4.1.2　螺纹轴零件的加工技术要求

1）尺寸。螺纹轴的外圆直径分别为 $\phi27$mm、$\phi46$mm、$\phi30^{-0.007}_{-0.028}$mm、$\phi24^{-0.007}_{-0.020}$mm，螺纹尺寸为 M30×1.5LH—6g，M12—7g。

2）表面粗糙度。两外圆柱面表面粗糙度值为 $Ra1.6\mu m$，轴肩的表面粗糙度值为 $Ra3.2\mu m$，其余为 $Ra6.3\mu m$。

3）几何公差。M30 × 1.5LH—6g 螺纹轴线与 $\phi30^{-0.007}_{-0.028}$ 外圆轴线的同轴度为 $\phi0.03$mm，轴肩与 $\phi30^{-0.007}_{-0.028}$ 外圆轴线的垂直度为 0.02mm。

4）其他技术要求。未注尺寸公差按 GB/T 1804—m，即图样上未注公差的线性尺寸均按中等级加工和检验。

4.2　预备基础知识

4.2.1　螺纹的基本知识

（1）螺纹的定义和分类

螺纹是在圆柱或圆锥母体表面上制出的螺旋线形的、具有特定截面的连续凸起部分。凸起是指螺纹两侧面的实体部分，又称为“牙”。

螺纹的种类很多：按用途不同可分为连接螺纹和传动螺纹；按牙形特点可分为三角螺纹、矩形螺纹、锯齿形螺纹和梯形螺纹，如图 4-2 所示；按螺旋线方向可分为右旋螺纹和左旋螺纹；按螺旋线的多少又可分为单线螺纹和多线螺纹。

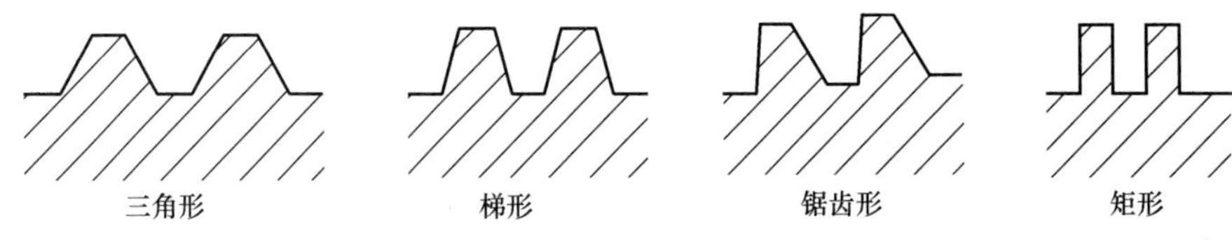

图 4-2 螺纹牙形

（2）螺纹主要几何参数

① 大径。与外螺纹牙顶或内螺纹牙底相重合的假想圆柱体直径。螺纹的公称直径即大径。

② 小径。与外螺纹牙底或内螺纹牙顶相重合的假想圆柱体直径。

③ 中径。母线通过牙形上凸起和沟槽两者宽度相等的假想圆柱体直径。

④ 螺距。相邻两牙在中径线上对应两点间的轴向距离。

⑤ 导程。同一螺旋线上相邻牙在中径线上对应两点间的轴向距离。

⑥ 牙形角。螺纹牙形上，两相邻牙侧间的夹角。

⑦ 螺纹升角。中径圆柱上，螺旋线的切线与垂直于螺纹轴线的平面之间的夹角。

⑧ 螺纹接触高度。在两个相互配合螺纹的牙形上，牙侧重合部分在垂直于螺纹轴线方向上的距离。

螺纹的公称直径除管螺纹以管子内径为公称直径外，其余都以大径为公称直径。螺纹已经标准化，有米制和寸制两种。国际标准采用米制，我国也采用米制。

螺纹升角小于摩擦角的螺纹副，在轴向力作用下不松转，称为“自锁”，其传动效率低。圆柱螺纹中，三角形螺纹自锁性能好。它分粗牙和细牙两种，一般连接多用粗牙螺纹。细牙螺纹的螺距小、螺纹升角小，自锁性能更好，常用于细小零件薄壁管中，有振动或变载荷的连接，以及微调装置等。

圆锥螺纹的牙形为三角形，主要靠牙的变形来保证螺纹副的紧密性，多用于管件。

4.2.2 螺纹车削刀具

（1）普通三角螺纹车刀

螺纹车刀属于成型刀具，要保证螺纹牙形精度，必须正确刃磨和安装车刀。对于螺纹车刀的要求主要有以下几点：

① 车刀的刀尖角一定要等于螺纹的牙形角。

② 精车时车刀的纵向前角应等于零度；粗车时允许有 5°～15°的纵向前角。

③ 因受螺纹升角的影响，车刀两侧面的静止后角应刃磨得不相等，进给方向后面的后角较大，一般应保证两侧面均有 3°～5°的工作后角。

④ 车刀两侧刃的直线性要好。

车刀从材料上分为高速钢螺纹车刀和硬质合金螺纹车刀两种。

① 高速钢螺纹车刀。高速钢螺纹车刀刃磨方便、切削刃锋利、韧性好，能承受较大的切削冲击力，车出螺纹的表面粗糙度值小。但它的耐热性差，不宜高速车削，所以常用来低速车削或作为螺纹精车刀。高速钢螺纹车刀的几何形状如图 4-3 所示。

高速钢三角形螺纹车刀的刀尖角一定要等于牙形角。当车刀的纵向前角 $\gamma_0=0°$时，

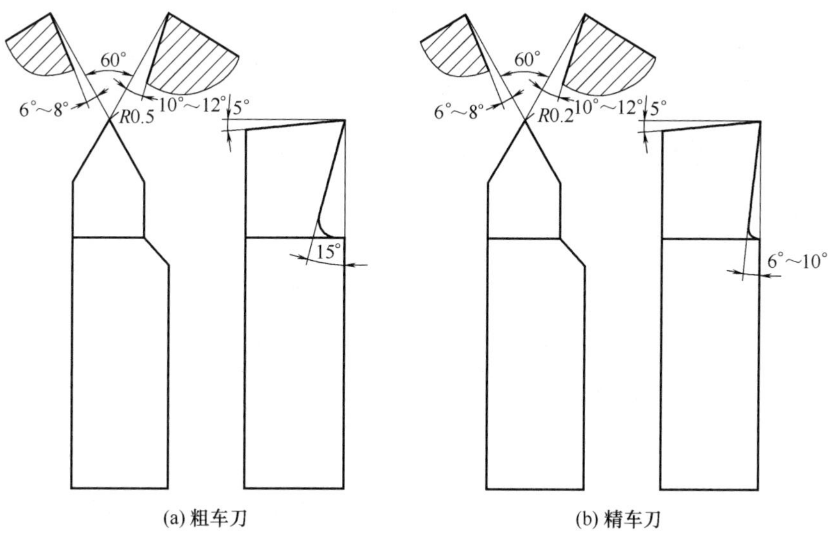

图 4-3　高速钢三角形外螺纹车刀

车刀两侧刃之间夹角等于牙形角；若纵向前角不为 0°，车刀两侧刃不通过工件轴线，车出螺纹的牙形不是直线而是曲线。当车削精度要求较高的三角螺纹时，一定要考虑纵向前角对牙形精度的影响。为车削顺利，纵向前角常选在 5°～15°，这时车刀两侧刃的夹角不能等于牙形角，而应当比牙形角小 30′～1°30′。

应当注意，纵向前角不能选得过大，若纵向前角过大，不仅影响牙形精度，而且还容易引起扎刀现象。

车螺纹时，由于螺纹升角的影响，造成切削平面和基面的位置变化，从而使车刀工作时前角和后角与车刀静止时的前角和后角不相等。螺纹升角越大，对工作时的前角和后角影响越明显。

当车刀的静止前角为 0°时，螺纹升角能使进给方向一侧刀刃的前角变为正值，而使另一侧前角变为负值，使切削不顺利、排屑也困难。为改善切削条件，应采取垂直装刀方法，即让车刀两侧刃组成的平面和螺旋线方向垂直，使两侧刃的工作前角均为 0°；或在车刀前刀面上沿两侧切削刃方向磨出较大前角的卷屑槽。

螺纹升角能使车刀沿进给一方的工作后角变小，而使另一面的工作后角增大，为切削顺利，保证车刀强度，车刀刃磨时，一定要考虑螺纹升角的影响，把进给方向一面的后角磨成工作后角加上螺纹升角，即 $(3°\sim5°)+\psi$；另一面的后角磨成工作后角减去一个螺纹升角，即 $(3°\sim5°)-\psi$。

② 硬质合金螺纹车刀。硬质合金螺纹车刀的硬度高、耐磨性好、耐高温，但抗冲击能力差，常见的硬质合金螺纹车刀如图 4-4 所示。

(2) 矩形螺纹车刀

矩形螺纹车刀和切断刀的形状相似，切断刀两侧后角相等，而矩形螺纹车刀受螺纹升角的影响，两侧后角刃磨得不相等。矩形螺纹车刀的几何形状如图 4-5 所示。

对矩形螺纹车刀的要求主要有以下几点：

① 精车刀的刀头宽度一定要等于牙槽宽度。

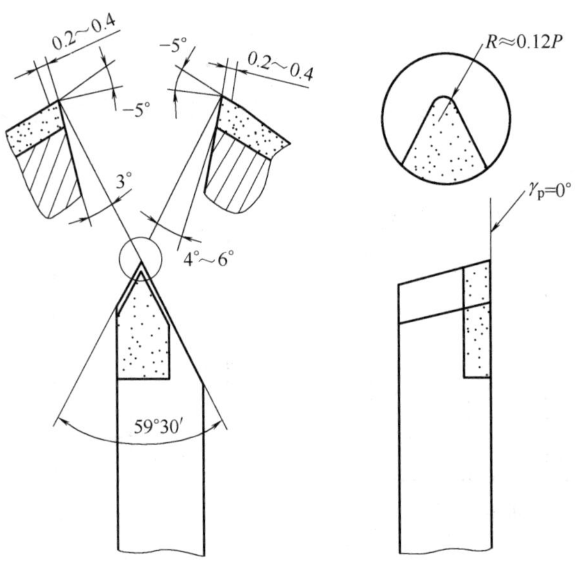

图 4-4　硬质合金三角形外螺纹车刀

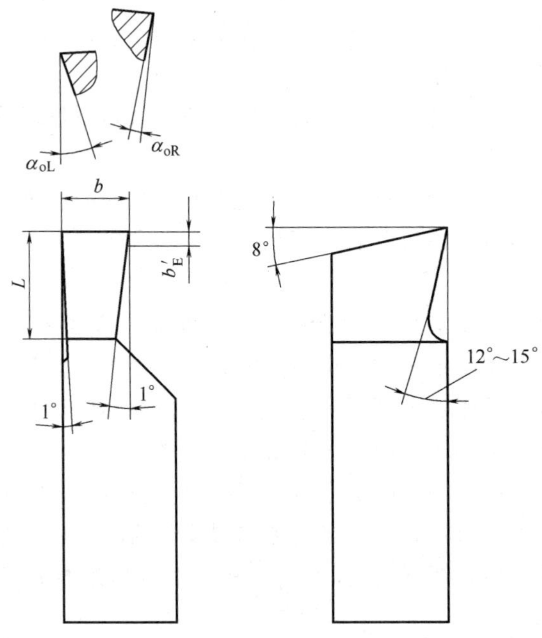

图 4-5　矩形螺纹车刀

② 刀头长度一定要大于槽宽度。

③ 进给方向一侧的后角要大于另一侧的后角。车削右旋矩形螺纹时，$\alpha_{oL}=(3^\circ\sim5^\circ)+\psi$；$\alpha_{oR}=(3^\circ\sim5^\circ)-\psi$。

④ 为减小车削时工件的表面粗糙度，两侧刀刃应磨有长度为 0.3～0.5mm 的修光刃。

（3）梯形螺纹车刀

梯形螺纹是应用广泛的传动螺纹。车削梯形螺纹时，因径向切削力较大，为保证螺纹精度，可分别采用粗车刀和精车刀对工件进行粗、精加工。

1）高速钢梯形螺纹车刀。

① 粗车刀。高速钢梯形螺纹粗车刀的几何形状如图 4-6 所示。为给精车时留有充分的加工余量，粗车刀的刀尖角要小于牙形角，刀头宽度也要小于螺纹的牙槽底宽（W）。

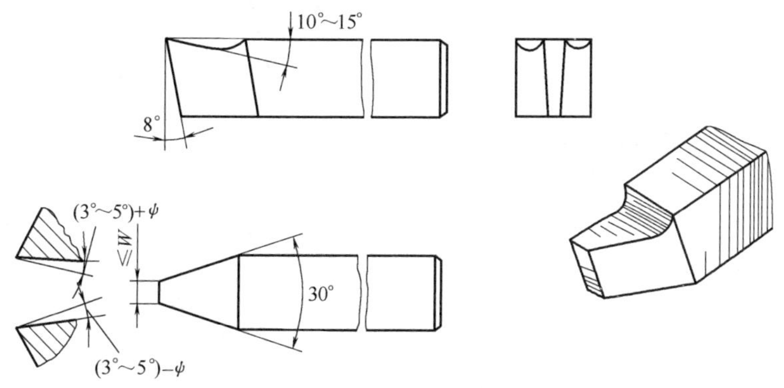

图 4-6　高速钢梯形螺纹粗车刀

② 精车刀。高速钢梯形螺纹精车刀的几何形状如图 4-7 所示。为保证梯形螺纹的牙形精度，精车刀的纵向前角应为零度，两侧切削刃的夹角应等于牙形角。为切削顺利、排屑顺利，车刀两侧刃都应磨有较大前角（$\gamma_0=10°\sim20°$）的卷屑槽。

2）硬质合金梯形螺纹车刀。

用高速钢车刀车削梯形螺纹虽精度高，但速度慢、效率低，为了提高车削效率，可用硬质合金车刀进行高速车削。硬质合金梯形螺纹车刀的几何形状如图 4-8 所示。

用硬质合金车刀高速车削时，车刀三个刃同时参加车削，切削力较大易产生振动，另外由于前刀面是平面，易产生带状切屑，造成排屑困难。为了减少振动，使切削和排屑顺利，对牙形精度要求不太高的螺纹可在车刀前刀面上磨出两个圆弧，如图 4-9 所示。这样可以使车刀前角增大，不仅不易振动、切削顺利，而且还可以改变切屑形状，切屑呈球状排出，既保证安全，又易清除切屑。

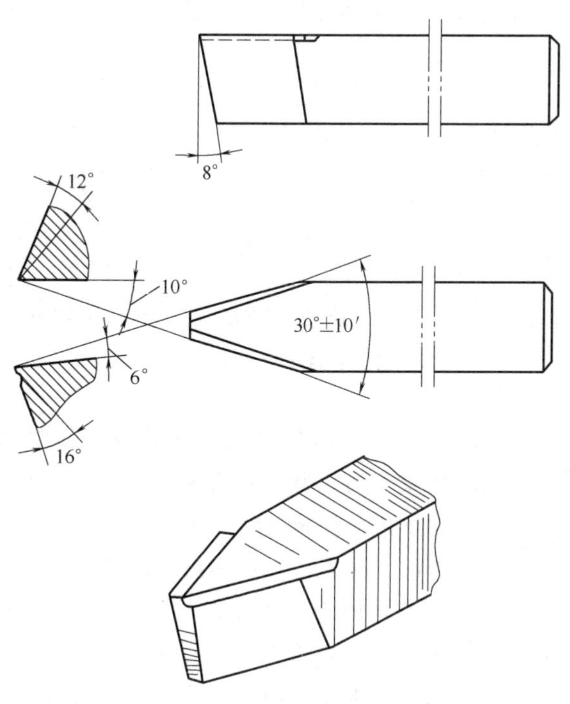

图 4-7　高速钢梯形螺纹精车刀

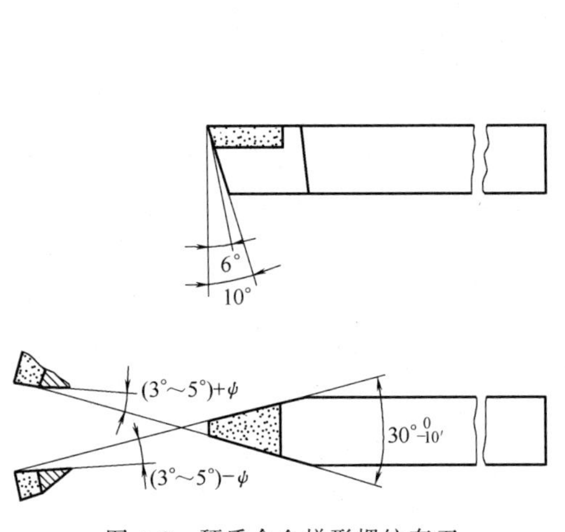

图 4-8 硬质合金梯形螺纹车刀

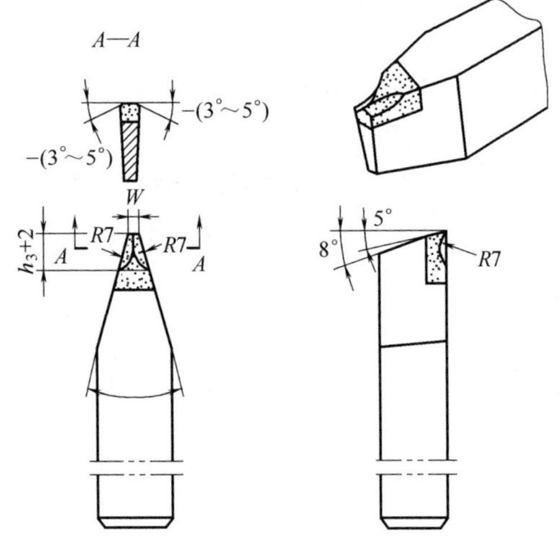

图 4-9 双圆弧硬质合金梯形螺纹车刀

4.2.3 螺纹切削

(1) 螺纹车削

1) 车削三角螺纹。车削三角螺纹的方法有低速车削和高速车削两种。低速车削使用高速钢螺纹车刀，高速车削使用硬质合金螺纹车刀。低速车削精度高，表面粗糙度值小，但效率低。高速车削效率高，能比低速车削提高 15～20 倍，只要措施合理，也可获得较小的表面粗糙度值。因此，高速车削螺纹在生产实践中被广泛采用。

① 低速车削三角外螺纹。低速车削三角螺纹的进刀方法有直进法、左右车削法和斜进法三种，如图 4-10 所示。

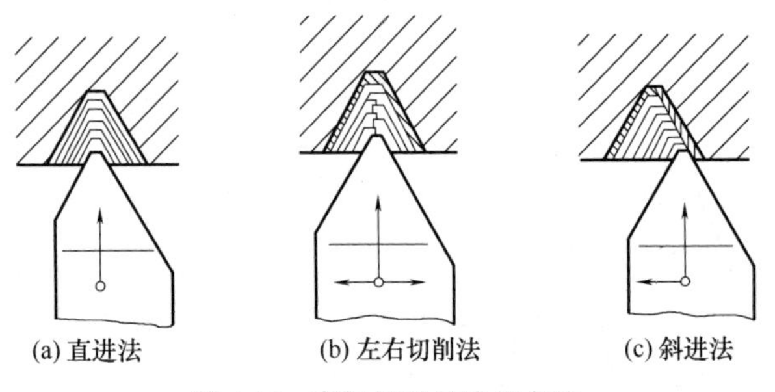

图 4-10 车螺纹时的进刀方法

a. 直进法。车削时只用中滑板横向进给，在几次行程中把螺纹车成型，如图 4-10（a）所示。直进法车削螺纹容易保证牙形的正确性，车刀刀尖和两侧切削刃同时进行切削，切削力较大，容易产生扎刀现象，因此只适用于车削较小螺距的螺纹。

b. 左右切削法。车削螺纹时，除直进外，同时用小滑板把车刀向左、右微量进给，几次行程后把螺纹车削成型，如图 4-10（b）所示。

采用左右切削法车削螺纹时，车刀只有一个侧面进行切削，不仅排屑顺利，而且还不易扎刀。但精车时，车刀左右进给量一定要小，否则易造成牙底过宽或牙底不平。

c. 斜进法。粗车时为操作方便，除直进外，小滑板只向一个方向作微量进给，几次行程后把螺纹车成型，如图 4-10（c）所示。

采用斜进法车削螺纹，操作方便、排屑顺利、不易扎刀，但只适用于粗车，精车时必须用左右切削法来保证螺纹精度。

② 高速车削三角形外螺纹。高速车削三角形螺纹，只能采用直进法，而不能采用左右切削法，否则会拉毛牙形侧面，影响螺纹精度。高速车削时，车刀两侧刃同时参加切削，切削力较大，为防止振动及扎刀现象，可使用图 4-11 所示的弹性刀杆。

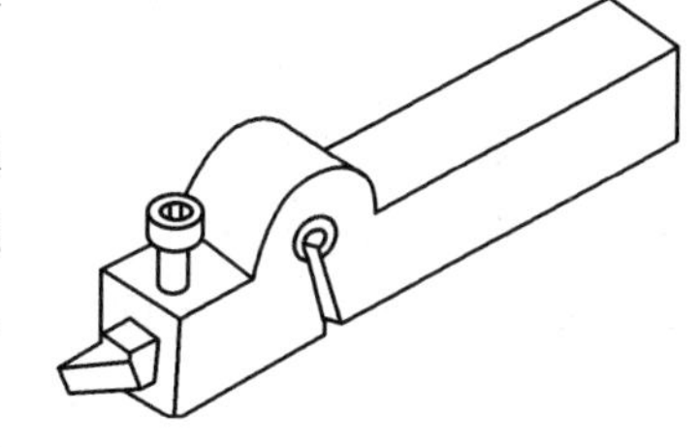

图 4-11　弹性刀杆螺纹车刀

高速车削三角螺纹时，由于车刀对工件的挤压力很大，容易使工件胀大，所以车削螺纹前工件的外径应比螺纹的大径尺寸小，当车削螺距为 1.5～3.5mm 的工件时，工件外径尺寸可车小 0.15～0.25mm。

车削三角内螺纹的方法和车削外螺纹的方法基本相同，只是车削内螺纹要比车削外螺纹困难得多。

车螺纹前孔径的计算如下：

车削塑性材料的金属时：
$$D_{孔}=d-P \tag{4-1}$$

车削脆性材料的金属时：
$$D_{孔}\approx d-1.05P \tag{4-2}$$

车削内螺纹时的注意事项：

a. 内螺纹车刀两侧刃的对称中心线应与刀杆中心线垂直，否则车削时刀杆会碰伤工件。

b. 车削通孔螺纹时，应先把内孔、端面和倒角车好再车螺纹，其进刀方法和车削外螺纹完全相同。

c. 车削盲孔螺纹时一定要小心，退刀和工件反转动作一定要迅速，否则车刀刀头会和孔底相撞。为控制螺纹长度，避免车刀和孔底相碰，最好在刀杆上作出标记（缠几圈线），或根据床鞍纵向移动刻度盘控制行程长度。

2）车削矩形螺纹。车削螺距小于 4mm、精度和表面粗糙度要求不高的矩形螺纹时，一般不分粗车、精车，用一把矩形螺纹车刀，采用直进法车削成型即可。对于精度要求不高、表面粗糙度值要求较小和螺距在 4mm 以上的矩形螺纹，可先用矩形螺纹粗车刀采用直进法粗车，牙两侧各留 0.2～0.4mm 精车余量，再用矩形螺纹精车刀以直进法精车成型，如图 4-12（a）所示。

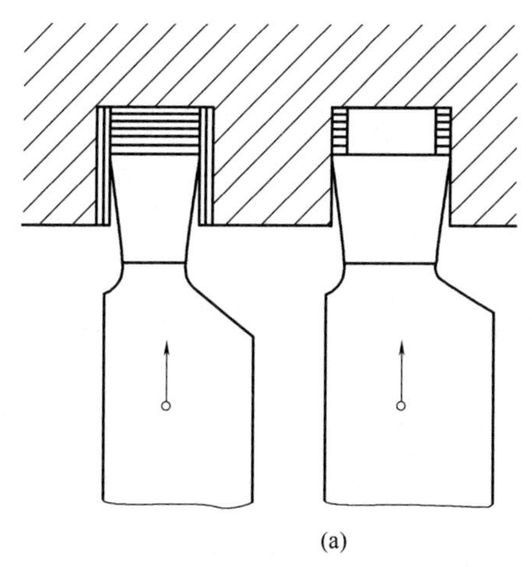

(a)

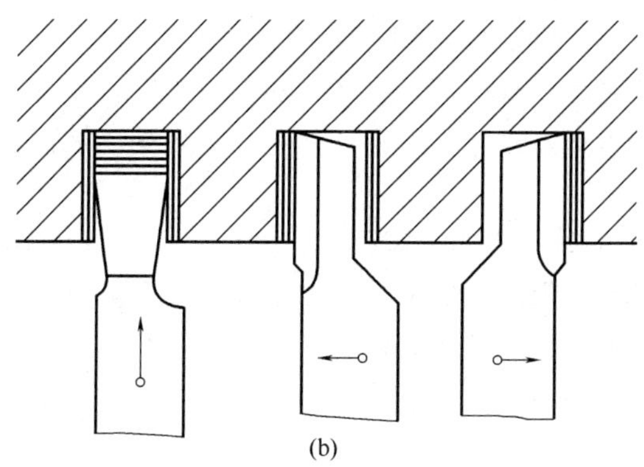

(b)

图 4-12　矩形螺纹车削方法

车削大螺距的矩形螺纹，粗车时一般应选择直进法进行车削，牙两侧各留一定的精车余量；精车时选用两把类似于左、右偏刀的矩形螺纹精车刀，分别车削螺纹牙形的两侧面，如图 4-12（b）所示。车削过程中要严格控制牙槽宽度，保证内、外螺纹配合时两侧间隙符号要求。

矩形螺纹配合是以径向定心的，必须注意定心精度，矩形螺纹配合，一般都采用外径定心。

3）车削梯形螺纹。车削梯形螺纹时，通常采用高速钢材料刀具进行低速车削，低速车削梯形螺纹一般有如图 4-13 所示的四种进刀方法：直进法、左右切削法、车直槽法和车阶梯槽法。通常直进法只适用于车削螺距较小（$P<4\text{mm}$）的梯形螺纹，而粗车螺距较大（$P>4\text{mm}$）的梯形螺纹常采用左右切削法、车直槽法和车阶梯槽法。

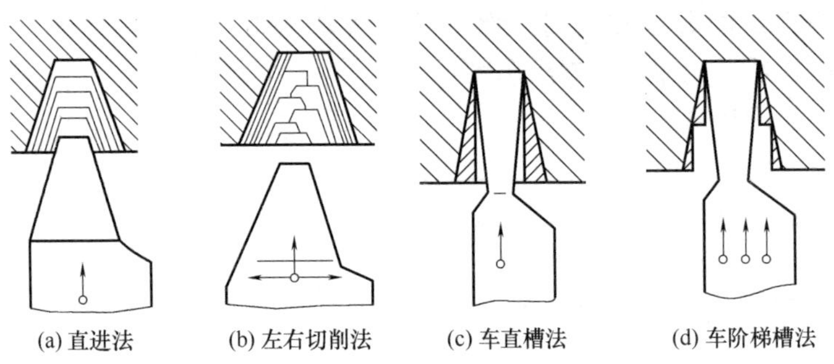

图 4-13　梯形螺纹车削的四种进刀方法

① 直进法。直进法也叫切槽法，如图 4-13（a）所示。车削螺纹时，只利用中拖板进行横向（垂直于导轨方向）进刀，在几次行程中完成螺纹车削。这种方法虽可以获得比较正确的齿形，操作也很简单，但由于刀具三个切削刃同时参加切削，振动比较大，牙侧容易拉出毛刺，不易得到较好的表面品质，并容易产生“扎刀”现象，因此，它只适用于螺距较小的梯形螺纹车削。

② 左右切削法。左右切削法车削梯形螺纹时，除了用中拖板刻度控制车刀的横向进刀外，同时还利用小拖板的刻度控制车刀作微量进给，直到牙形全部车好，如图 4-13（b）所示。用左右切削法车螺纹时，由于是车刀两个主切削刃中的一个在进行单面切削，避免了三刃同时切削，所以不容易产生“扎刀”现象。另外，精车时尽量选择低速，并浇注切削液，一般可获得很好的表面粗糙度。

③ 车直槽法。车直槽法车削梯形螺纹时一般选用刀头宽度稍小于牙槽底宽的矩形螺纹车刀，采用横向直进法粗车螺纹至小径尺寸，然后换用精车刀修整，如图 4-13（c）所示。但在车削螺距较大的梯形螺纹时，刀具因其刀头狭长，强度不够而易折断；切削的沟槽较深，排屑不顺畅，致使堆积的切屑磨损刀头，进给量较小，切削速度较低，因而很难满足梯形螺纹的车削需要。

④ 车阶梯槽法。为了降低“直槽法”车削时刀头的损坏程度，可以采用车阶梯槽法，如图 4-13（d）所示。车阶梯槽法也是采用矩形螺纹车刀进行切槽，只不过不是直接切至小径尺寸，而是分成若干刀切削成阶梯槽，最后换用精车刀修整至所规定的尺寸。这样切削排屑较顺畅，方法也较简单，但换刀时不容易对准螺旋直槽，很难保证正确的牙形，容易产生“倒牙”现象。

（2）螺纹铣削

在螺纹铣床上用盘形铣刀或梳形铣刀进行铣削，如图 4-14 所示。盘形铣刀主要用于

铣削丝杠、蜗杆等工件上的梯形外螺纹。梳形铣刀用于铣削内、外普通螺纹和锥螺纹，由于是用多刃铣刀铣削，其工作部分的长度又大于被加工螺纹的长度，故工件只需要旋转 1.25～1.50 转就可加工完成，生产率很高。螺纹铣削的螺距精度一般能达 8～9 级，表面粗糙度值为 $Ra0.63 \sim 5\mu m$。这种方法适用于成批生产一般精度的螺纹工件或磨削前的粗加工。

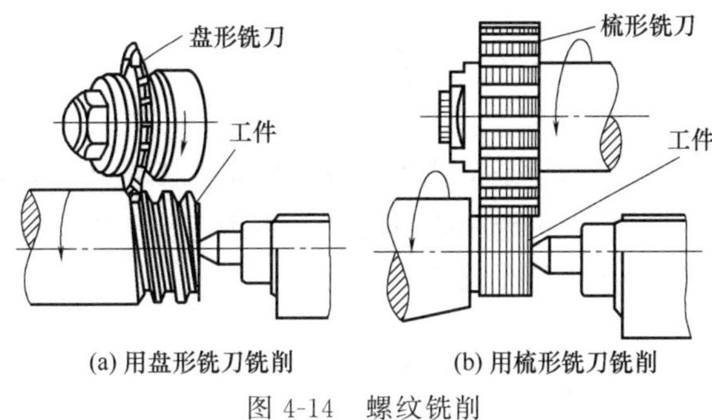

图 4-14　螺纹铣削

（3）螺纹磨削

螺纹磨削（图 4-15）主要用于在螺纹磨床上加工淬硬工件的精密螺纹。螺纹磨削按砂轮截面形状不同分单线砂轮和多线砂轮磨削两种。单线砂轮磨削能达到的螺距精度为 5～6 级，表面粗糙度 $Ra1.25 \sim 0.08\mu m$，砂轮修整较方便。这种方法适于磨削精密丝杠、螺纹量规、蜗杆、小批量的螺纹工件和铲磨精密滚刀。多线砂轮磨削又分纵磨法和切入磨法两种。纵磨法的砂轮宽度小于被磨螺纹长度，砂轮纵向移动一次或数次行程即可将螺纹磨到最后尺寸。切入磨法的砂轮宽度大于被磨螺纹长度，砂轮径向切入工件表面，工件约转 1.25 转就可磨好，生产率较高，但精度稍低，砂轮修整比较复杂。切入磨法适用于铲磨批量较大的丝锥和磨削某些紧固用的螺纹。

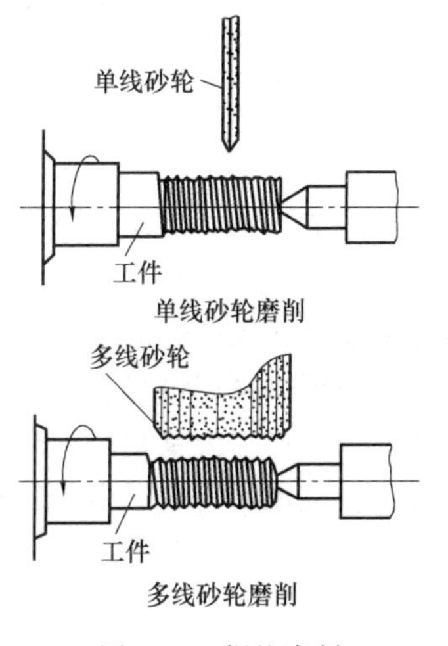

图 4-15　螺纹磨削

（4）螺纹研磨

用铸铁等较软材料制成螺母型或螺杆型的螺纹研具，对工件上已加工的螺纹存在螺距误差的部位进行正反向旋转研磨，以提高螺距精度。淬硬的内螺纹通常也用研磨的方法消除变化，提高精度。

（5）攻螺纹和套螺纹

攻螺纹（图 4-16）是用一定的扭矩将丝锥旋入工件上预钻的底孔中加工出内螺纹，也称为“攻丝”。套螺纹（图 4-17）是用板牙在棒料（或管料）工件上切出外螺纹，也称“套丝”。攻丝或套丝的加工精度取决于丝锥或板牙的精度。加工内、外螺纹的方法虽然很多，但小直径的内螺纹只能依靠丝锥加工。攻丝和套丝可用手工操作，也可用车床、钻床、攻丝机和套丝机。

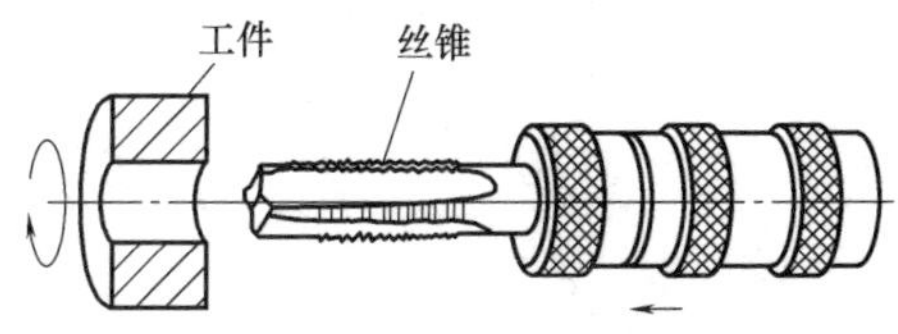

图 4-16　用丝锥攻螺纹

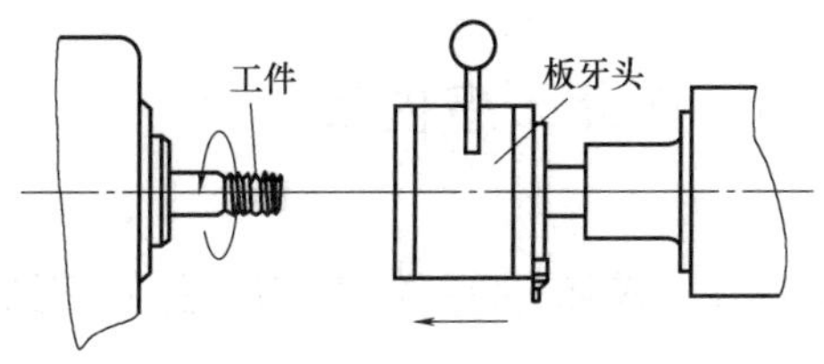

图 4-17　用板牙套螺纹

4.3 确定定位方案

基面的选择是工艺规程设计的重要工作之一，基面选择得正确与合理，可以使加工质量得以保障，生产率得以提高。否则，加工工艺过程中会问题百出，甚至会造成零件的大批报废，使生产无法正常运行。

4.3.1 粗基准的选择

选择粗基准时，主要要求保证各加工面有足够的加工余量，使加工面与不加工面间的位置符合图样要求，并特别注意要尽快获得精基准面。

对于如图 4-1 所示螺纹轴零件而言，在选择粗基准时，主要考虑两个问题：一是保证加工面与不加工面之间的相互位置精度要求；二是合理分配各加工面的加工余量。按照粗基准的选择原则，本零件应该选用螺纹轴右端面作为粗基准，先采用螺纹轴右端面作为粗基准加工左端面，可以为后续的工序准备好基准。

4.3.2 精基准的选择

经过机械加工的基准称为精基准，精基准的选择应从保证零件加工精度出发，同时考虑装夹方便、夹具结构简单。

根据零件的技术要求和装配要求，选择设计基准螺纹轴的右端面和螺纹轴的中心轴线作为精基准，符合“基准重合”原则。同时，零件上的很多表面都可以采用该组表面作为精基准，又遵循了“基准统一”原则。螺纹轴中心线是设计基准，选择它为精基准有利于避免被加工零件由于基准不重合而引起的误差。另外，为了避免在机械加工中产生夹紧变形，选用螺纹轴左端面作为精基准，夹紧稳定可靠。

4.4 确定装夹方案

螺纹轴的装夹方案如下：采用“一夹一顶”装夹粗车螺纹轴的外圆以及螺纹，采用两顶尖装夹精车螺纹轴的外圆以及螺纹。设计专用夹具装夹铣螺纹轴上的键槽。

4.5 拟定工艺路线

毛坯→车端面、钻中心孔→粗车外圆，粗车、精车螺纹 M12—7g→铣键槽→精车外圆，粗车、精车螺纹→M30×1.5LH—6g。

4.6 设计工序内容

4.6.1 螺纹轴零件机械加工工艺过程卡

螺纹轴零件机械加工工艺过程卡见表 4-1。

表 4-1　　　　螺纹轴机械加工工艺卡

工序号	工序名称	工序内容	工艺装备
1	下料	棒料 ϕ50mm×245mm	锯床
2	粗车	用三爪自定心卡盘装夹工件右端，车左端面见平即可，钻中心孔	CA6140
3	粗车	夹工件右端顶尖顶左端，车 ϕ46 至尺寸；车 M30×1.5LH-6g 大径至尺寸，长度为 131mm；车 ϕ27 至尺寸，长度为 11mm；车外沟槽 ϕ27×10 至尺寸；车三处倒角 C1 成型	CA6140
4	粗车	调头，垫铜皮夹 ϕ46 外圆，找正夹牢，车右端面，保证总长 240mm，钻中心孔	CA6140
5	粗车	采用一夹(垫铜皮夹 ϕ46 外圆)一顶装夹，粗车 ϕ30 外圆，留 1mm 精车余量，并保证 ϕ46 长度尺寸；粗车 ϕ24 外圆，留 1mm 精车余量，保证 ϕ30 长度尺寸。粗车、精车 M12-7g 大径至尺寸，保证长度尺寸 17mm；车退刀槽 4×1.25 至尺寸；车倒角 C1.5 成型；车螺纹 M12-7g 成型	CA6140
6	铣	用专用夹具装夹工件铣键槽	专用夹具
7	精车	两顶尖装夹工件，精车 $\phi30_{-0.028}^{-0.007}$ 至尺寸；精车 $\phi24_{-0.020}^{-0.007}$ 至尺寸，车两处 3×0.5 外沟槽成型；车倒角 C1 成型	CA6140
8	车	调头用软卡爪夹 ϕ30 外圆，用后顶尖支顶，粗车、精车 M30×1.5LH-6g 成型	CA6140
9	钳	修毛刺	
10	检验	按图样要求检查工件各部尺寸及精度	
11	入库	入库	

4.6.2 螺纹轴零件刀具卡

螺纹轴零件刀具卡见表 4-2。

表 4-2　　　　螺纹轴零件刀具卡

(工序号)		工序刀具清单		共 1 页　第 1 页		
序号	刀具名称	刀具规格				备注(长度要求)
		型号	刀号	刀片规格标记	刀尖半径 R/mm	
1	90°外圆粗车刀	MCLNL2020K09	T01	CNMG090308-UM	0.2	
2	95°外圆精车刀	SVJCL1616K16-S	T02	VCMT160404-UM	0.4	
3	铣刀	SDKR1203AUEN-S	T03	SDKR1203AESR-MJ	0.6	
4	切槽刀	QA1616R03	T04	R03		
5	外螺纹车刀	60°普通外螺纹车刀	T05	MMTER1212H16-C		

设计		校对		审核		标准化		会签	
处数		标记		更改文件号					

4.7 考核评价小结

（1）形成性考核评价（30%）

螺纹轴零件形成性考核评价由教师根据考勤、学生课堂表现等进行考核评价，评价表见表 4-3。

表 4-3　　螺纹轴零件形成性考核评价表

小组	成员	考勤	课堂表现	汇报人	补充发言 自由发言
1					
2					
3					

（2）工艺设计考核评价（70%）

螺纹轴零件工艺设计考核评价由学生自评、小组内互评、教师评价三部分组成，评价表见表 4-4。

表 4-4　　螺纹轴零件工艺设计考核评价表

序号	项目名称		配分	自评 （15%）	互评 （20%）	教评 （65%）	得分
	评价项目	扣分标准					
1	定位基准的选择	不合理，扣 5～10 分	10				
2	确定装夹方案	不合理，扣 5 分	5				
3	拟定工艺路线	不合理，扣 10～20 分	20				
4	确定加工余量	不合理，扣 5～10 分	10				
5	确定工序尺寸	不合理，扣 5～10 分	10				
6	确定切削用量	不合理，扣 1～5 分	10				
7	机床夹具的选择	不合理，扣 5 分	5				
8	刀具的确定	不合理，扣 5 分	5				
9	工序图的绘制	不合理，扣 5～10 分	10				
10	工艺文件内容	不合理，扣 5～10 分	15				
互评小组		指导教师		项目得分			
备　注				合　计			

拓展练习

完成图 4-18、图 4-19 所示零件的加工工艺编制。

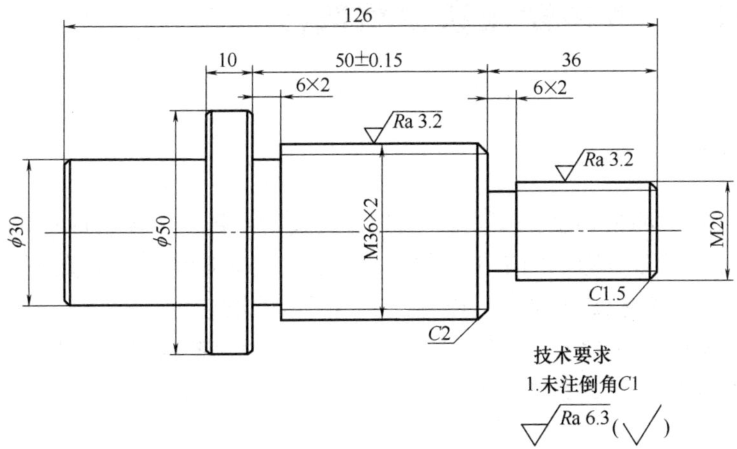

图 4-18　螺纹轴

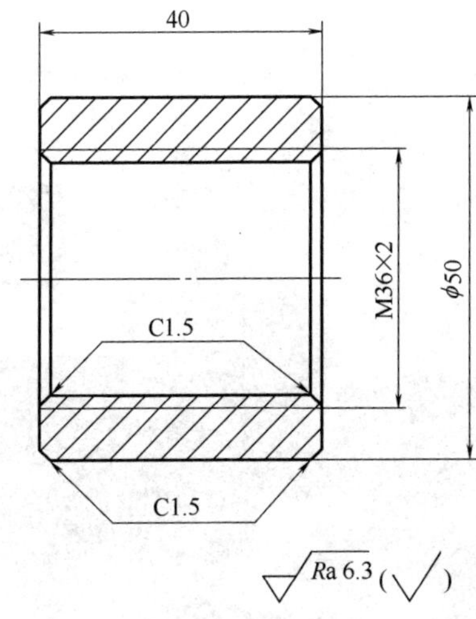

图 4-19　螺母

项目 5　数控铣床认识与选择

机床是零件加工的主要生产工具。机床、夹具、刀具、工件组成加工工艺系统，机床的几何参数和运动参数影响加工工件的尺寸限制，主轴精度和进给系统的精度直接影响到工件的精度，机床的稳定性则直接影响到工件质量的稳定性……总之，机床的选用与加工的效率、质量等有着千丝万缕的联系。本项目将带领读者认识数控铣床（图 5-1）的分类、结构、工作原理、主要参数和特性等知识，并学会根据加工需求和特点正确合理地选择和使用数控铣床。

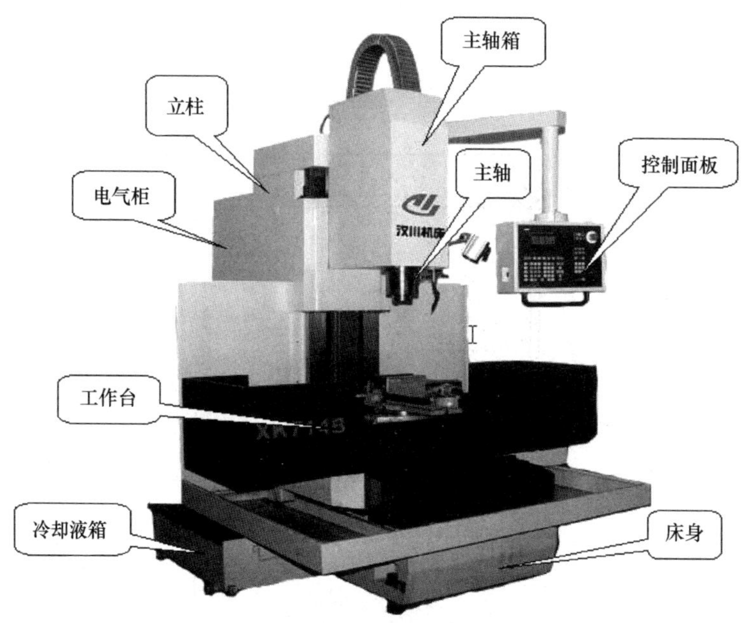

图 5-1　数控铣床

【教学目标】

1. 能力目标

通过本项目的学习，掌握数控铣削加工的特点，能根据零件的制造要求、生产规模等合理选用数控铣床进行加工生产。

2. 知识目标

（1）了解数控铣床的发展历程与发展趋势。

（2）了解数控铣床的结构与工作原理。

（3）掌握数控铣床加工的原理与应用。

（4）掌握数控铣床的主要参数和选用方法。

【任务实施】

5.1 认识数控铣床

随着科学技术的迅速发展，机械零件日趋精密复杂，且需频繁改型，精度要求越来越高，形状日趋复杂，批量却越来越小。加工这类产品需要经常改装或调整设备，数控机床应运而生。数控机床具有适应性强、加工精度高、加工质量稳定和生产效率高等优点。它综合了电子计算机、自动控制、伺服驱动、精密测量和机械结构多方面的技术，现在已经成为机械制造的主角，而且在今后也是机床控制的主要发展方向。

5.1.1 数控铣床的发展

自 1952 年，美国研制成功第一台数控机床以来，随着电子技术、计算机技术、自动控制和精密测量等相关技术的发展，数控铣床也在不断地更新换代，先后经历了五个发展阶段，如表 5-1 所示。

表 5-1　　数控铣床的发展历程

发展阶段	发展内容
第一代数控	1952 年到 1959 年采用电子管元件构成的专用数控装置(NC)。由于体积大、可靠性低、价格高,因此主要用于军工部门,没有得到推广应用,产量比较小
第二代数控	从 1959 年开始采用晶体管电路的 NC 系统。虽然其可靠性有所提高,体积大为缩小,但其可靠性还是低,得不到广大用户的认可,数控机床的产量和产品虽有所增加,但增加得不快
第三代数控	从 1965 年开始采用小中规模集成电路的 NC 系统。它不仅大大缩小了数控机床的体积,可靠性也得到了实质性的提高,从而成为一般用户能够接受的设备,数控机床的产量和品种均得到较大的发展
第四代数控	从 1970 年开始采用大规模集成电路的小型通用电子计算机控制的系统(Computer Numerical Control,CNC)
第五代数控	从 1974 年开始采用微型电子计算机控制的系统(Microcomputer Numerical Control,MNC)

第四、第五两代数控机床因为计算机的应用，所以被称为计算机数字数控装置，简称 CNC 装置。由于计算机的应用，很多控制功能可以通过软件来实现，因而数控装置的功能大大提高，可靠性和自动化程度得到进一步提高，而价格却有较大的下降，数控机床得到了飞速的发展。

从 1975 年出现第五代数控装置以后，数控铣床再没有发生质的变化，只是随着集成电路的规模日益扩大，以及光缆通信技术在数控装置中的应用，体积日益缩小，价格逐年下降，可靠性进一步提高。

近年来，微电子和计算机技术日益成熟，它的成果正在不断渗透到机械制造的各个领域，先后出现了计算机直接数控（Direct Numerical Control，DNC），柔性制造系统

（Flexible Manufacturing System，FMS）和计算机集成制造系统（Computer Intergrated Manufacturing System，CIMS）。所有这些高级的自动化生产系统均是以数控机床为基础的，它们代表着数控机床今后的发展趋势。

5.1.2 数控铣床发展趋势

为了进一步提高劳动生产率，降低生产成本，缩短产品的研制和生产周期，加速产品更新换代，以适应社会对产品多样化的需求，近年来，人们把自动化生产技术的发展重点转移到中、小批量生产领域中，这就要求加快数控机床的发展，使其成为一种更高效、更高柔性和更低成本的制造设备，以满足市场的需求。

数控机床是柔性制造单元（FMC）、柔性制造系统（FMS）以及计算机集成制造系统（CIMS）和灵捷制造的基础，是国民经济的重要基础装备。随着微电子技术和计算机技术的发展，现代数控机床的应用领域日益扩大。当前数控设备正在不断采用最新技术成就，向着高速度化、高精度化、智能化、多功能化以及高可靠性的方向发展。

现代数控机床均采用CNC系统。数控机床的硬件由多种功能模块组成，不同功能的模块可根据机床数控功能的需要选用，并可自行扩展。在CNC系统中，只要改变一下软件或控制程序，就能制成适应各类机床要求的数控系统。数控系统正向模块化、标准化、智能化“三化”方向发展，使其便于组织批量生产，有利于质量和可靠性的提高。

为适应机械加工综合自动化的发展趋势，现代数控机床的各种自动化监测手段和联网通信技术正不断完善和发展。目前正在成为标准化通信局部网络LAN（Local Area Network）的制造自动化协议MAP，使各种数控设备便于联网，就有可能把不同类型的智能设备用标准化通信网络设施连接起来，使工厂自动化FA（Factory Automation）的上层到下层通过信息交流，促进系统的智能化、集成化和综合化，建立能够有效利用系统全部信息资源的计算机网络，实现生产过程综合自动化的计算机管理与控制。

5.2 数控铣床的结构

5.2.1 数控铣床的分类

数控铣床的分类方法与通用机床类似，常用的有立式数控铣床、卧式数控铣床、复合数控铣床、龙门数控铣床和数控加工中心等，如图5-2所示。

（1）立式数控铣床

如图5-2（a）所示为立式数控铣床，立式数控铣床的应用最为广泛。小型立式数控铣床与普通立式升降台铣床的工作原理相差不大，机床的工作台可以自由移动，但是升降台和主轴固定不能移动；中型立式数控铣床的工作台通常可以纵向和横向移动，主轴可沿垂直方向的溜板上下运动；大型立式数控铣床在设计过程中通常要考虑扩大行程、缩小占地面积以及刚性等技术上的问题，所以往往采用龙门架［图5-2（d）］移动式，主轴可在龙门架的横向和垂直方向的溜板运动，龙门架沿床身做纵向运动。

（2）卧式数控铣床

如图5-2（b）所示为卧式数控铣床，其主轴轴线平行于水平面。为了扩大加工范围

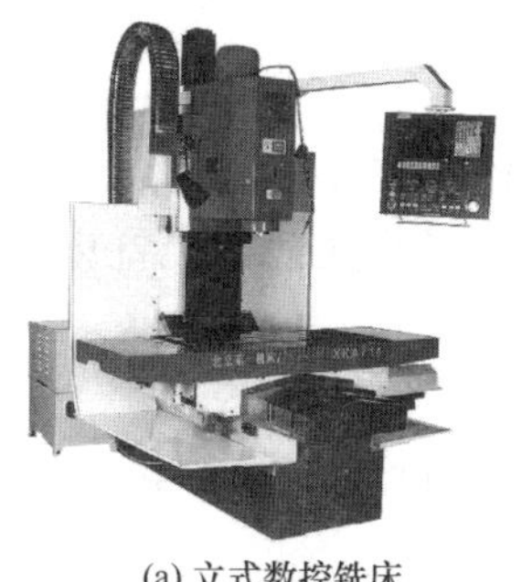

(a) 立式数控铣床

(b) 卧式数控铣床

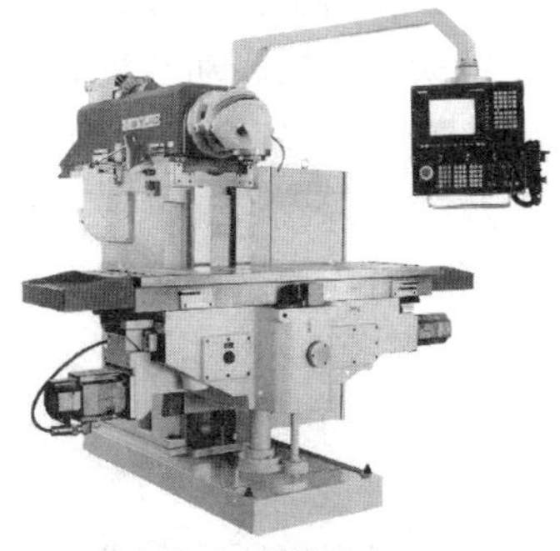

(c) 立卧两用数控铣床

(d) 龙门数控铣床

(e) 立式加工中心

(f) 卧式加工中心

图5-2　数控铣床及加工中心

和扩充机床功能，卧式数控铣床经常采用增加数控转盘或万能数控转盘来实现4、5坐标轴联动加工。这样，不仅工件侧面上的连续回转轮廓能加工出来，而且能实现在工件的一次装夹中，通过转盘改变工位，以实现“四面加工”。万能数控转盘还可以把工件上不同空间角度的加工面摆成水平面来加工。因此，对于箱体类零件或在一次安装中需要改变工位的工件来说，应该优先考虑选择带数控转盘的卧式数控铣床进行加工。

由于卧式数控铣床增加了数控转盘，所以很容易对工件进行“四面加工”，且在很多方面胜过带数控转盘的立式数控铣床，因此目前越来越受到重视。卧式数控铣床的横向运动是连续的，所以和通用卧式铣床相比，它没有固定圆盘铣刀刀杆的移出拖板和托架。

(3) 立卧两用数控铣床

如图5-2 (c) 所示为立卧两用的复合数控铣床。复合数控铣床主轴方向的更换方法有两种：自动和手动。采用数控万能主轴头的立卧数控铣床，其主轴头可以任意改变方向，加工出与水平面成不同角度的工件表面。当立卧数控铣床增加数控转盘以后，甚至可以对工件进行“五面加工”。所谓“五面加工”就是，除了工件与转盘贴合的定位面，其余表面都可以在一次安装中进行加工。

(4) 龙门数控铣床

如图 5-2 (d) 所示为龙门数控铣床，其主轴固定在龙门架上，主轴可在龙门架的横向与垂直导轨上移动，而龙门架则沿床身做纵向移动。龙门数控铣床一般是大型数控铣床，主要用于大型机械零件及大型模具的加工。

(5) 数控加工中心

如图 5-2 (e)、图 5-2 (f) 所示为立式加工中心和卧式加工中心。与数控铣床相比，加工中心增加了刀库及刀具交换系统。

此外，数控铣床还可以根据控制坐标轴的联动数和伺服控制方式分类。

按控制坐标轴的联动数可分为二轴联动数控铣床、三轴联动数控铣床、多轴联动数控铣床。二轴联动数控铣床可对三轴中的任意两轴联动；三轴联动数控铣床可三轴同时联动；多轴联动数控铣床，如四轴联动、五轴联动数控铣床。

按伺服控制方式分，数控铣床可分为开环控制、闭环控制、半闭环控制和混合控制的数控铣床四大类。

5.2.2 数控铣床的组成

数控铣床是由普通铣床发展而来的一种数字程序控制机床。它将零件加工过程中所需的各种操作和步骤，以及刀具与工件之间的相对位移量都用数字化的代码表示，通过控制介质和数控面板等数字信息输入专用或通用的计算机，由计算机对输入的信息进行处理与运算，发出各种指令来控制机床的伺服系统或其他执行机构，从而自动加工出所需要的零件。因此，它是一种高度集成的机电一体化产品。

数控铣床的组成部分包括铣床本体、数控系统、伺服系统和辅助装置。

(1) 铣床本体

数控铣床本体是指其机械结构的实体部分。与传统的普通机床相比，它同样由主传动系统、进给传动系统、床身、立柱和工作台等部分组成，但数控铣床的整体布局、外观造型、传动机构、工具系统及操作界面等方面都发生了很大变化，以满足数控技术的要求和充分发挥数控机床的优势。

数控铣床的本体通常是指床身、立柱、横梁、工作台、底座等结构件，由于其尺寸较大（俗称大件），因此构成了机床的基本框架。其他部件附着在基础件上，有的部件还需要沿着基础件运动。由于基础件起着支撑和导向的作用，因而对基础件的基本要求是刚度好。此外由于基础件通常固有频率较低，在设计时还希望它的固有频率尽量高一些，阻尼尽量大一些。

(2) 数控系统

数控系统包括程序输出/输入设备、数控装置、可编程控制器、主轴驱动单元和进给驱动单元等。其中数控装置通常称为数控或计算机数控，图 5-3 为数控系统结构简图。

现代的数控装置都是采用计算机作为核心，通过内部信息处理来控制数控机床。数控装置通过主轴驱动单元控制主轴电机的运行，通过各坐标轴的进给伺服驱动单元控制数控机床各坐标的运动，通过可编程控制器控制机床的开关电路。数控机床操作人员可通过数控装置上的操作面板进行各种操作，或通过通信接口进行远程操作。操作情况及一些内部

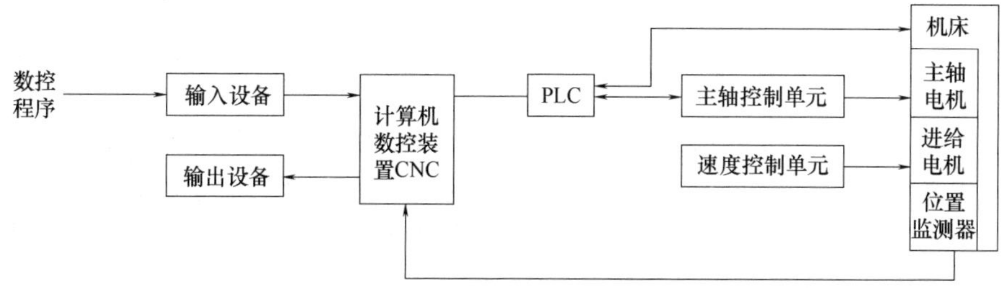

图 5-3　数控系统结构简图

信息处理结果在数控装置的显示器中显示。

1）计算机数控系统（CNC）的内部工作过程。CNC 的内部工作过程如图 5-4 所示，一般情况下，在数控加工之前启动 CNC，读入数控加工程序。此时，在数控装置内部的控制程序（或称执行程序、控制软件）作用下，通过程序输入装置或输入接口读入数控零件加工程序，并存放于 CNC 的零件程序存储器或存储区域内。当开始加工时，在控制程序作用下将零件加工程序从存储器中取出，按程序段进行处理。先进的译码处理程序将零件加工程序中的信息转换成计算机便于处理的内部形式，将程序段的内容分成位置数据（包括 X、Y、Z 位置运动数据）和控制指令（如 G、F、M、S、T、H、L 数控指令）并存放在相应的存储区域。根据数据和指令的性质，大致进行三种流程处理：位置数据处理、主轴驱动处理及机床开关功能控制。

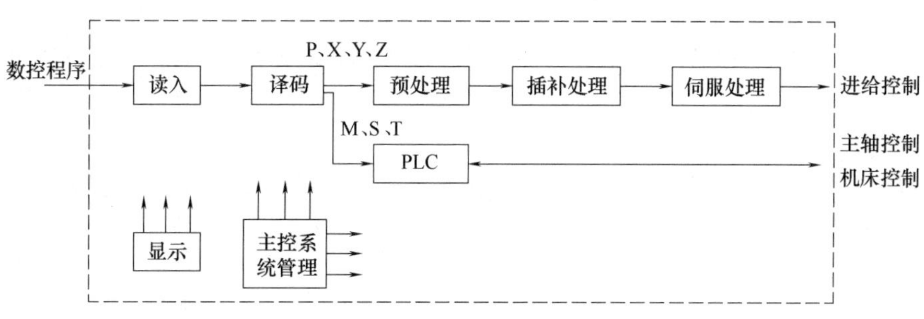

图 5-4　CNC 内部工作过程

2）CNC 系统的主要功能。CNC 系统采用了微处理机、存储器、接口芯片等，通过软件实现许多过去难以实现的功能，因此 CNC 系统的功能要比 NC 系统功能丰富得多，更加便于适应数控机床的复杂控制要求，适应 FMS 和 CIMS 的需要。

CNC 系统的控制功能、准备功能、插补功能、进给功能、刀具功能、主轴功能、辅助功能、字符显示功能、自诊断功能等都是数控系统必备的基本功能。补偿功能、固定循环功能、图形显示功能、通信功能、人机对话编程等功能是 CNC 系统特色的选择功能。这些功能的有机组合，可以满足不同用户的要求。由于 CNC 系统用软件实现各种功能，不仅有利于对功能的不断完善，使用也更加方便。

（3）伺服系统

伺服系统是连接数控系统（CNC）和数控机床（主机）的关键部分，它接受来自数控系统的指令，经过转换和放大，驱动执行件实现预期的运动，并将运动结果反馈回去与输入指令相比较，直至与输入指令之差为零。伺服系统的性能直接关系到数控机床执行件的静态和动态特性，影响其工作精度、负载能力、响应快慢和稳定程度等。所以，至今伺服系统还被看作一个独立部分，与数控系统和数控机床（主机）并列为数控机床的三大组成部分。

按 ISO 标准，伺服系统是一种自动控制系统，其中包含功率放大和反馈，从而使得输出变量的值紧密地对应输入量的值。它与一般机床进给系统有着本质的不同，进给系统的作用在于保证切削过程能够继续进行，不能控制执行件的位移和轨迹。伺服系统可以根据一定的指令信息，加以转换和放大，通过反馈能控制执行件的速度、精度位置以及一系列位置所形成的轨迹。

伺服系统一般由驱动控制单元、驱动元件、机械传动部件、执行件和检测反馈环节等组成。驱动控制单元和驱动元件组成伺服系统，机械传动部件和执行件组成机械传动系统。

目前，在数控机床上已经很少采用液压伺服系统，驱动元件主要是各种伺服电动机。在小型和经济型数控机床上还使用步进电动机，中高档数控机床几乎都采用直流伺服电动机和交流伺服电动机。全数字伺服驱动单元已得到广泛采用。

伺服系统是一种反馈控制系统，以脉冲指令为输入给定值，与输出被调量进行比较，利用偏差值对系统进行自动调节，以消除偏差，使被调量跟踪给定值。所以伺服系统的运动来源于偏差信号，必须具有负反馈电路，并始终处于过渡状态，而在运动过程中实现了力的放大，伺服系统必须有一个不断输入能量的能源。外加负载可以视为系统的扰动输入。

基于伺服系统的工作原理，除要求它具备良好的静态特征外，还应具备优异的动态特征。伺服系统除满足运动的要求外，还应有良好的动力学特征。

1）伺服系统的分类。

① 开环进给伺服系统。开环进给伺服系统是数控机床中最简单的伺服系统，其控制原理如图 5-5 所示。

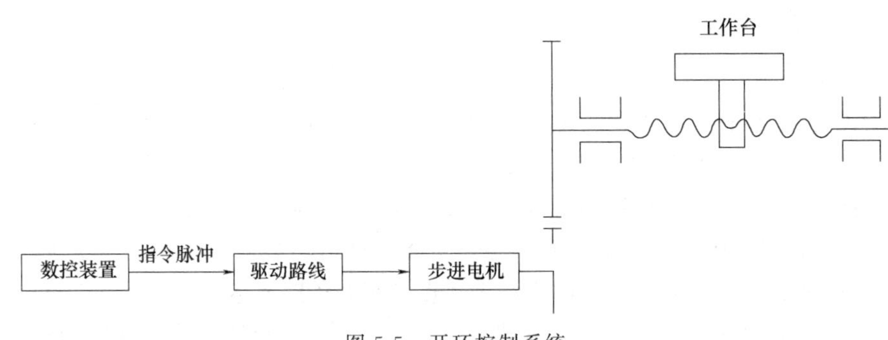

图 5-5　开环控制系统

在开环进给伺服系统中，数控装置发出的指令脉冲经驱动路线送到步进电动机，使其输出轴转过一定的角度，再通过齿轮副和丝杠螺母副带动机床工作台移动。指令脉冲的频率决定步进电机的旋转速度，指令脉冲数决定转角的大小。由于没有检测反馈装置，系统中各个部位的误差，如步进电动机的步距误差、起停误差、机械系统的误差（方向间隙、丝杠螺距误差）等合称为系统的位置误差，所以精度比较低，而且速度也受到步进电动机

性能的限制。但由于其结构简单、易于调整，在精度要求不太高的场合中仍然应用比较广泛。

② 闭环控制系统。因为开环系统的精度不能很好地满足数控机床的要求，所以为了保证加工精度，最根本的办法是采用闭环控制方式。闭环控制系统是采用直线型位置检测装置（如直线感应同步器、长光栅等）对数控机床工作台位移进行直接测量并进行反馈控制的位置伺服系统，其控制原理如图 5-6 所示。

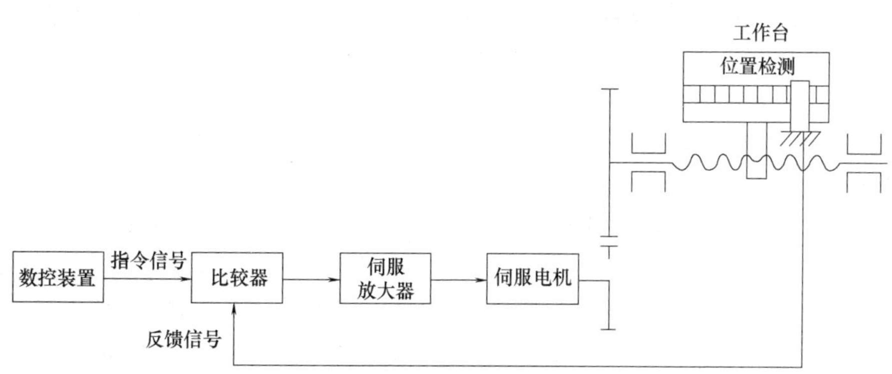

图 5-6　闭环控制系统

在闭环控制系统中，数控机床移动的位置通过检测装置进行检测，并将测量的实际位置反馈到输入端与指令位置进行比较。如果两者存在偏差，将此偏差信号放大，并控制伺服电机带动数控机床移动部件朝着消除偏差的方向进给，直到偏差为零。

由于闭环控制系统将数控机床本身包括在位置控制环之内，因此机械系统引起的误差可由反馈控制得以消除，但受到数控机床本身的固有频率、阻尼、间隙等因素的影响，增大了设计和调试的困难。闭环控制系统的特点是精度高、系统结构复杂、制造成本高、调试维修困难，一般适合于大型精密机床。

③ 半闭环控制系统。采用旋转型角度测量元件（脉冲编码器、旋转变压器、圆感应同步器等）和伺服电动机按照反馈控制原理构成的位置伺服系统，称为半闭环控制系统，其控制原理如图 5-7 所示。半闭环控制系统的检测装置有两种安装方式：

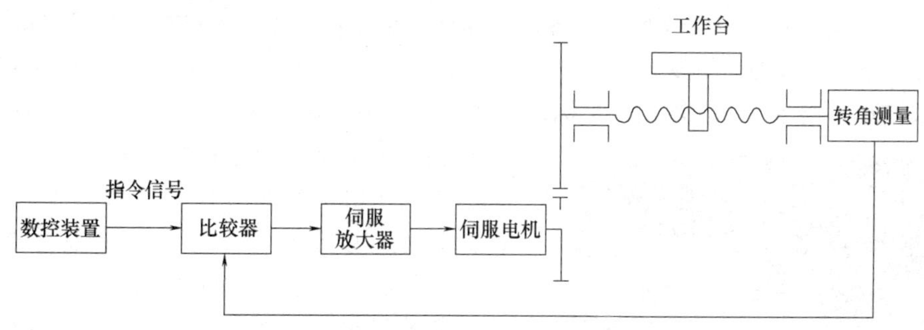

图 5-7　半闭环控制系统

a. 角位移检测装置安装在丝杠末端。由于丝杠的方向间隙和螺距误差等机械传动部件的误差限制了位置精度，因此比闭环系统的精度差；另一方面，由于数控机床移动部件、滚动丝杠螺母副的刚度和间隙都在反馈控制环以外，因此稳定性比闭环系统好。

b. 角位移检测装置安装在电动机轴端。和上一种半闭环控制系统相比，丝杠在反馈控制环以外，位置精度较低，但是安装调试简单，控制稳定性更好，所以应用比较广泛。

和闭环控制系统相比较，半闭环控制系统的精度要差一些，但其驱动功率大，快速响应好，因此适用于各种数控机床。半闭环控制系统的机械误差，可以在数控装置中通过间隙补偿和螺距误差补偿来减少。

2）数控机床对伺服系统的要求。

① 高稳定性。稳定性是指系统在给定输入或外界作用下，能在短暂的调节之后到达新的或者回到原有平衡状态的性能。数控机床稳定性的好坏将直接影响到数控加工的精度和表面质量。

② 高精度。数控机床是按预定的程序自动进行加工的，不可能像普通机床那样可用手动操作来调整和补偿各种因素对加工精度的影响，故要求它本身具有高的定位精度（1μm 甚至 0.1μm）和轮廓切削精度，以保证加工质量的一致性，保证复杂曲线、曲面零件的加工精度。

③ 快速响应。要求伺服系统跟踪指令信号的响应要快。一般过渡过程都要求在 200ms 以内，甚至小于几十毫秒，而且过渡过程的前沿要陡，即斜率要大，以保证轮廓切削的形状精度和良好的加工表面精度。

④ 调速范围宽。数控机床加工时，由于加工用刀具、被加工材料以及零件加工要求的不同，为保证在任何情况下都能得到最佳的切削条件，就要求伺服系统有足够的调速范围。目前最先进的水平是当脉冲当量为 1μm 时，进给速度从 0～240m/min 连续可调。对一般数控机床而言，要求在 0～24m/min 的进给速度下能稳定、均匀、无爬行地工作。

⑤ 低速大转矩。数控机床常在低速下进行切削，故要求伺服系统能输出较大的转矩。普通加工直径 400mm 的车床，纵向和横向驱动转矩都需在 10N·m 以上。为此，数控机床的进给系统传动链应尽量短，传动副的摩擦因数尽量小，并减小间隙、提高刚度、减少惯量、提高效率。

（4）辅助装置

辅助装置是数控铣床上为加工服务的配套部分，主要包括液压和气动系统、冷却和润滑系统、回转工作台、自动排屑装置、过载和保护装置等。

数控机床是一种高效率的加工设备，当零件被装夹在工作台上以后，为了尽可能完成较多工序或者一次全部完成装夹后所有工序的加工，以扩大工艺范围和提高机床利用率，除了要求机床可沿 X、Y、Z 三个坐标轴直线运动之外，还要求工作台在圆周方向有进给运动和分度运动。通常回转工作台可以实现上述运动，用以进行圆弧加工或与直线联动进行曲面加工，以及利用工作台精确地自动分度，实现箱体类零件各个面的加工。

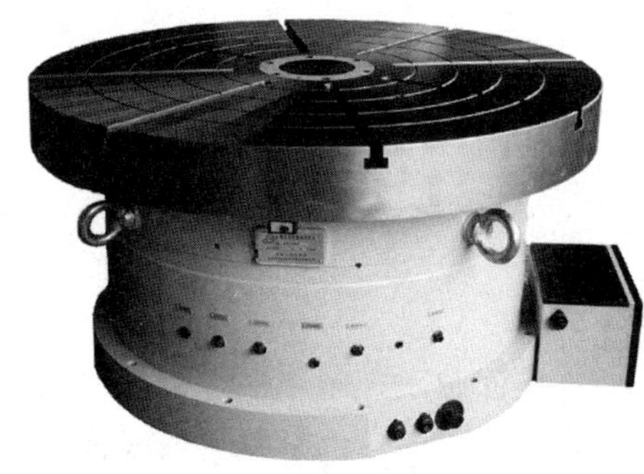

图 5-8　数控回转工作台

数控回转工作台（图 5-8）的主要功能有两个：一是工作台进给分度运动，即在非切削时，装有工件的工作台在整个圆周（360°范围内）进行分度旋转；二是工作台做圆周方向进给运动，即在进行切削时，与 X、Y、Z 三个坐标轴

进行联动，加工复杂的空间曲面。

数控回转工作台主要应用于铣床等，特别是在加工复杂的空间曲面方面（如航空发动机叶片、船用螺旋桨等），由于回转工作台具有圆周进给运动，易于实现与 X、Y、Z 三坐标轴的联动，但需与高性能的数控系统相配套。

其他机械功能附件主要指润滑、冷却、排屑和监控机构。由于数控机床是生产效率极高并可以长时间实现自动化加工的机床，因而润滑、排屑、冷却问题比传统机床更为突出。大切削量的加工需要强力冷却和及时排屑，冷却不足或排屑不畅会严重影响刀具的寿命，甚至使加工无法继续进行。

5.3　数控铣床的选择

5.3.1　数控铣床主要技术参数

以加工中心（KVC650）进行加工，其主要参数见表 5-2。

表 5-2　　加工中心 KVC650 主要参数表

名　称	参　数	名　称	参　数
工作台面尺寸(长×宽)/mm	1370×405	主轴锥孔/刀柄型式	24ISO40/BT40(MAS403)
工作台最大纵向行程/mm	650	主配控制系统	FANUC 0i Mate-MC
工作台最大横向行程/mm	450	换刀时间/s	6.5
主轴箱垂向行程/mm	500	主轴转速范围/(r/min)	60～6000
工作台 T 形槽 (槽数—宽度×间距)/mm	5—16×60	快速移动速度/(mm/min)	10000
主电动机功率/kW	5.5/7.5	进给速度/(mm/min)	5～8000
脉冲当量/(mm/脉冲)	0.001	工作台最大承载/kg	700
机床外形尺寸 (长×宽×高)/mm	2540×2520×2710	机床重量/kg	4000

5.3.2　数控铣床选用方法

在选择机床设备时，应注意以下几点：

① 机床精度应与工件加工精度要求相适应。机床精度过低，不能保证加工精度，机床精度过高，又会增加工件的制造成本。因此应根据工件的精度要求合理选择机床精度。在缺乏精密设备时，可通过设备改造实现“以粗干精”。

② 机床规格应与工件的外形尺寸相适应，即大件用大机床、小件用小机床。

③ 机床的生产效率应与工件的生产类型相适应。单件小批生产用通用设备或数控机床，大批大量生产应选高效专用设备。

④ 机床设备选择还应与现有条件相适应。要根据现有设备类型、规格、精度状况及设备负荷状况、外协条件等确定。

5.4 考核评价小结

（1）形成性考核评价（30%）

形成性考核评价由教师根据考勤、学生课堂表现等进行，评价表见表 5-3。

表 5-3　　形成性考核评价表

小组	成员	考勤	课堂表现	汇报人	补充发言 自由发言
1					
2					
3					

（2）铣床选择考核评价（70%）

数控铣床的选择考核评价为学生自评、小组内互评、教师评价三部分组成，其评价表见表 5-4。

表 5-4　　数控铣床选择考核评价表

<table>
<tr><td rowspan="2">序号</td><td>项目名称</td><td></td><td rowspan="2">配分</td><td rowspan="2">自评
（15%）</td><td rowspan="2">互评
（20%）</td><td rowspan="2">教评
（65%）</td><td rowspan="2">得分</td></tr>
<tr><td>评价项目</td><td>扣分标准</td></tr>
<tr><td>1</td><td>零件制造要求分析</td><td>不合理，扣 10～20 分</td><td>20</td><td></td><td></td><td></td><td rowspan="2"></td></tr>
<tr><td>2</td><td>零件生产规模分析</td><td>不合理，扣 10～20 分</td><td>20</td><td></td><td></td><td></td></tr>
<tr><td>3</td><td>工作台尺寸选择</td><td>不合理，扣 10～20 分</td><td>20</td><td></td><td></td><td></td><td></td></tr>
<tr><td>4</td><td>精度分析选择</td><td>不合理，扣 10～20 分</td><td>20</td><td></td><td></td><td></td><td></td></tr>
<tr><td>5</td><td>结合本单位情况</td><td>不合理，扣 10～20 分</td><td>20</td><td></td><td></td><td></td><td></td></tr>
<tr><td>互评小组</td><td></td><td>指导教师</td><td colspan="2"></td><td colspan="2">项目得分</td><td></td></tr>
<tr><td>备　注</td><td colspan="4"></td><td colspan="2">合　计</td><td></td></tr>
</table>

拓展练习

图 5-9 为垫块零件，根据零件加工的需要，请选择适当的数控铣床或加工中心。

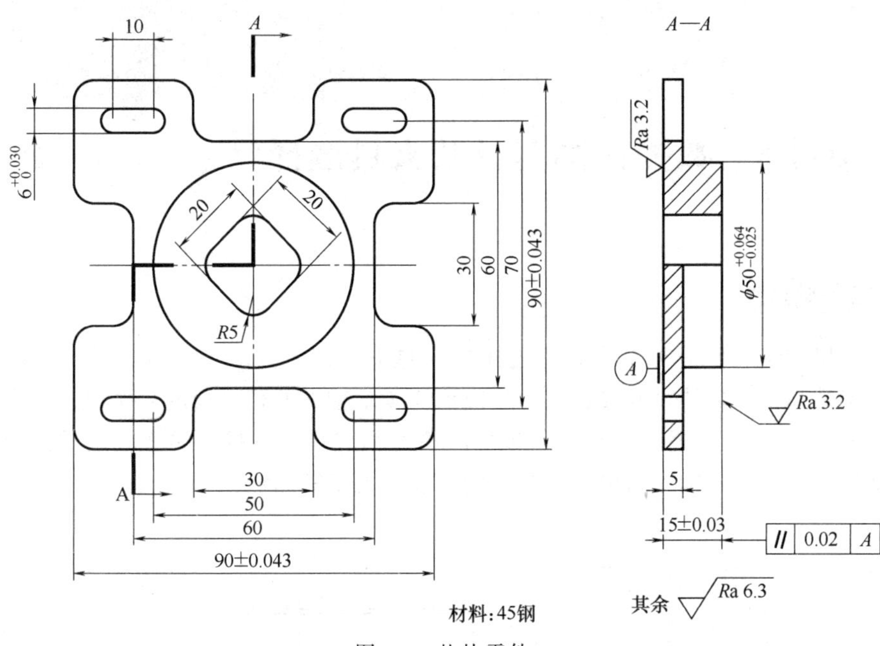

10
A
A—A
$6^{+0.030}_{0}$
20
20
R5
30
60
70
90±0.043
Ra 3.2
$\phi50^{+0.064}_{-0.025}$
A
Ra 3.2
30
50
60
90±0.043
A
5
15±0.03
// 0.02 A
材料:45钢
其余 Ra 6.3

图 5-9　垫块零件

项目 6　数控铣削刀具及夹具选择

【项目概述】

在本项目中学生要根据零件类型选择相应的铣刀和夹具，零件图如图 6-1 所示。 本项目融合了铣刀和夹具的基础知识，学生应该初步掌握铣刀和夹具的分类以及在实际应用中应该如何选择铣刀。 通过加工典型零件时铣刀和夹具的选择，学生应该掌握刀具和夹具的选择原则，了解刀具的结构以及夹具的定位与夹紧等知识。

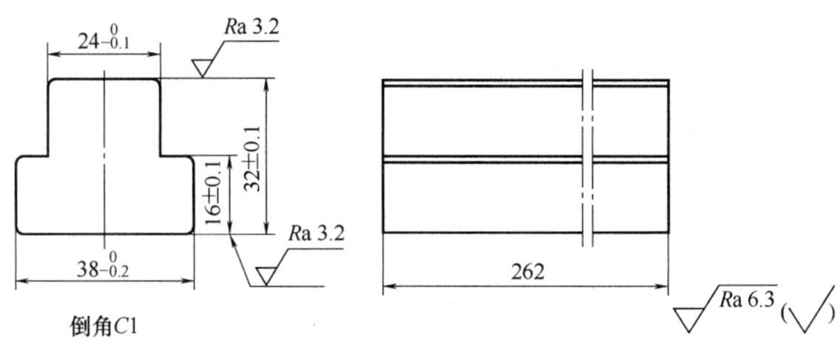

图 6-1　台阶零件

【教学目标】

1. 能力目标

（1） 具备分析零件结构的能力。

（2） 具备正确选择刀具的能力。

（3） 具备正确选择夹具的能力。

2. 知识目标

（1） 认识铣刀的类型，了解铣刀常用的材料。

（2） 掌握铣刀的组成部分及作用。

（3） 了解铣刀的安装。

（4） 了解工件定位与夹紧的方法。

（5） 掌握平口虎钳以及压板装夹工件的方法。

【任务描述】

板类零件是机械中一种常见的零件。 本项目针对典型板类零件设有如下任务：① 板类零件铣刀的选择；② 板类零件夹具的选择。

【任务实施】

6.1　数控铣刀的认识

6.1.1　铣刀的种类

（1）按照铣刀用途分类

① 铣平面用铣刀，如图 6-2 所示。图 6-2（a）为圆柱铣刀，用于卧式铣床；图 6-2（b）为机夹式端面铣刀，用于立式铣床；图 6-2（c）为整体式端面铣刀，用于卧式铣床或立式铣床。

(a) 圆柱铣刀　(b) 机夹式端面铣刀　(c) 整体式端面铣刀

图 6-2　铣平面用铣刀

② 铣沟槽用铣刀，如图 6-3 所示。立铣刀、键槽铣刀、三面刃铣刀以及三面刃错齿铣刀主要用于加工台阶面和沟槽；对称双角度铣刀、单角度铣刀、T 形槽铣刀、燕尾槽铣刀主要用于加工成型沟槽，如燕尾槽、T 形槽等；锯片铣刀主要用于加工深沟槽和切断工件；螺纹铣刀用于加工螺纹。

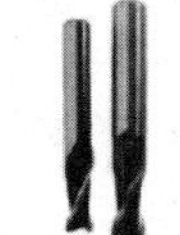
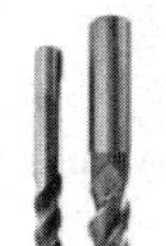

(a) 立铣刀　(b) 键槽铣刀　(c) T形槽铣刀　(d) 燕尾槽铣刀

(e) 对称双角度铣刀　(f) 单角度铣刀　(g) 三面刃铣刀

(h) 三面刃错齿铣刀　(i) 锯片铣刀　(j) 螺纹铣刀

图 6-3　铣沟槽用铣刀

③ 铣圆弧用铣刀，如图 6-4 所示。常用于铣削半圆等成型面。

④ 铣曲面用的铣刀，如图 6-5 所示。球头铣刀是刀刃类似球头的铣刀，装配于铣床上用于铣削各种曲面、圆弧沟槽的刀具。球头铣刀也称为 R 刀，属于立铣刀。

（2）按照铣刀齿背形状分类

① 尖齿铣刀。尖齿铣刀的刀齿截面上，齿背是由直线或折线构成。这类铣刀齿刃锋利，刃磨方便，制造比较容易，生产中常用的三面刃铣刀、圆柱铣刀等都是尖齿铣刀，其齿背形状如图 6-6 所示。

② 铲齿铣刀。铲齿铣刀也叫曲线齿背铣刀，这种铣刀是在铲齿机床上铲出来的。铲齿铣刀的刀齿截面上，齿背是阿基米德螺旋线。它的刀齿用钝后刃磨时只磨前刀面，而不磨后刀面，这样齿背处的曲线形状就不会产生变化，刀齿截面一直保持着原有的形状。铲

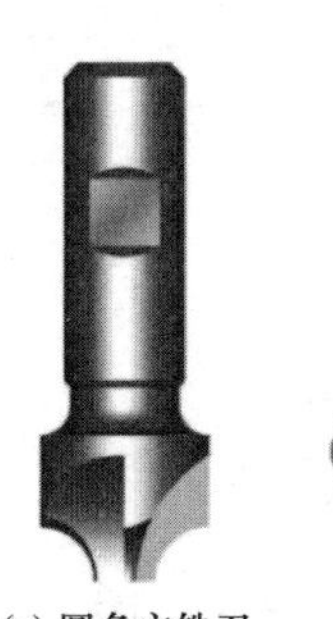
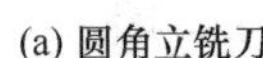
(a) 圆角立铣刀

(b) 凸圆弧成型铣刀

(c) 凹圆弧成型铣刀

图 6-4 铣圆弧用铣刀

图 6-5 球头铣刀

齿铣刀多用于成型铣刀，如齿轮铣刀、凸半圆铣刀、凹半圆铣刀等，其齿背形状如图 6-7 所示。

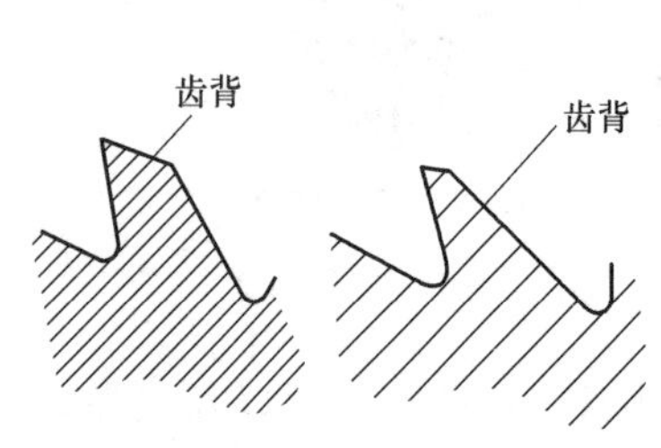

图 6-6 尖齿铣刀齿背形状

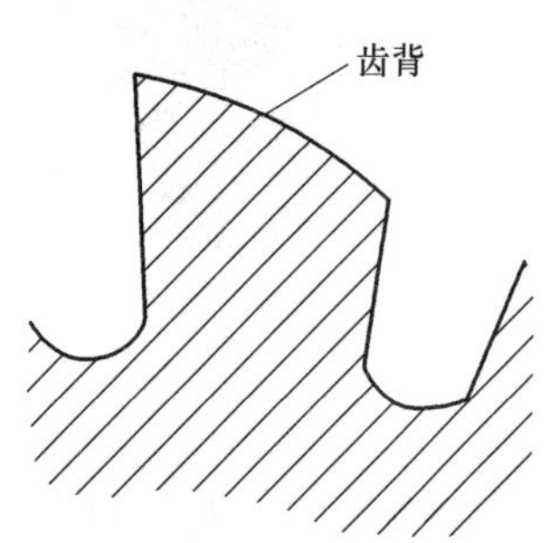

图 6-7 铲齿铣刀齿背形状

6.1.2 铣刀的组成部分和作用

铣刀是多刃刀具，每一个刀齿相当于一把简单的刀具（如车刀）。刀具上起切削作用的部分称为切削部分（多刃刀具有多个切削部分），它是由切削刃、前面及后面等组成的。

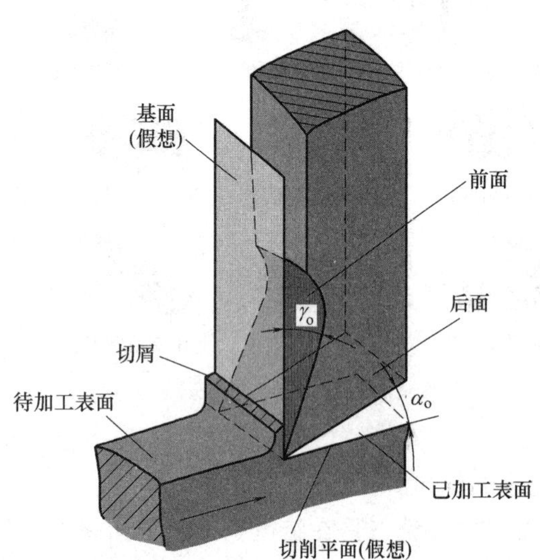

图 6-8 铣削刀具切削时各部分的名称和几何角度

（1）铣削时工件上形成的表面

如图 6-8 所示为简单的单刃刀具的切削情形。

① 待加工表面。工件上有待切除的表面。

② 已加工表面。工件上经刀具切削后产生的表面。

（2）辅助平面

① 基面。基面是一个假想平面。它是通过切削刃上选定点并与该点切削速度方向垂直的平面。

② 切削平面。切削平面是一个假想平面。它是通过切削刃上选定点并与基面垂直的平面。在图 6-8 中切削平面与已加工平面重合。

（3）铣刀的主要刀面和几何角度

① 前面。刀具上切屑流过的表面。

② 后面。与工件上已加工表面相对的表面。

③ 切削刃。刀具前面与后面的连接部位。

④ 前角。前面与基面间的夹角，符号是 γ_0。

⑤ 后角。后面与切削平面间的夹角，符号是 α_0。

（4）圆柱形铣刀

圆柱形铣刀可以看成由几把切刀均匀分布在圆周面上而成，如图 6-9（a）所示。由于铣刀呈圆柱形，所以铣刀的基面是通过切削刃上选定点和圆柱轴线的平面。铣刀各部分的名称和几何角度如图 6-9（b）所示。

切削过程中，工件上会形成三种表面，即待加工表面、已加工表面和过渡表面。过渡表面是工件上由切削刃形成的那部分表面，它在下一切削行程中被切除。过渡表面可以理解为待加工表面与已加工表面之间的连接表面。

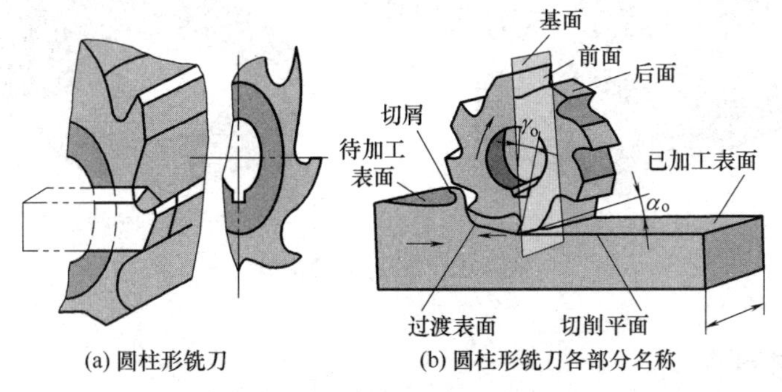

图 6-9　圆柱形铣刀及其组成部分

为了使铣削平稳、排屑顺利，圆柱形铣刀的刀齿一般都做成螺旋形，如图 6-10 所示。螺旋齿刀刃的切线与铣刀轴线间的夹角称为圆柱形铣刀的螺旋角，符号是 β。

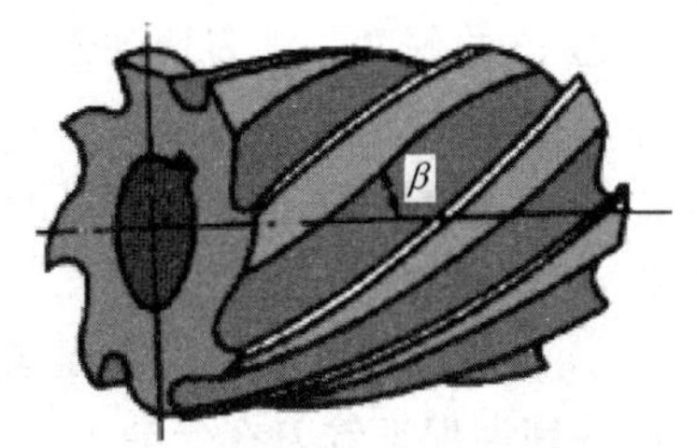

图 6-10　螺旋齿圆柱形铣刀及其螺旋角

（5）三面刃铣刀

三面刃铣刀可以看成由几把简单的切刀均匀分布在圆周上而成，如图 6-11（a）所示。一把切刀切削的情形如图 6-11（b）所示，为了减少刀具两侧的摩擦，切刀两侧加工出副后角 α_0' 和副偏角 κ_r'。

三面刃铣刀圆柱面上的切削力是主切削刃。主切削刃有直齿和斜齿（螺旋齿）两种，斜齿三面刃铣刀的刀齿间隔地向两个方向倾斜，故称错齿三面刃铣刀。三面刃铣刀两侧面上的切削刃是副切削刃。

（6）端铣刀

端铣刀可以看成由几把外圆车刀平行铣刀轴线沿圆周均匀分布在刀体上而成，如图

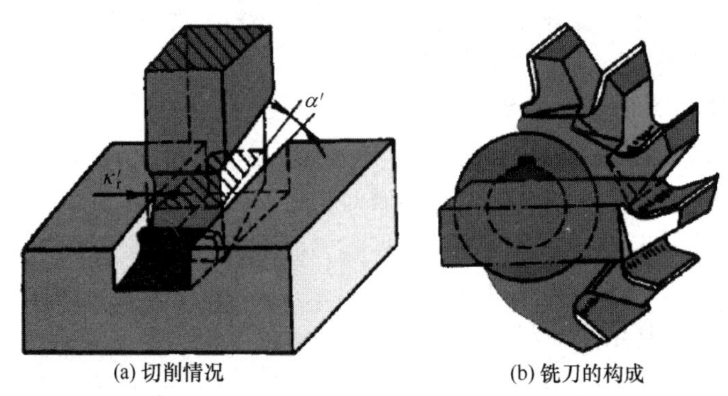

图 6-11　三面刃铣刀的构成

6-12 所示。端铣刀的主切削刃与已加工表面之间的夹角是主偏角 κ_r，副切削刃与已加工表面之间的夹角是副偏角 κ_r'。主切削刃与基面倾斜的角度是刃倾角 λ_s。

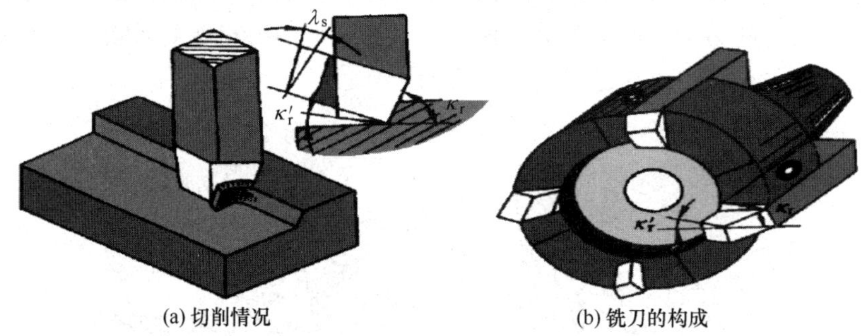

图 6-12　端铣刀的构成

6.1.3　铣刀材料

对铣刀切削部分材料的要求：

① 高的硬度。铣刀切削部分材料的硬度必须高于工件材料的硬度，其常温下硬度一般要求在 HRC60 以上。

② 良好的耐磨性。耐磨性是材料抵抗磨损的能力。具有良好的耐磨性，铣刀才不易磨损，延长使用寿命。

③ 足够的强度和韧性。足够的强度保证铣刀在承受很大切削力时不致断裂和损坏；足够的韧性保证铣刀在受冲击和振动时不会产生崩刃和碎裂。

④ 良好的热硬性。热硬性是指切削部分材料在高温下仍能保持切削正常进行所需的硬度、耐磨性、强度和韧性的能力。

⑤ 良好的工艺性。一般指材料的可锻性、焊接性、切削加工性、可刃磨性、高温塑性、热处理性能等。工艺性越好越便于制造，对形状比较复杂的铣刀，工艺性尤显重要。

6.1.4　铣刀的安装

安装铣刀是铣削前必要的准备工作，安装方法正确与否决定了铣刀的运动精度，并直接影响铣削质量和铣刀的耐用度。

① 直柄铣刀的安装。直柄铣刀常用弹簧夹头来安装，如图 6-13（a）所示。安装时，收紧螺母，使弹簧套作径向收缩而将铣刀的柱柄夹紧。

② 锥柄铣刀的安装。当铣刀锥柄尺寸与主轴端部锥孔相同时，可直接装入锥孔，并用拉杆拉紧。否则要用过渡锥套进行安装，如图 6-13（b）所示。

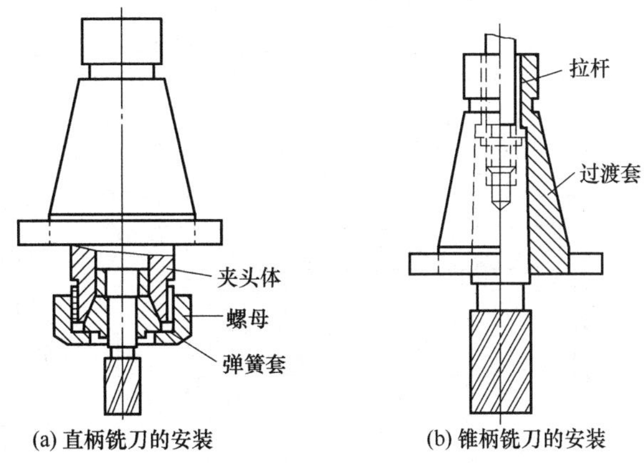

图 6-13 带柄铣刀的安装

6.1.5 台阶键的刀具卡片

根据台阶键零件的特点，选择其加工刀具，填写刀具卡，见表 6-1。

表 6-1 台阶键刀具卡片

在卧式铣床上加工		在立式铣床上加工	
铣刀名称	铣削工件表面	铣刀名称	铣削工件表面
圆柱铣刀	铣毛坯四面	端铣刀	铣毛坯四面
三面刃铣刀	铣两侧台阶	立铣刀	铣两侧台阶、倒角
角度铣刀	倒角		

6.2 铣削工件安装

在机械加工过程中，工件必须相对刀具和机床具有正确的位置，才能保证切削运动满足加工要求。用于保证工件相对于刀具和机床具有正确的位置，并使这个位置在批量加工过程中不因外力的影响而变动的工艺装备，称为机床夹具。因此，在机械加工中，夹具是工件、机床、刀具之间的桥梁，夹具的合理与否直接影响工具的加工精度。

一般情况下，机床夹具负担工件在夹具中的定位和夹紧两大基本功能，在机床上确定工件相对于刀具的正确位置，以保证被加工表面达到所规定的技术要求的过程称为定位。在已定好的位置上将工件固定下来并可靠地夹住，防止在加工时工件因受到切削力、惯性力、离心力、重力及冲击和振动等的影响，发生位置移动而破坏定位的过程称为夹紧。工件的装夹方法较多，这里只介绍工件装夹的常用方法。

6.2.1 工件的定位与夹紧

（1）工件定位

1）定位与定位基准。

① 工件的定位。确定工件在机床或夹具中占有正确位置的过程称为工件的定位。

工件定位的目的是使同一批工件逐次放入夹具中都能占有同一正确的加工位置。工件的定位是靠工件上的某些表面和夹具中的定位元件（或位置）相接触来实现的。

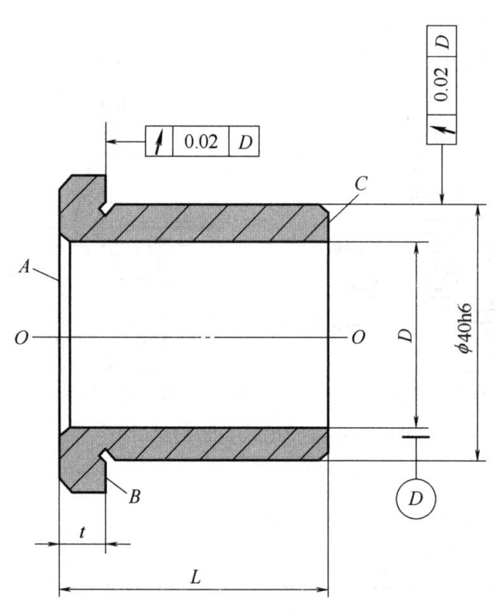

图 6-14　工件的定位基准

② 定位基准。定位时，用来确定工件在夹具中位置所依据的点、线、面称为定位基准。

定位基准一旦确定，工件的其他部分的位置也随之确定。图 6-14 所示的零件的内孔套在心轴上加工 $\phi 46h6$ 外圆时，内孔中心线即为定位基准。加工一个表面，往往需要数个定位基准同时使用。

作为定位基准的点、线、面在工件上也不一定存在，但必须由相应的实际表面来体现。这些实际存在的表面称为定位基面。

2）工件的六点定位原理。

① 自由度。一个物体在空间可能具有的运动称为自由度。任何一个工件在定位前，它在夹具中的位置都是任意的，因此可以将它看成是在空间直角坐标系中的自由体，共有六个自由度。如图 6-15 所示的工件，它既能沿 x、y、z 三个坐标轴移动，称为移动自由度，分别表示为 $\vec{x}$、$\vec{y}$、$\vec{z}$；又能绕 x、y、z 三个坐标轴转动，称为转动自由度，分别表示为 $\overset{\frown}{x}$、$\overset{\frown}{y}$、$\overset{\frown}{z}$。

② 六点定位原理。由上文可知，如果要使一个自由刚体在空间有一个确定的位置，就必须设置相应的六个约束，分别限制刚体的六个运动自由度。在讨论工件的定位时，工件就是我们所指的自由刚体。如果工件的六个自由度都加以限制了，工件在空间的位置也就完全被确定下来了。因此，定位实质上就是限制工件的自由度。

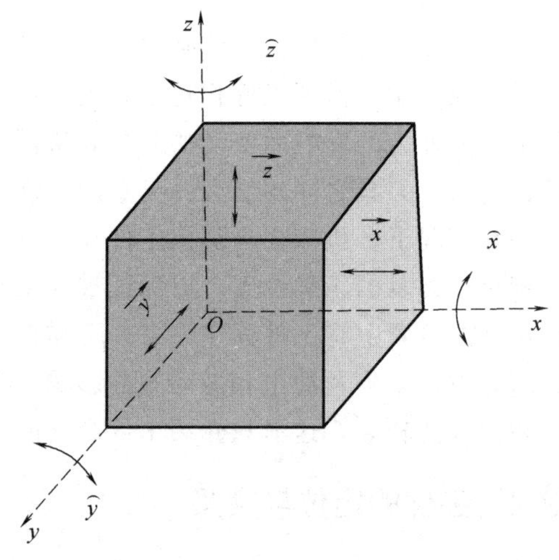

图 6-15　工件的六个自由度

分析工件定位时，通常是用一个支承点限制工件的一个自由度。用合理设置的六个支承点限制工件的六个自由度，使工件在夹具中的位置完全确定，这就是六点定位原则。

例如图 6-16 所设置的六个固定点，长方体的三个面分别与这些点保持接触，长方体的六个自由度均被限制，其中 XOY 平面上的呈三角形分布的三点限制了 $\overset{\frown}{x}$、$\overset{\frown}{y}$、$\vec{z}$ 三个自由度；YOZ 平面内的水平放置的两个

点，限制了 $\vec{x}$、$\widehat{z}$ 两个自由度；XOZ 平面内的一点，限制了一个 $\vec{y}$ 自由度。

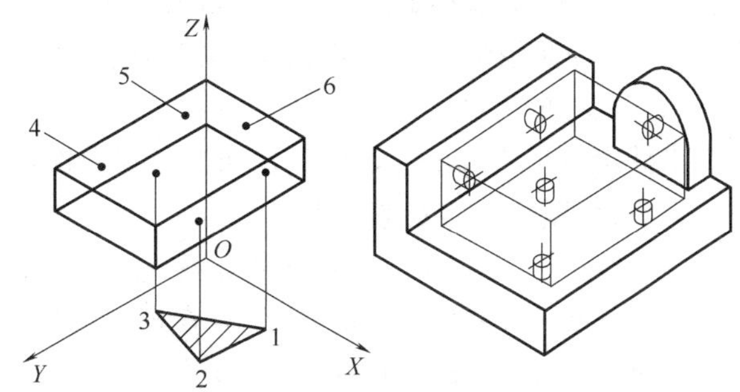

图 6-16　长方体定位时支撑点的分布

a. 定位支承点是定位元件抽象而来的。在夹具的实际结构中，定位支承点是通过具体的定位元件体现的，即支承点不一定用点或线的顶端，而常用面或线来代替。根据数学概念可知，两个点决定一条直线，三个点决定一个平面，即一条直线可以代替两个支承点，一个平面可代替三个支承点。在具体应用时，还可用窄长的平面（条形支承）代替直线，用较小的平面来替代点。

b. 定位支承点与工件定位基准面始终保持接触，才能起到限制自由度的作用。

c. 分析定位支承点的定位作用时，不考虑力的影响。工件的某一自由度被限制，是指工件在某个坐标方向有了确定的位置，并不是指工件在受到使其脱离定位支承点的外力时不能运动。使工件在外力作用下不能运动，要靠夹紧装置来完成。

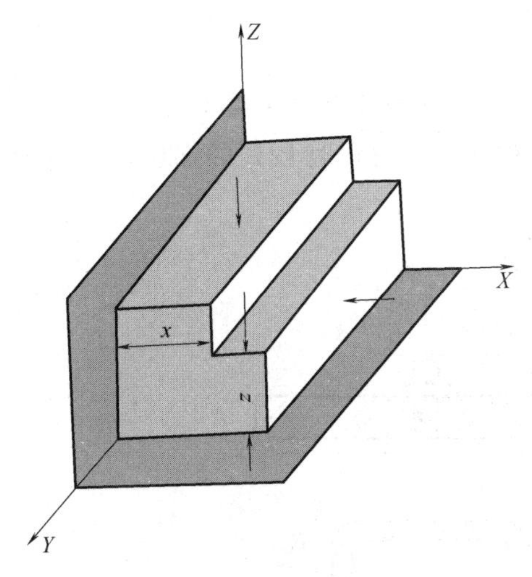

图 6-17　不完全定位分析示例

（2）定位的种类

① 完全定位。完全定位是指不重复地限制了工件的六个自由度的定位。当工件在 x、y、z 三个坐标方向均有尺寸要求或位置精度要求时，一般采用这种定位方式。

② 不完全定位。根据工件的加工要求，有时并不需要限制工件的全部自由度，这样的定位方式称为不完全定位，如图 6-17 所示。工件在定位时应该限制的自由度数目应由工序的加工要求而定，不影响加工精度的自由度可以不加限制。采用不完全定位可简化定位装置，因此不完全定位在实际生产中应用也很广泛。

③ 欠定位。根据工件的加工要求，应该限制的自由度没有完全被限制的定位称为欠定位。欠定位无法保证加工要求，因此，在确定工件在夹具中的定位方案时，决不允许有欠定位的现象产生。

④ 过定位。夹具上的两个或两个以上的定位元件重复限制同一个自由度的现象，称为过定位。如图 6-18 所示，心轴的大端面限制的自由度为：X、Z 轴方向的转动，Y 轴方向的移动；心轴的长销限制的自由度为：X、Y 轴方向的移动和转动，即 X 轴方向的转动和 Y 轴方向的移动被重复限制。

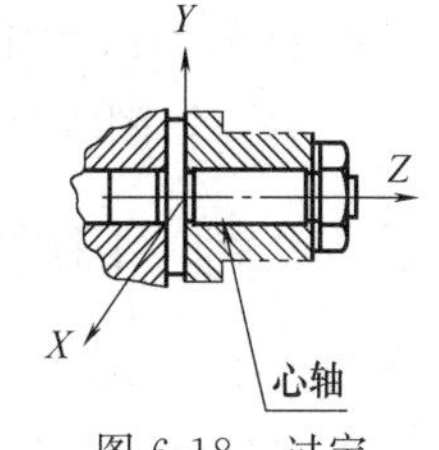

图 6-18　过定位分析示例

消除或减少过定位引起的干涉，一般有两种方法：一是改变定位元件的结构，如缩小定位元件工作面的接触长度；或者减小定位元件的配合尺寸，增大配合间隙等；二是控制或者提高工件定位基准之间以及定位元件工作表面之间的位置精度。

（3）工件的夹紧

工件定位后将其固定，使其在加工过程中保持定位位置不变的装置，称为夹紧装置。

1）对夹紧装置的基本要求。

① 夹紧时，应保证工件的位置正确。

② 夹紧要牢固可靠，并保证工件在加工过程中位置不变。

③ 操作方便，安全省力，夹紧速度快。

④ 结构简单，制造方便，并有足够的刚性和强度。

2）夹紧时注意事项。

① 夹紧力的大小。夹紧力既不能太大，也不能太小。太大会使工件变形，太小就不能保证工件在加工中的正确位置。因此，夹紧力要大小适当。

在生产实践中，所需夹紧力大小通常按经验或类比法确定。

② 夹紧力的方向。应注意如下两点：

a. 夹紧力的方向应尽量垂直于工件的主要定位基准面。

b. 夹紧力的方向应尽量与切削力的方向保持一致。

③ 夹紧力的作用点。应注意如下三点：

a. 夹紧力的作用点应尽量落在主要定位面上，以保证夹紧稳定可靠。

b. 夹紧力的作用点应与支承点对应，并尽量作用在工件刚性较好的部位，以减少工件变形，如图 6-19 所示。

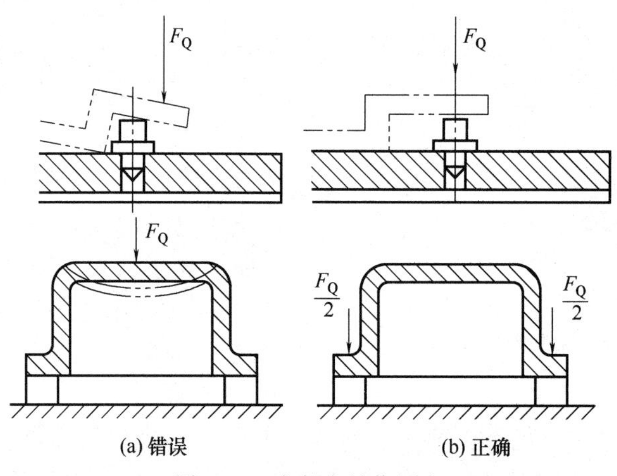

图 6-19　夹紧力的作用点

c. 夹紧力的作用点应尽量靠近加工表面，防止工件振动变形。若无法靠近，应采用辅助支承，如图 6-20 所示。

6.2.2　用平口虎钳装夹工件

（1）平口虎钳

平口虎钳是铣床上常用来装夹工件的夹具。铣削一般长方体工件的平面、台阶面、斜面和轴类工件的键槽时，都可以用平口虎钳来装夹。

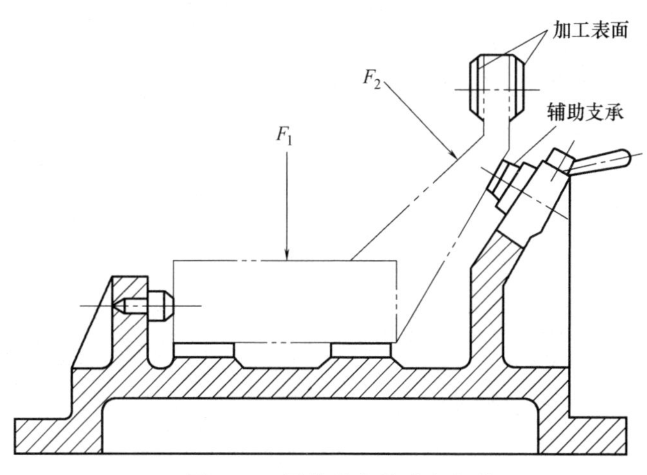

图 6-20　用辅助支承减小变形

1）平口虎钳的结构。常用的平口虎钳有回转式和非回转式两种。图 6-21 所示为回转式平口虎钳，主要由固定钳口、活动钳口、底座等组成。钳体能在底座上扳转任意角度。非回转式平口虎钳结构与回转式平口虎钳基本相同，只是底座没有转盘，钳体不能扳转。

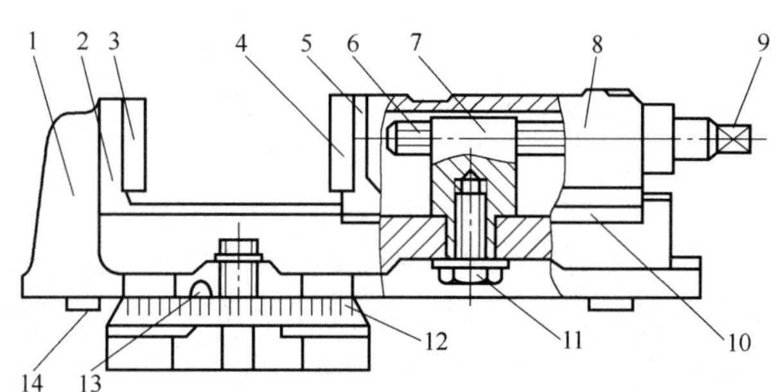

图 6-21　平口虎钳

1—虎钳体　2—固定钳口　3—固定钳口铁　4—活动钳口铁　5—活动钳口　6—丝杠　7—螺母　8—活动座　9—方头　10—压板　11—紧固螺钉　12—回转底盘　13—钳座零线　14—定位键

回转式平口虎钳使用方便，适应性强，但由于多了一层转盘结构，高度增加，刚性相对较差。因此在铣削平面、垂直面和平行面时，一般都采用非回转式平口虎钳。

2）平口虎钳的规格。普通平口虎钳按钳口宽度有 100mm、125mm、136mm、160mm、200mm、250mm 六种规格，主要参数见表 6-2。

表 6-2　　平口虎钳的规格尺寸　　单位：mm

规格参数	100	125	136	160	200	250
钳口宽度 B	100	125	136	160	200	250
钳口最大张度 L	80	100	110	125	160	200
钳口高度 h	38	44	36	50	60	
定位键宽度 b	16		12	18		

（2）平口虎钳的安装

安装平口虎钳时，应擦净钳座底面和铣床工作台面。一般情况下，平口虎钳在工作台面上的位置，应处在工作台长度方向的中心偏左、宽度方向的中心，以方便操作。钳口方向应根据工件长度来确定。对于长的工件，钳口（平面）应与铣床主轴轴线垂直，如图6-22（a）所示，在立式铣床上应与进给方向平行。对于短的工件，钳口与铣床主轴轴线平行，如图6-22（b）所示，在立式铣床上应与进给方向垂直。在粗铣和半精铣时，应使铣削力指向稳定牢固的固定钳口。

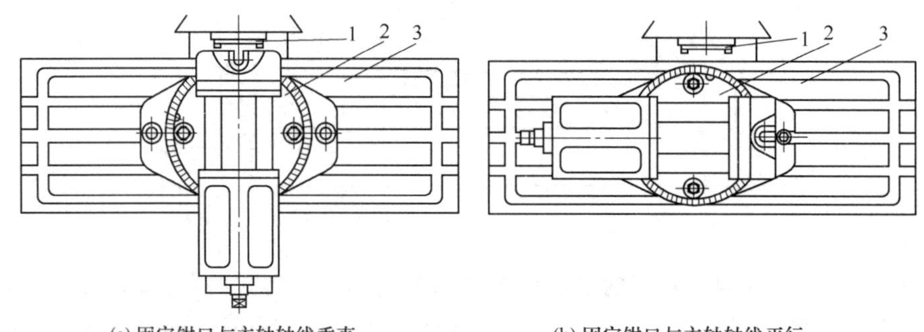

(a) 固定钳口与主轴轴线垂直　(b) 固定钳口与主轴轴线平行

图6-22　平口虎钳的安装位置

1—铣床主轴　2—平口虎钳　3—工作台

加工一般的工件时，平口虎钳可用定位键安装。安装时，将平口虎钳底座上的定位键放入工作台中央T形槽内，双手推动钳体，使两定位键的同一侧面靠在中央T形槽的一侧面上，然后固定钳座。再利用钳体上的零刻线与底座上的刻线相配合，转动钳体，使固定钳口与铣床主轴轴线垂直或平行，也可以按需要调整成所要求的角度。

加工精度要求较高的工件时，钳口与主轴轴线要求有较高的垂直度或平行度。这时，应对固定钳口进行校正，如图6-23所示。

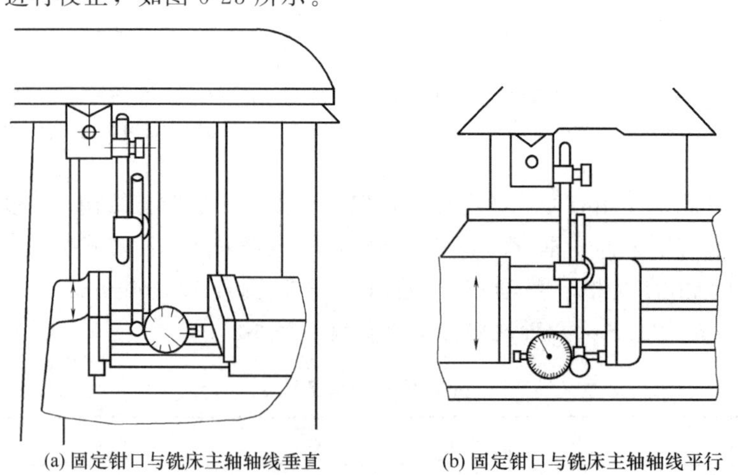
(a) 固定钳口与铣床主轴轴线垂直　(b) 固定钳口与铣床主轴轴线平行

图6-23　用百分表校正

（3）在平口虎钳上装夹工件

1）毛坯件的装夹。选择毛坯件上一个大而平整的毛坯面作为粗基准面，将其靠在固定钳口面上。在钳口和工件毛坯面间应垫铜片，以防损伤钳口。轻夹工件，用划线盘校正

毛坯上平面位置，符合要求后夹紧工件，如图 6-24 所示。

2）粗加工后的工件的装夹。选择工件上一个较大的粗加工表面作为基准面，将其靠向平口虎钳的固定钳口面或钳体导轨面上进行装夹。工件的基准面靠向固定钳口面时，可在活动钳口与工件间放置一圆棒，圆棒要与钳口上平面平行，其位置在钳口夹持工件部分高度的中间偏上。通过圆棒夹紧工件，能保证工件的基准面与固定钳口面很好地贴合，如图 6-25 所示。

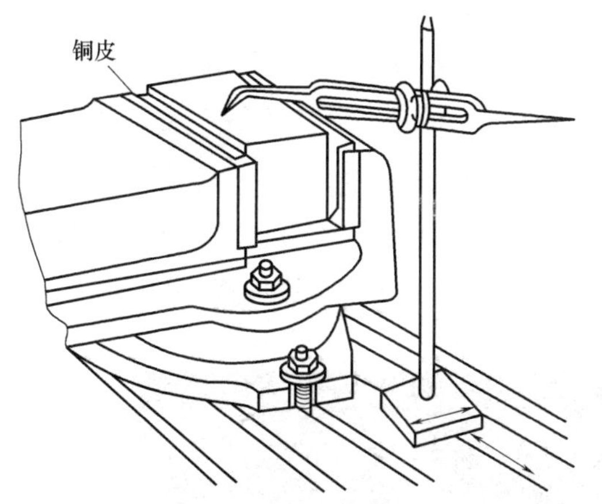

图 6-24　钳口垫铜片装夹校正毛坯件

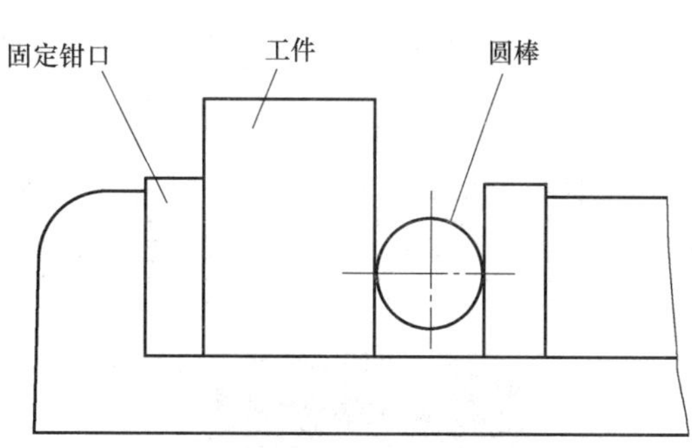

图 6-25　用圆棒夹持工件

工件的基准面靠向钳体导轨面时，在工件与导轨之间要垫平行垫铁，为了使工件基准面与导轨面平行，稍紧后可用铝或铜锤轻击工件上面，并用手试移垫铁，当其不松动时，工件与垫铁贴合良好，然后夹紧。

6.2.3　用压板装夹工件

形状、尺寸较大或不便于用平口虎钳装夹的工件，常用压板压紧在铣床工作台上进行加工。用压板装夹工件，在卧式铣床上用端铣刀铣削时应用最多。

（1）压板的装夹方法

在铣床上用压板装夹工件，所用的工具比较简单，主要有压板、垫铁、T 形螺栓（或 T 形螺母）及螺母等。压板有很多种形状，可满足各种不同形状工件装夹的需要。

使用压板夹紧工件时，应选择两块以上的压板，压板的一端搭在工件上，另一端搭在垫铁上，垫铁的高度应等于或略高于工件被压紧部位的高度，中间螺栓到工件间的距离应略小于螺栓到垫铁间的距离。螺母和压板之间应垫有垫圈，如图 6-26 所示。

（2）用压板装夹工件时的注意事项

① 在铣床工作台面上，不允许拖拉表面粗糙的铸件、锻件毛坯，夹紧时应在毛坯件与工作台面间垫铜片，以免损伤工作台面。

② 用压板压紧在工件已加工表面时，应在压板与工件表面间垫铜片，以免压伤工件已加工表面。

③ 压板的位置要放置正确，应压在工件刚性最好的部位，防止工件产生变形。如果工件夹紧部位有悬空现象，应将工件垫实。

④ 螺栓要压紧，保证铣削时工件的定位位置不变。

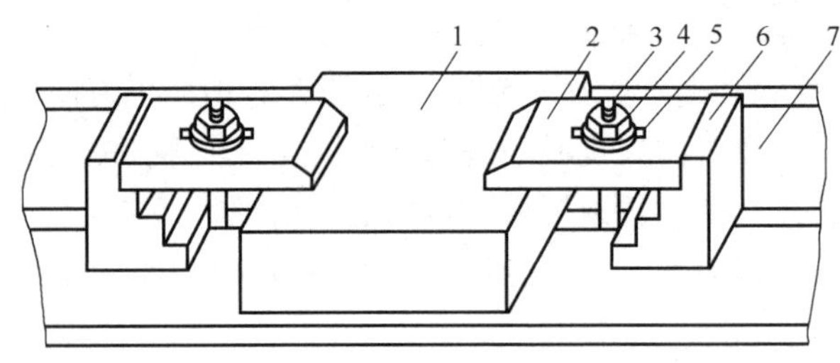

图 6-26　用压板装夹工件

1—工件　2—压板　3—T 形螺栓　4—螺母　5—垫圈　6—台阶垫铁　7—工作台面

6.2.4　回转工作台装夹工件

回转工作台是铣床上的主要装夹具之一，它可以辅助铣床完成各种曲面零件，如各种齿轮的曲线、零件上的圆弧等，以及需要分度零件，如齿轮、多边形等的铣削和分度刻线等零件，又应用于插床和刨床以及其他机床，如图 6-27 所示。

图 6-27　回转工作台

6.2.5　台阶零件装夹方案的确定

台阶零件选用平口虎钳分两次装夹，第一次夹住工件的上表面和侧面，粗精铣底面及侧面；第二次装夹时，用铜片垫在钳口夹住已加工表面，加工上面和侧面。

6.3　考核评价小结

(1) 形成性考核评价

形成性考核评价由教师根据学生的考勤和课堂表现评价，评价表见表 6-3。

表 6-3　**形成性考核评价表**

小组	成员	考勤	课堂表现	汇报人	补充发言 自由发言
1					

续表

小组	成员	考勤	课堂表现	汇报人	补充发言 自由发言
2					
3					

(2) 刀具与夹具选择考核评价 (70%)

台阶键零件刀具与夹具选择考核评价由学生自评、小组内互评、教师评价三部分组成，其评价表见表 6-4。

表 6-4　　台阶零件刀具与夹具选择考核评价表

序号	项目名称		配分	自评 (15%)	互评 (20%)	教评 (65%)	得分
	评价项目	扣分标准					
1	确定刀具类型	不合理，扣 5～10 分	10				
2	确定刀具材料	不合理，扣 5 分	5				
3	确定刀具角度	不合理，扣 5～10 分	10				
4	填写刀具卡片	不合理，扣 5 分	25				
5	选择定位基准	不合理，扣 5 分	10				
6	确定定位方案	不合理，扣 5～10 分	15				
7	机床夹具的选择	不合理，扣 5 分	25				
互评小组		指导教师		项目得分			
备　注				合　计			

拓展练习

完成图 6-28 所示转子零件的刀具和夹具选择。

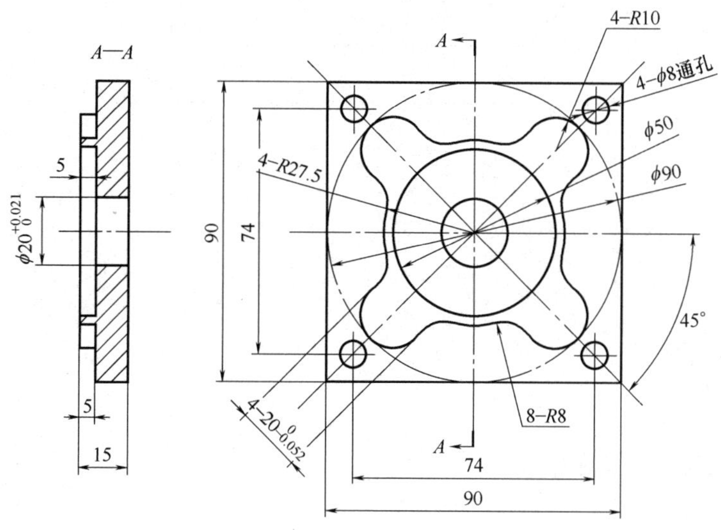

图 6-28　转子零件

项目7　凸台零件机械加工工艺

【项目概述】

在本项目中学生要对凸台零件进行机械加工工艺设计，其零件图如图 7-1 所示。本项目融合了凸台类零件的铣削加工基础知识，学生应初步掌握铣削加工的基本方法，通过对典型凸台零件的加工，学生应了解凸台零件的功用、结构特点、技术要求、材料和毛坯；熟悉铣削的加工特点；掌握凸台零件加工中的主要功用问题。

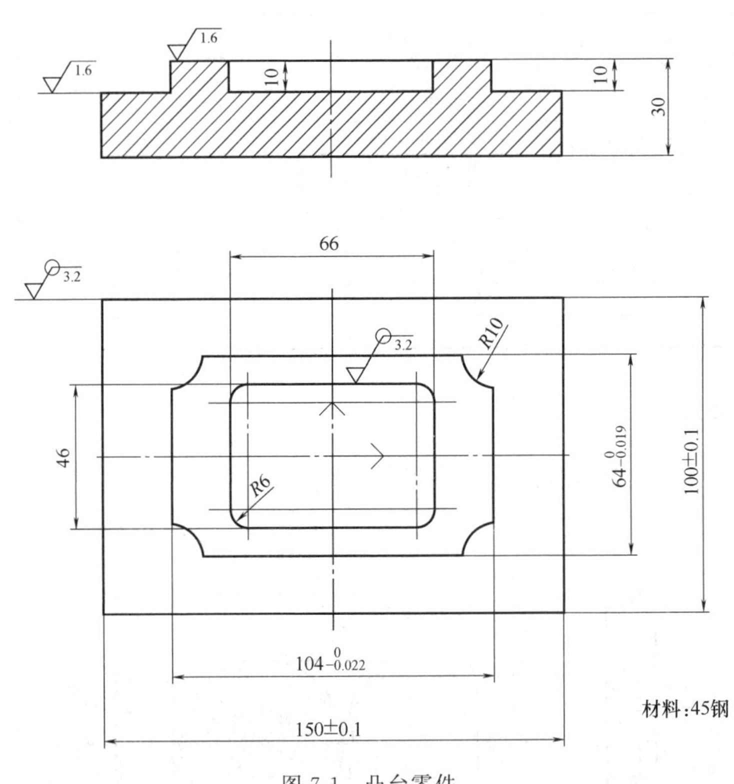

图 7-1　凸台零件

【教学目标】

1. 能力目标

（1）具备铣削加工设计能力。

（2）能够正确选择平面和台阶面加工方案。

（3）具有正确选择刀具的能力。

（4）具有正确分析凸台零件加工工艺过程和编制工艺文件的能力。

2. 知识目标

（1）认识凸台零件的结构特点、技术要求、常用材料和毛坯。

（2）理解凸台类零件平面及台阶面的各种常用的加工方法与工艺装备。

（3）理解凸台零件加工中的主要工艺问题。

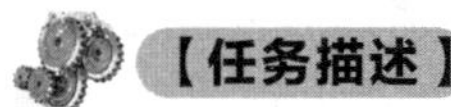

【任务描述】

凸台零件一般用作机器或部件的执行机构，因此凸台零件的加工质量将直接影响产品的精度、性能和寿命。凸台零件的结构是多种多样的，其结构主要包括平面、台阶面、槽、孔等。本项目针对凸台零件设有如下任务：① 分析凸台零件的加工要求及工艺性；② 分析凸台零件各加工要素的加工方法、定位基准和装夹方案；③ 合理确定凸台零件的加工工艺规程。

【任务实施】

7.1　零件的工艺分析

凸台零件的体积小，结构简单，主要由平面、台阶面和槽组成。具体分析如下。

7.1.1　凸台零件材料

由图 7-1 可知，该零件材料选用 45 钢。45 钢属于普通碳素结构钢，大量用于建筑和工程结构，用以制作钢筋或建造厂房房架、桥梁、高压输电铁塔、车辆、船舶等，也大量用于制造对性能要求不太高的机械零件。

7.1.2　凸台零件技术要求

① 尺寸——凸台零件的标注尺寸精度要求的有：（150±0.1）mm、（100±0.1）mm、$104_{-0.022}^{\ 0}$ mm、$64_{-0.019}^{\ 0}$ mm。

② 表面粗糙度——上表面和台阶面的表面粗糙度值为 $Ra1.6\mu m$，其余为 $Ra3.2\mu m$。

③ 其他技术要求：未注尺寸公差为 GB/T 1804—m，即图样上未注公差的线性尺寸均按中等级加工和检验。

7.2　预备知识

7.2.1　平面的加工方法及加工方案

平面加工方法有刨、铣、拉、磨等，刨削和铣削常用于平面的粗加工和半精加工，而磨削则用于平面的精加工。此外还有刮研、研磨、超精加工、抛光等光整加工方法。采用哪种加工方法较合理，需根据零件的形状、尺寸、材料、技术要求、生产类型及工厂现有设备来决定。

（1）刨削

刨削是单件小批量生产的平面加工最常用的加工方法，加工精度一般可达 IT9～IT7 级，表面粗糙度值为 Ra 12.5～1.6μm。刨削可以在牛头刨床或龙门刨床上进行，如图 7-2 所示。刨削的主运动是变速往复直线运动。因为在变速时有惯性，限制了切削速度的提高，并且在回程时不切削，所以刨削加工生产效率低。但刨削所需的机床、刀具结构简单，制造安装方便，调整容易，通用性强。因此在单件、小批生产中特别是加工狭长平面时被广泛应用。

当前，普遍采用宽刃刀精刨代替刮研，能取得良好的效果。采用宽刃刀精刨，切削速度较低（2～5m/min），加工余量小（预刨余量 0.08～0.12mm，终刨余量 0.03～0.05mm），工件发热变形小，可获得较小的表面粗糙度值（Ra0.8～0.25μm）和较高的加工精度（直线度为 0.02/1000），且生产率也较高。图 7-3 为宽刃精刨刀，前角为－10°～－15°，有抛光作用；后角为 5°，可增加后面支承，防止振动；刃倾角为 3°～5°。加工时用煤油做切削液。

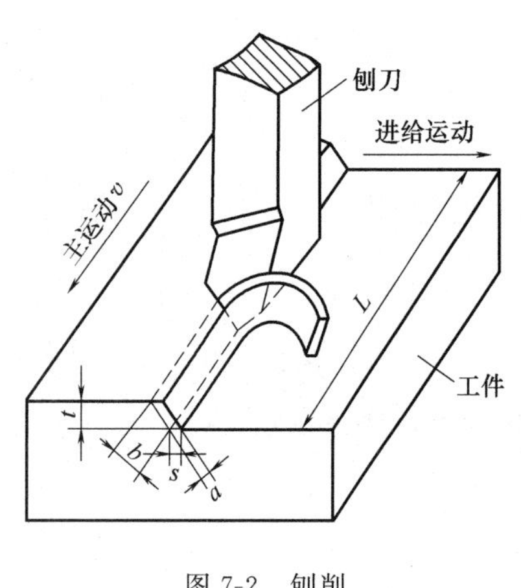

图 7-2　刨削

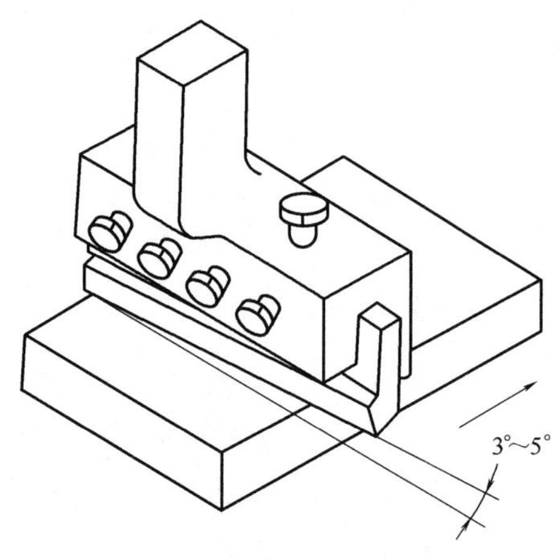

图 7-3　宽刃精刨刀

（2）铣削

铣削是平面加工中应用最普遍的一种方法，利用各种铣床、铣刀和附件，可以铣削平面、沟槽、弧形面、螺旋槽、齿轮、凸轮和特形面，如图 7-4 所示。一般经粗铣、精铣后，尺寸精度可达 IT9～IT7，表面粗糙度值可达 Ra12.5～0.63μm。

铣削的主运动是铣刀的旋转运动，进给运动是工件的直线运动。图 7-5 为圆柱铣刀和面铣刀的切削运动。

1）铣削的工艺特征及应用范围。铣刀由多个刀齿组成，各刀齿依次切削，没有空行程，而且铣刀高速回转，因此与刨削相比，铣削生产率更高，在中批以上生产中多用铣削加工平面。

当加工尺寸较大的平面时，可在龙门铣床上用几把铣刀同时加工各平面，这样既可以保证平面之间的相互位置精度，也可获得较高的生产率。

2）铣削工艺特点。生产效率高但不稳定。由于铣削属于多刃切削，且可选用较大的切削速度，所以铣削效率较高。但由于各种原因易导致刀齿负荷不均匀，磨损不一致，从

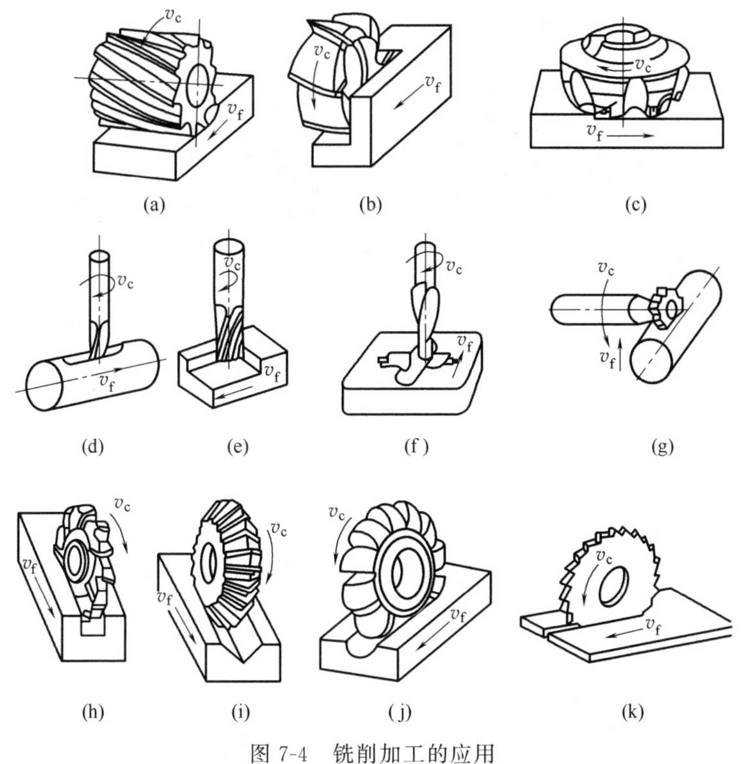

图 7-4 铣削加工的应用

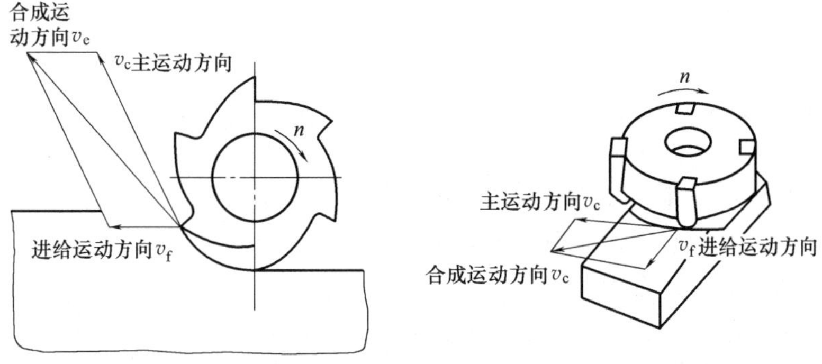

图 7-5 铣削运动

而引起机床的振动，造成切削不稳，直接影响工件的表面粗糙度。

3）断续切削。铣刀刀齿切入或切出时产生冲击，一方面使刀具的寿命下降，另一方面引起周期性的冲击和振动。但由于刀齿间断切削，工作时间短，在空气中冷却时间长，故散热条件好，有利于提高铣刀的耐用度。

4）半封闭切削。由于铣刀是多齿刀具，刀齿之间的空间有限，若切屑不能顺利排出或有足够的容屑槽，则会影响铣削质量或造成铣刀的破损，所以选择铣刀时要把容屑槽作为一个重要因素考虑。

5）铣削用量四要素。如图 7-6 所示，铣削用量四要素如下：

① 铣削速度——铣刀旋转时的切削速度。

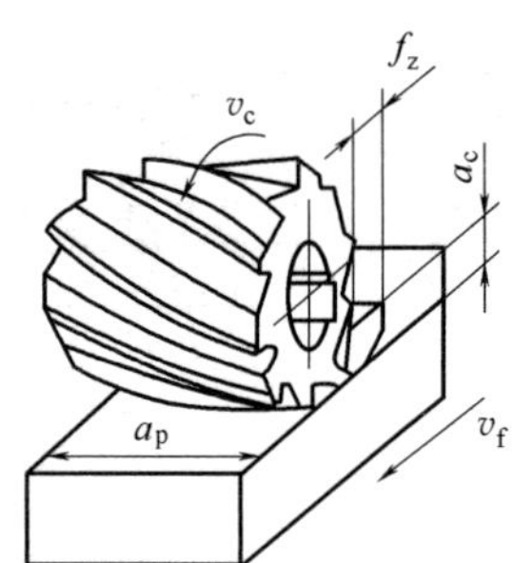

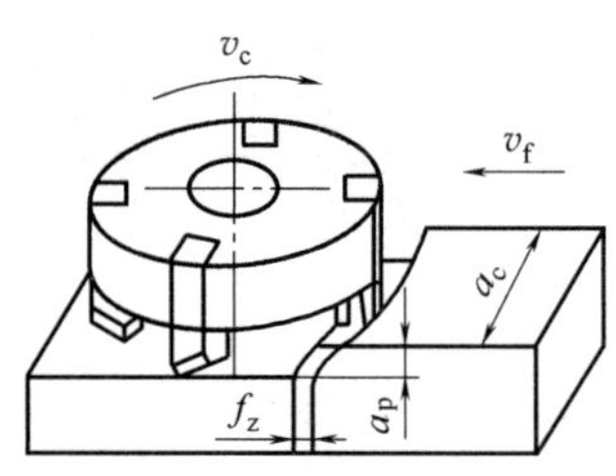

图 7-6 铣削用量

$$v_c=\frac{\pi d_0 n}{1000} \tag{7-1}$$

式中 v_c——铣削速度（m/min）；

d_0——铣刀直径（mm）；

n——铣刀转速（r/min）。

② 进给量——工件相对铣刀移动的距离，分别用三种方法表示：f、f_z、v_f。

每转进给量 f：指铣刀每转动一周，工件与铣刀的相对位移量，单位为 mm/r；

每齿进给量 f_z：指铣刀每转过一个刀齿，工件与铣刀沿进给方向的相对位移量，单位为 mm/z；

进给速度 v_f：指单位时间内工件与铣刀沿进给方向的相对位移量，单位为 mm/min。通常情况下，铣床加工时的进给量均指进给速度 v_f。

三者之间的关系为：

$$v_f=f_z zn \tag{7-2}$$

式中 z——铣刀齿数；

n——铣刀转数（r/min）。

③ 铣削深度 a_p——平行于铣刀轴线方向测量的切削层尺寸。

④ 铣削宽度 a_c——垂直于铣刀轴线并垂直于进给方向度量的切削层尺寸。

6）铣削方式及其合理选用。

① 铣削方式的选用。铣削方式是指铣削时铣刀相对于工件的运动关系。

② 周铣法（圆周铣削方式）。周铣法铣削工件时有两种方式，即逆铣与顺铣。铣削时若铣刀旋转切入工件的切削速度方向与工件的进给方向相反称为逆铣，反之则称为顺铣。

逆铣如图 7-7（a）所示，切削厚度从零开始逐渐增大，当实际前角出现负值时，刀齿在加工表面上挤压、滑行，不能切除切屑，既增大了后刀面的磨损，又使工件表面产生较严重的冷硬层。当下一个刀齿切入时，又在冷硬层表面挤压、滑行，更加剧了铣刀的磨损，同时工件加工后的表面粗糙度值也较大。逆铣时，铣刀作用于工件上的纵向分力 F_H，总是与工作台的进给方向相反，使得工作台丝杠与螺母之间没有间隙，始终保持良好的接触，从而使进给运动平稳；但是，垂直分力 F_V 的方向和大小是变化的，并且当切削齿切离工件时，F_V 向上，有挑起工件的趋势，易引起工作台的振动，影响工件表面的粗糙度。

顺铣如图 7-7（b）所示，刀齿的切削厚度从最大开始，避免了挤压、滑行现象；并

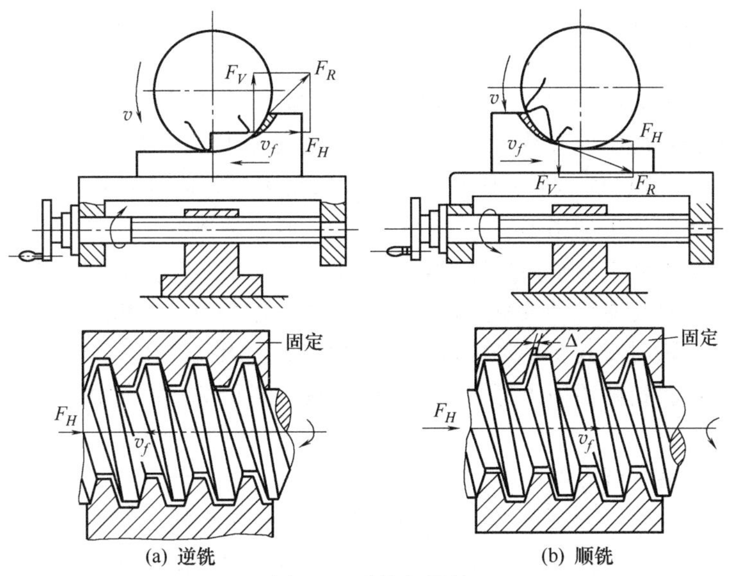

图 7-7　逆铣与顺铣

且垂直分力 F_V 始终压向工作台，从而使切削平稳，提高铣刀耐用度和加工表面质量；但纵向分力 F_H 与进给运动方向相同，若铣床工作台丝杠与螺母之间有间隙，则会造成工作台窜动，使铣削进给量不匀，严重时会“打刀”。因此，若铣床进给机构中没有丝杠和螺母消除间隙机构，则不能采用顺铣。

③ 端铣削。端铣有对称端铣、不对称逆铣和不对称顺铣三种方式。

对称铣削如图 7-8（a）所示，铣刀轴线始终位于工件的对称面内，它切入、切出时切削厚度相同，有较大的平均切削厚度。一般端铣多用此种铣削方式，尤其适用于铣削淬硬钢。

不对称逆铣如图 7-8（b）所示，铣刀偏置于工件对称面的一侧，它切入时切削厚度最小，切出时切削厚度最大。这种加工方法，切入冲击较小，切削力变化小，切削过程平稳，适用于铣削普通碳钢和高强度低合金钢，并且加工表面粗糙度值小，刀具耐用度较高。

不对称顺铣如图 7-8（c）所示，铣刀偏置于工件对称面的一侧，它切出时切削厚度最小，这种铣削方法适用于加工不锈

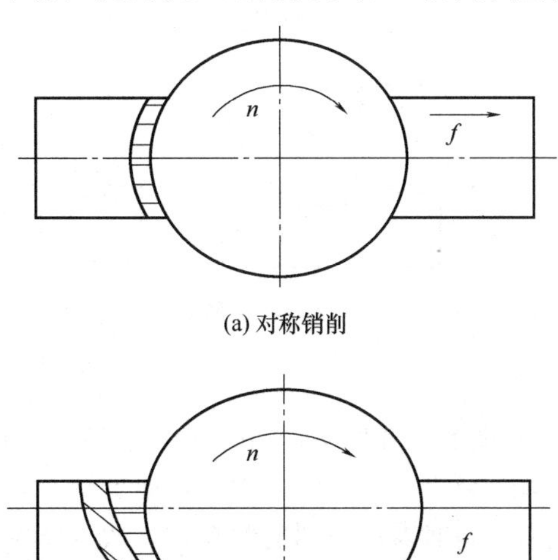

(a) 对称销削

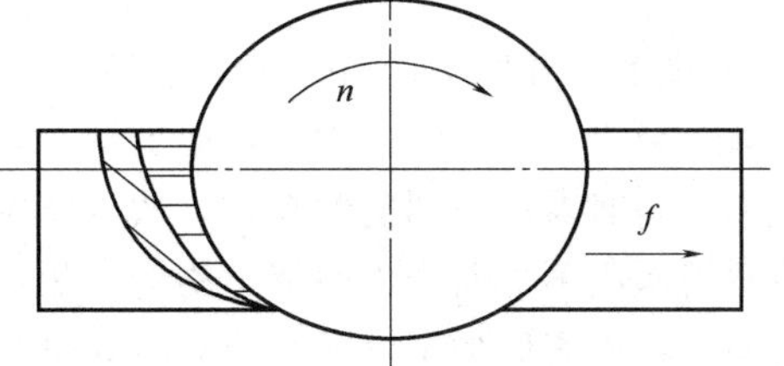

(b) 不对称逆铣

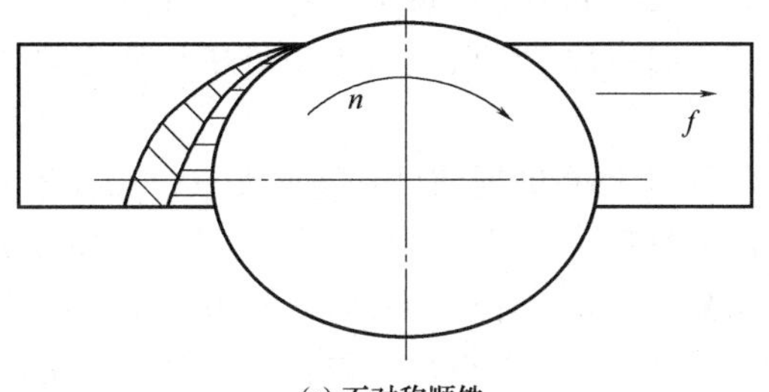

(c) 不对称顺铣

图 7-8　端铣的三种方式

钢等中等强度和高塑性的材料。

（3）磨削

平面磨削与其他表面磨削一样，具有切削速度高、进给量小、尺寸精度易于控制以及能获得较小的表面粗糙度值等特点，加工精度一般可达IT7～IT5级，表面粗糙度值可达Ra1.6～0.2μm。平面磨削的加工质量比刨削和铣削都高，而且还可以加工淬硬零件，因而多用于零件的半精加工和精加工。生产批量较大时，箱体的平面常用磨削来精加工。

在工艺系统刚度较大的平面磨削时，可采用强力磨削，不仅能对高硬度材料和淬火表面进行精加工，而且还能对带硬皮、余量较均匀的毛坯平面进行粗加工。同时平面磨削可在电磁工作平台上同时安装多个零件，进行连续加工，因此，在精加工中对需要保持一定尺寸精度和相互位置精度的中小型零件的表面来说，不仅加工质量高，而且能获得较高的生产率。

平面磨削有平磨和端磨两种方式。

1）平磨。如图7-9（a）所示，砂轮的工作面是圆周表面，磨削时砂轮与工件接触面积小，发热少、散热快、排屑与冷却条件好，因此可获得较高的加工精度和表面质量，通常适用于加工精度要求较高的零件。但由于平磨采用间断的横向进给，因而生产率较低。

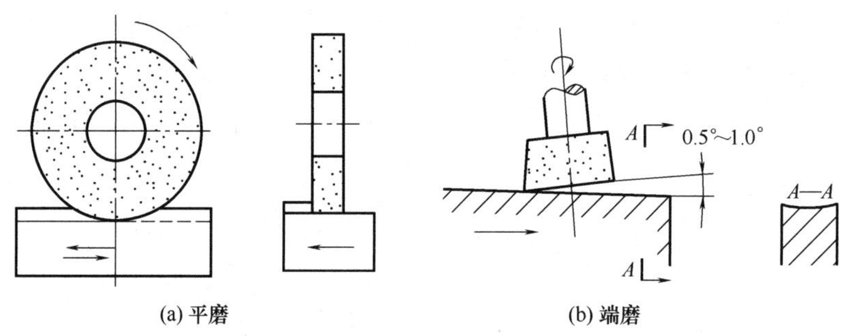

图7-9　平磨与端磨

2）端磨。如图7-9（b）所示，砂轮工作面是端面。磨削时磨头轴伸出长度短，刚性好，磨头又主要承受轴向力，弯曲变形小，因此可采用较大的磨削用量。砂轮与工件接触面积大，同时参加磨削的磨粒多，故生产率高，但散热和冷却条件差，且砂轮端面沿径向各点圆周速度不等而产生磨损不均匀，故磨削精度较低。一般适用于大批生产中精度要求不太高的零件表面加工，或直接对毛坯进行粗磨。为减小砂轮与工件接触面积，将砂轮端面修成内锥面形，或使磨头倾斜一微小的角度，可改善散热条件，提高加工效率，磨出的平面中间略成凹形，但由于倾斜角度很小，下凹量极微。

磨削薄片工件时，由于工件刚度较差，工件翘曲变形较为突出。变形的主要原因有两个：

① 工件在磨削前已有挠曲度（淬火变形）。当工件在电磁工作台上被吸紧时，在磁力作用下被吸平，但磨削完毕松开后，又恢复原形，如图7-10（a）所示。针对这种情况，可以减小电磁工作台的吸力，吸力大小只需使工件在磨削时不打滑即可，以减小工件的变形。还可在工件与电磁工作台之间垫入一块很薄的纸或橡皮（0.5mm以下），工件在电磁工作台上吸紧时变形就能减小，因而可得到平面度较高的平面，如图7-10（b）所示。

② 工件磨削受热产生挠曲。磨削热使工件局部温度升高，上层热下层冷，工件就会

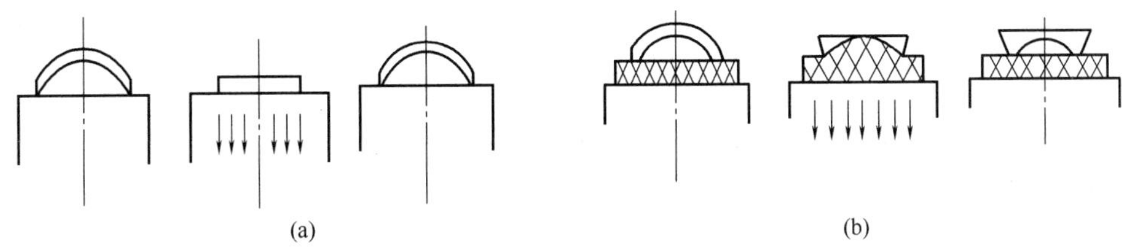

图 7-10　用电磁工作台装夹薄件的情况

凸起，如两端被夹住不能自由伸展，工件势必产生翘曲。针对这种情况，可用开槽砂轮进行磨削。由于工件和砂轮间断接触，改善了散热条件，而且工件受热时间缩短，温度升高缓慢。磨削过程中采用充足的冷却液也能收到较好的效果。

（4）平面的光整加工

对于尺寸精度和表面粗糙度要求很高的零件，一般都要进行光整加工。平面的光整加工方法很多，一般有研磨、刮研、超精加工、抛光。下面介绍研磨和刮研。

1）研磨。研磨加工是应用较广的一种光整加工。加工后精度可达 IT5 级，表面粗糙度可达 $Ra0.1 \sim 0.006\mu m$，既可以加工金属材料，也可以加工非金属材料。

研磨加工时，在研具和工件表面存在分散的细粒度砂粒（磨料和研磨剂），在两者之间施加一定的压力并使其产生复杂的相对运动，这样经过砂粒的磨削和研磨剂的化学、物理作用，在工件表面上去掉极薄的一层，获得很高的精度和较小的表面粗糙度。

2）刮研。刮研平面用于未淬火的工件，它可使两个平面之间达到紧密接触，能获得较高的形状和位置精度，加工精度可达 IT7 级以上，表面粗糙度值 $Ra0.8 \sim 0.1\mu m$。刮研后的平面能形成具有润滑油膜的滑动面，因此能减少相对运动表面间的磨损和增强零件接合面间的接触刚度。刮研表面质量是用单位面积上接触点的数目来评定的，粗刮为 1～2 点/cm^2，半精刮为 2～3 点/cm^2，精刮为 3～4 点/cm^2。

刮研劳动强度大，生产率低，但刮研所需设备简单，生产准备时间短，刮研力小，发热少，变形小，加工精度和表面质量高。此法常用于单件小批生产及维修工作。

（5）平面加工方案及其选择

表 7-1 为常用平面加工方案。应根据零件的形状、尺寸、材料、技术要求和生产类型等情况正确选择平面加工方案。

表 7-1　　**平面加工方法**

序号	加工方法	经济精度（公差等级表示）	经济粗糙度值 $Ra/\mu m$	适用范围
1	粗车	IT11～IT13	12.5～50	端面
2	粗车—半精车	IT8～IT10	3.2～6.3	
3	粗车—半精车—精车	IT7～IT8	0.8～1.6	
4	粗车—半精车—磨削	IT6～IT8	0.2～0.8	
5	粗刨（粗铣）	IT11～IT13	6.3～25	一般不淬硬平面
6	粗刨（粗铣）—精刨（精铣）	IT8～IT10	1.6～6.3	

续表

序号	加工方法	经济精度（公差等级表示）	经济粗糙度值 $Ra/\mu m$	适用范围
7	粗刨(粗铣)—精刨(精铣)—刮研	IT6～IT7	0.1～0.8	精度要求较高的不淬硬平面，批量较大时宜采用宽刃精刨方案
8	以宽刃精刨代替7中的刮研	IT7	0.2～0.8	
9	粗刨(粗铣)—精刨(精铣)—磨削	IT7	0.2～0.8	精度要求高的淬硬平面或不淬硬平面
10	粗刨(粗铣)—精刨(精铣)—粗磨—精磨	IT6～IT7	0.025～0.4	
11	粗铣—拉	IT7～IT9	0.2～0.8	大量生产，较小的平面（精度视拉刀精度而定）
12	粗铣—精铣—磨削—研磨	IT5以上	0.006～0.1	高精度平面

7.2.2 孔加工方法

内孔表面加工方法较多，常用的有钻孔、扩孔、铰孔、镗孔、磨孔、拉孔、研磨孔、珩磨孔、滚压孔等。

（1）钻孔

用钻头在工件实体部位加工孔称为钻孔。钻孔属于粗加工，可达到的尺寸公差等级为IT13～IT11，表面粗糙度值为Ra50～12.5μm。由于麻花钻长度较长，钻芯直径小而刚性差，又有横刃的影响，故钻孔有以下工艺特点。

1）钻头容易偏斜。由于横刃的影响定心不准，切入时钻头容易引偏，且钻头的刚性和导向作用较差，切削时钻头容易弯曲。在钻床上钻孔时，如图7-11（a）所示，容易引起孔的轴线偏移和不直，但孔径应尽可能采用工件回转方式进行钻削。在车床上钻孔时，如图7-11（b）所示，容易引起孔径的变化，但孔的轴线仍然是直的。因此，在钻孔前应先加工端面，并用钻头或中心钻预钻一个锥坑，如图7-12所示，以便钻头定心。

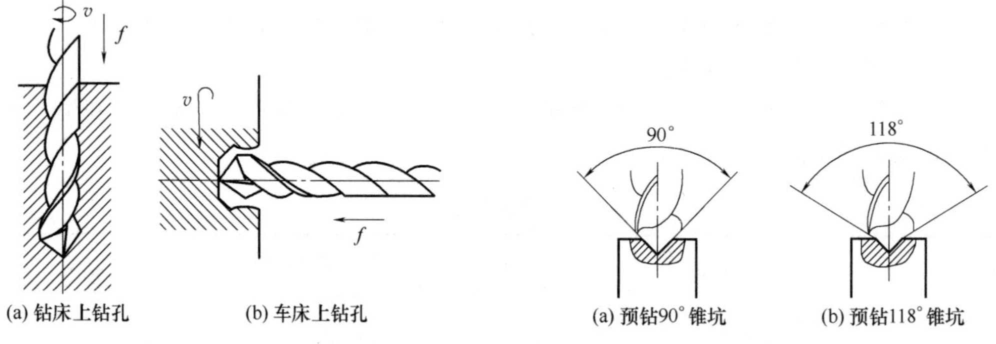

(a) 钻床上钻孔　(b) 车床上钻孔

图7-11　两种钻削方式引起的孔的误差

(a) 预钻90°锥坑　(b) 预钻118°锥坑

图7-12　钻孔前预钻锥孔

2）孔径容易扩大。钻削时钻头两切削刃径向力不等将引起孔径扩大；卧式车床钻孔时的切入引偏也是孔径扩大的重要原因；此外钻头的径向跳动等也是造成孔径扩大的原因。

3）孔的表面质量较差。钻削切屑较宽，在孔内被迫卷为螺旋状，流出时与孔壁发生摩擦而刮伤已加工表面。

4）钻削时轴向力大。这主要是由钻头的横刃引起的。试验表明，钻孔时 50%的轴向力和 15%的扭矩是由横刃产生的。因此，当钻孔直径 $d>30$mm 时，一般分两次进行钻削。第一次钻出（0.5～0.7）d，第二次钻到所需的孔径。由于横刃第二次不参加切削，故可采用较大的进给量，使孔的表面质量和生产率均得到提高。

（2）扩孔

扩孔是用扩孔钻对已钻出的孔做进一步加工，以扩大孔径并提高精度和降低表面粗糙度值。扩孔可达到的尺寸公差等级为 IT11～IT10，表面粗糙度值为 Ra12.5～6.3μm，属于孔的半精加工方法，常作为铰削前的预加工，也可作为精度不高的孔的终加工。

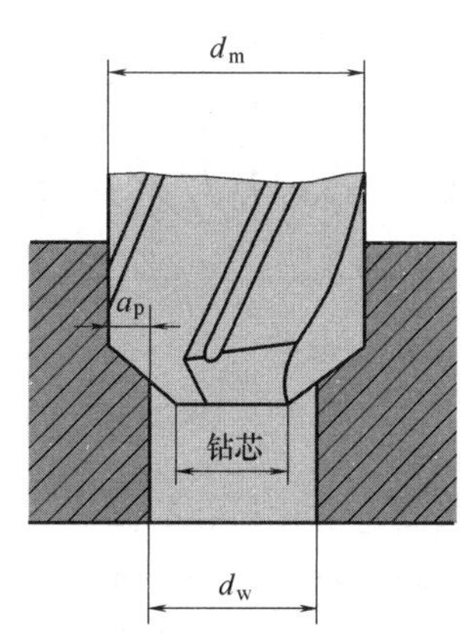

图 7-13　扩孔

扩孔方法如图 7-13 所示，扩孔余量（$D-d$），可由表查阅。扩孔钻的形式随直径不同而不同。直径为 ϕ10～ϕ32 的为锥柄扩孔钻，如图 7-14（a）所示。直径 ϕ25～ϕ80 的为套式扩孔钻，如图 7-14（b）所示。

扩孔钻的结构与麻花钻相比有以下特点：

1）刚性较好。由于扩孔的背吃刀量小，切屑少，扩孔钻的容屑槽浅而窄，钻芯直径较大，增加了扩孔钻工作部分的刚性。

2）导向性好。扩孔钻有 3～4 个刀齿，刀具周边的棱边数增多，导向作用相对增强。

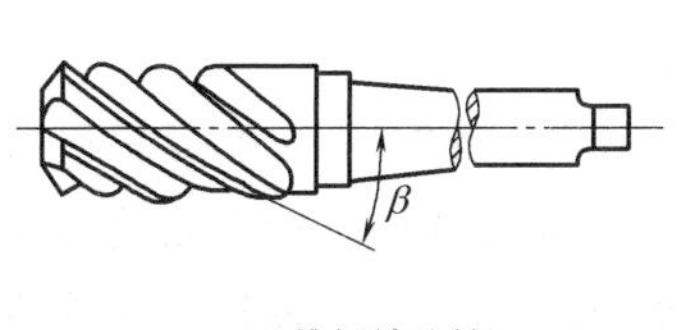

(a) 锥柄扩孔钻

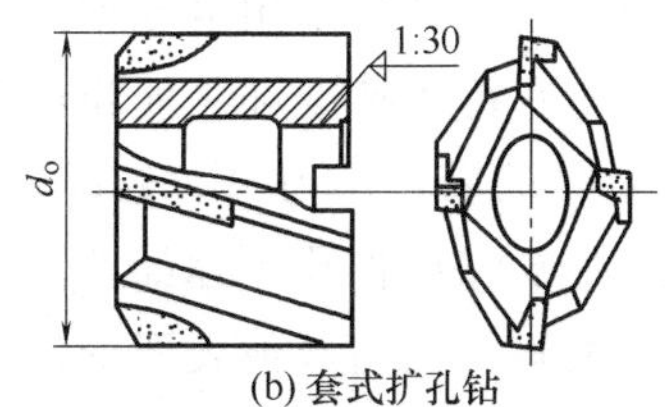

(b) 套式扩孔钻

图 7-14　扩孔钻

3）切屑条件较好。扩孔钻无横刃参加切削，切削轻快，可采用较大的进给量，生产率较高；又因切屑少，排屑顺利，不易刮伤已加工表面。

因此扩孔与钻孔相比，加工精度高，表面粗糙度值较低，且可在一定程度上校正钻孔的轴线误差。此外，适用于扩孔的机床与钻孔相同。

（3）铰孔

铰孔是在半精加工（扩孔或半精镗）的基础上对孔进行的一种精加工方法。铰孔的尺寸公差等级可达 IT9～IT6，表面粗糙度值可达 Ra3.2～0.2μm。

铰孔的方式有机铰和手铰两种。在机床上进行铰削称为机铰，如图 7-15 所示；用手工进行铰削的称为手铰，如图 7-16 所示。

1）铰削方式。铰削的余量很小，若余量过大，则切削温度高，会使铰刀直径膨胀导致孔径扩大，使切屑增多而擦伤孔的表面；若余量过小，则会留下原孔的刀痕而影响表面粗糙度。一般粗铰余量为 0.15～0.25mm，精铰余量为 0.05～0.15mm。铰削应采用低切削速度，以免产生积屑瘤和引起振动，一般粗铰 4～10m/min，精铰 1.5～5m/min。机铰

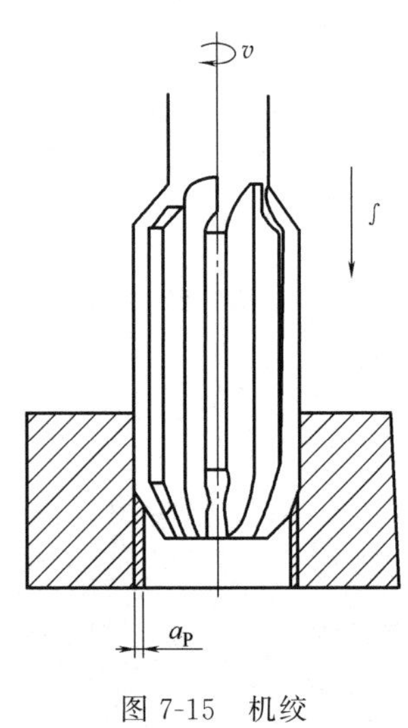

图 7-15　机绞

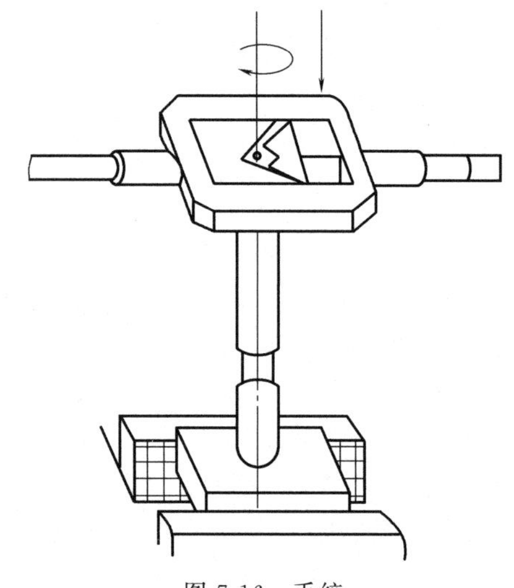
图 7-16　手绞

的进给量可比钻孔时高 3～4 倍，一般可为 0.5～1.5mm/r。为了散热以及冲排屑末、减小摩擦、抑制振动和降低表面粗糙度值，铰削时应选用合适的切削液。铰削钢件常用乳化液，铰削铸铁件可用煤油。

2）铰削的工艺特点。

① 铰孔的精度和表面粗糙度不主要取决于机床的精度，而取决于铰刀的精度、铰刀的安装方式、加工余量、切削用量和切削液等条件。例如在相同的条件下，在钻床上铰孔和在车床上铰孔所获得的精度和表面粗糙度基本一致。

② 铰刀为定径的精加工刀具，铰孔比精镗孔更容易保证尺寸精度和形状精度，生产率也较高，对于小孔和细长孔更是如此。但由于铰削余量小，铰刀常为浮动连接，故不能校正原孔的轴线偏斜，孔与其他表面的位置精度则需由前工序或后工序来保证。

③ 铰孔的适应性较差。一定直径的铰刀只能加工一种直径和尺寸公差等级的孔，如需提高孔径的公差等级，则需对铰刀进行研磨。铰削的孔径一般小于 ϕ80mm，常用的在 ϕ40mm 以下。对于阶梯孔和盲孔则铰削的工艺性较差。

（4）镗孔、车孔

镗孔是用镗刀对已钻出、铸出或锻出的孔做进一步的加工，可在车床、镗床或铣床上进行。镗孔是常用的孔加工方法之一，可分为粗镗、半精镗和精镗。粗镗的尺寸公差等级为 IT13～IT12，表面粗糙度值为 Ra12.5～6.3μm；半精镗的尺寸公差等级为 IT10～IT9，表面粗糙度值为 Ra6.3～3.2μm；精镗的尺寸公差等级为 IT8～IT7，表面粗糙度值为 Ra1.6～0.8μm。

车床车孔如图 7-17 所示。车不通孔或具有直角台阶的孔［图 7-17（b)］，车刀可先做纵向进给运动，切至孔的末端时车刀改做横向进给运动，再加工内端面。这样可使内端面与孔壁良好衔接。车削内孔凹［图 7-17（d)］，将车刀伸入孔内，先做横向进刀运动，切至所需的深度后再做纵向进给运动。

车床上车孔是工件旋转、车刀移动，孔径大小可由车刀的切深量和走刀次数予以控制，操作较为方便。车床车孔多用于加工盘套类和小型支架类零件的孔。

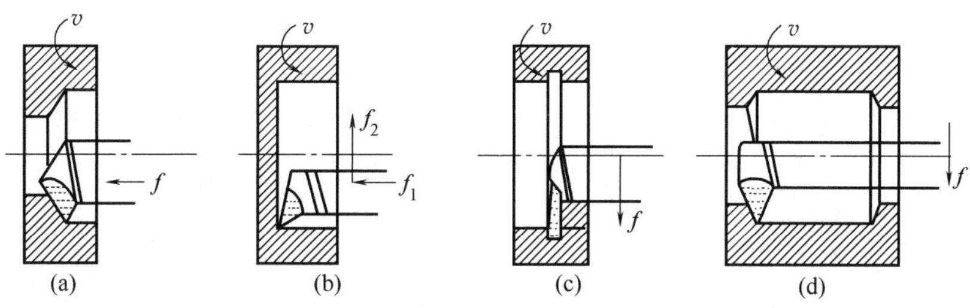

图 7-17　车床镗孔

（5）孔加工方案及其选择

表 7-2 所列为孔加工方案。加工时应根据零件的形状、尺寸、材料、技术要求和生产类型等情况正确选择孔加工方案。

表 7-2　孔加工方案

公差等级	表面粗糙度 $Ra/\mu m$	加工方案	适用范围
IT11～IT13	12.5～50	钻	加工除淬火钢外各种金属实心毛坯上较小的孔
IT9～IT10	3.2～6.3	钻—扩	
IT7～IT8	3.2～6.3	钻—扩	
IT6～IT7	0.2～0.4	钻—扩—机铰—手铰	
IT10～IT13	6.3～12.5	粗镗	除淬火钢外各种金属，毛坯有铸出孔或锻出孔
IT8～IT9	1.6～3.2	粗镗—精镗	
IT7～IT8	0.8～1.6	粗镗—半精镗—精镗	
IT6～IT7	0.4～0.8	粗镗—半精镗—精镗—精细镗	
IT6～IT7	0.1～0.2	粗镗—半精镗—粗磨—精磨	主要用于淬火钢，但不宜用于非铁金属

7.2.3　工艺过程的基本概念

（1）生产过程和工艺过程

生产过程：由原材料制成各种零件并装配成机器的全过程，其中包括原材料的运输、保管、生产准备、制造毛坯、切削加工、装配、检验及试车、油漆和包装等。

工艺过程：在生产过程中，直接改变生产对象的形状、尺寸、表面质量、性质及相对位置等，使其成为成品或半成品的过程，如毛坯的制造（包括铸造工艺、锻压工艺、焊接工艺等）、机械加工、热处理和装配等。工艺过程是生产过程的核心组成部分。

（2）机械加工工艺过程的组成

机械加工工艺过程：采用机械加工的方法按一定顺序直接改变毛坯的形状、尺寸及表面质量，使其成为合格零件的工艺过程。它是生产过程的重要内容。

零件的机械加工工艺过程由许多工序组合而成，每个工序又可分为若干个安装、工位、工步和走刀。

1）工序。工序是机械加工工艺过程的基本单元，是指由一个或一组工人在同一台机床或同一个工作地点，对一个或同时对几个工件所连续完成的那一部分工艺过程。

工作地点、工人、工件与连续作业构成了工序的四个要素，若其中任一要素发生变更，则构成了另一道工序。

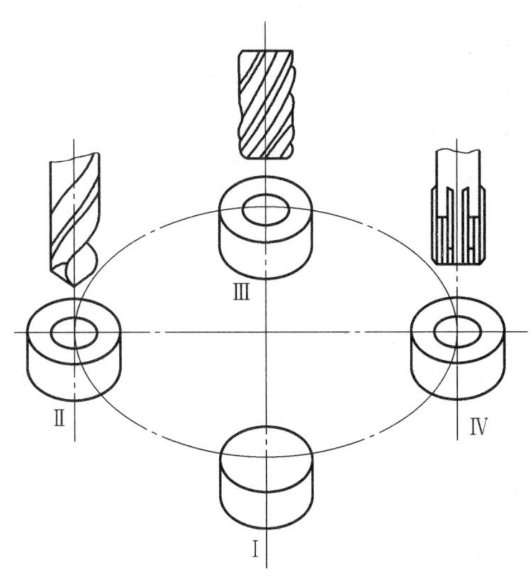

图 7-18　多工位加工
Ⅰ—装卸工件　Ⅱ—钻孔
Ⅲ—扩孔　Ⅳ—铰孔

一个工艺过程需要包括哪些工序，是由被加工零件的结构复杂程度、加工精度要求及生产类型所决定的。

2）安装。工件每经一次装夹后所完成的那部分工序。在一道工序中，工件在加工位置上至少要装夹一次，但有的工件也可能会装夹几次。应尽可能减少装夹次数，多一次装夹就多一次安装误差，又增加了装卸辅助时间。

3）工位。工件在机床上占据每一个位置所完成的那部分工序。为减少装夹次数，常采用多工位夹具（图 7-18）或多轴（多工位）机床，使工件在一次安装中先后经过若干个不同位置顺次进行加工。

4）工步。工步是加工表面、切削刀具和切削用量（仅指主轴转速和进给量）都不变的情况下所完成的那一部分工艺过程。变化其中的一个就是另一个工步。有时为了提高生产率，把几个待加工表面用几把刀具同时加工，可看作一个工步，称为复合工步，如图 7-19 所示。

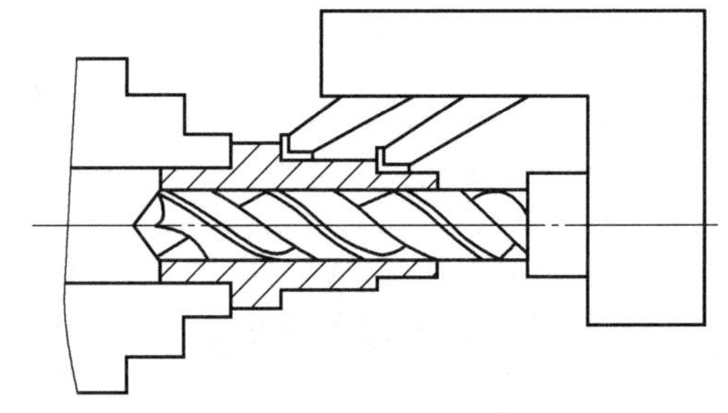
图 7-19　复合工步

5）走刀。在一个工步中，如果要切掉的金属层很厚，可分几次切削，每切削一次就称为一次走刀。

（3）生产纲领和生产类型

1）生产纲领。生产纲领是指企业在计划期内应当生产的产品产量和进度计划。

零件在计划期为一年的生产纲领 N 可按下式计算

$$N=Qn(1+\alpha)(1+\beta) \tag{7-3}$$

式中　N——零件的年产量（件/年）；

Q——产品的年产量（台/年）；

n——每台产品中该零件的数量（件/台）；

α、β——备品率（%）和废品率（%）。

当零件的生产纲领确定后，还要根据车间的情况按一定期限分批投产，每批投产的数量称为生产批量。

2）生产类型。根据生产纲领的大小和产品品种的多少，机械制造企业的生产可分为单件生产、成批生产和大量生产三种生产类型。

① 单件生产。产品的种类多而同一产品的产量很小，工件地点的加工对象完全不重

复或很少重复。例如，重型机器、专用设备或新产品试制都属于单件生产。

② 成批生产。工作地点的加工对象周期性地进行轮换。普通机床、纺织机械等的制造等多属于此种生产类型。按照批量的大小，成批生产又可分为小批生产、中批生产和大批生产三种类型。

③ 大量生产。产品数量很大，大多数工作地点长期进行某一零件的某一道工序的加工。例如，汽车、轴承、自行车等的制造多属于此种生产类型。

生产类型取决于产品（零件）的年产量、尺寸大小及复杂程度。表 7-3 列出了机床制造业划分生产类型的参考依据；表 7-4 列出了各种生产类型的工艺特点。

表 7-3　划分生产类型的参考依据

生产类型		零件的年生产量/件		
		重型零件 零件重量>50kg	中型零件 零件重量 15～50kg	轻型零件 零件重量<15kg
单件生产		<5	<10	<100
成批生产	小批量	5～100	10～200	100～500
	中批量	100～300	200～500	500～5000
	大批量	300～1000	500～5000	5000～50000
大量生产		>1000	>5000	>50000

表 7-4　各种生产类型的工艺特点

工艺特点	生产类型		
	单件小批生产	中批生产	大批量生产
零件的互换性	用修配法，缺乏互换性	多数互换，部分修配	全部互换，高精度配合采用分组装配
毛坯情况	锻件自由锻造，铸件木工手工造型，毛坯精度低	锻件部分采用模锻，铸件部分用金属模，毛坯精度中等	广泛采用锻模、机器造型等高效方法生产毛坯，毛坯精度高
机床设备及其布置形式	通用机床，机群式布置，也可用数控机床	部分通用机床，部分专用机床，机床按零件类别分工段布置	广泛采用自动机床，专用机床，按流水线、自动线排列设备
工艺装置	通用刀具、量具和夹具，或组合夹具，找正后装夹工件	广泛采用夹具，部分靠找正装夹工件，较多采用专用量具和刀具	高效专用夹具，多用专用刀具，专用量具及自动检测装置
对工人的技术要求	需要技术熟练	中等	对调整工人的技术水平要求高，对操作工人的技术水平要求低
工艺文件	仅要工艺过程卡	工艺过程卡，关键零件的工序卡	详细的工艺文件、工艺过程卡、工序卡、调整卡等
生产率	较低	中等	高
加工成本	较高	中等	低

7.2.4 机械加工工艺规程设计的步骤

（1）零件分析

① 分析零件结构特点，确定零件的主要加工方法。

② 分析零件加工技术要求，确定重要表面的精加工方法。

③ 根据零件的结构和精度，做出零件加工工艺性评价。

（2）确定毛坯

① 根据零件的材料和生产批量选择毛坯种类。

② 根据毛坯总余量和毛坯制造工艺特点确定毛坯的形状和大小。

③ 绘制毛坯图。

（3）确定各表面加工方法

根据零件各加工表面的形状、结构特点和加工批量逐一列出各表面的加工方法。加工方法可以先列出多种方案，再根据现有条件进行比较，选择一种最合适的方案。

（4）确定定位基准

① 选择粗基准。按照粗基准的选择原则为第一道工序加工选择定位基准。

② 选择精基准。按照精基准的选择原则确定第一道工序以外的各表面的定位基准，以便确定定位方案和按照基准先行的原则安排工艺路线。

（5）划分加工阶段

一般零件的加工划分为三个阶段：粗加工、半精加工、精加工阶段。粗加工阶段的工作一般有：粗车、粗铣、粗刨、粗镗等。半精加工阶段工作一般有：半精车、半精铣、半精刨、半精镗等。精加工阶段的工作一般有：精车、精铣、精镗、粗磨、精磨。

当零件尺寸公差等级为IT6级以上，表面粗糙度值为$Ra0.4\mu m$以上时要进行超精加工。

（6）热处理工艺安排及辅助工序安排

热处理工序在工艺路线中安排得是否恰当，对零件的加工质量和材料的使用性能影响很大，因此应当根据零件的材料和热处理的目的妥善安排。安排热处理工序的主要目的是用于提高材料的力学性能。一般情况下铸造后毛坯要进行时效处理，锻造后毛坯要进行正火或退火处理，然后进行粗加工。粗加工后，复杂铸件要进行二次时效，轴类零件一般进行调质处理，然后进行半精加工。各类淬火放在磨削加工前进行，表面化学处理放在零件加工后进行。

辅助工序包括去毛刺、划线、涂防锈油、涂防锈漆等，也要在需要的时候安排进去。

（7）拟定工艺路线

① 按照基准先行、先主后次、先粗后精、先面后孔的原则安排工艺路线，并以重要表面的加工为主线，其他表面的加工穿插其中。一般次要表面的加工是在精加工前或磨削加工前进行的。重要表面最后的精加工要放在整个加工过程的最后进行。

② 根据加工批量及现有生产条件考虑工序的集中与分散，以便更合理地安排工艺路线。

③ 按工序安排零件加工的工艺路线。

（8）工序设计

① 安排工序的切削机床、切削刀具、夹具、量具。

② 确定工序的加工余量，计算各表面的工序尺寸。

③ 选择合理的切削参数，计算工序的工时定额。

（9）填写工艺卡片

根据设计好的内容将相关项目填入工艺卡片中。工艺卡片有三种：工艺过程卡、工艺卡和工序卡。

上述工作完成则一个零件的工艺设计就完成了。

7.3　确定装夹方案

7.3.1　凸台零件定位基准的确定

根据基准先行原则，选择顶面和侧面作为粗基准，根据基准重合原则选择底面和夹持面作为精基准。

7.3.2　凸台零件装夹方案的确定

凸台零件选用平口虎钳分两次装夹，第一次装夹以顶面和侧面定位，夹持零件侧面粗铣、半精铣底面和夹持面；第二次装夹，在钳口加纯铜垫片夹持已加工表面，加工其他表面。

7.4　拟定工艺路线及工艺文件

7.4.1　凸台零件工艺路线的拟定

第一次装夹：夹住顶面和侧面→粗铣、半精铣底面和夹持面；第二次装夹：夹住底面和夹持面→粗铣、半精铣顶面和侧面，保证外形尺寸→粗铣、半精铣凸台→粗铣、半精铣方槽→精铣顶面、台阶面→去毛刺。

7.4.2　凸台零件的工艺过程卡

根据凸台零件的加工工艺，填写工艺过程卡，见表 7-5。

表 7-5　　凸台零件的工艺过程卡

材料	45 钢	毛坯种类	板料	毛坯尺寸	155mm×105m×35mm	加工设备
序号	工序名称	工作内容				
1	备料	155mm×105m×35mm				锯床
2	热处理	正火				热处理车间
3	铣	粗铣、半精铣底面和夹持面				X5032

续表

材料	45 钢	毛坯种类	板料	毛坯尺寸	155mm×105m×35mm	加工设备
序号	工序名称	工作内容				
4	铣	翻面装夹，粗铣、半精铣顶面和侧面，粗铣、半精铣凸台，粗铣、半精铣方槽，精铣顶面、台阶面				X5032
5	钳工	去毛刺				手工
6	检验	按图纸要求检验				检验台
编制		审核		批准		共　页　第　页

7.5　考核评价小结

（1）形成性考核评价（30%）

凸台类零件形成性考核评价由教师根据考勤、学生课堂表现等进行考核评价，其评价表见表 7-6。

表 7-6　形成性考核评价表

小组	成员	考勤	课堂表现	汇报人	补充发言 自由发言
1					
2					
3					

（2）工艺设计考核评价

凸台类零件工艺设计考核评价由学生自评、小组内互评、教师评价三部分组成，其评价表见表 7-7。

表 7-7　　凸台零件工艺设计考核评价表

序号	项目名称		配分	自评（15%）	互评（20%）	教评（65%）	得分
	评价项目	扣分标准					
1	定位基准的选择	不合理，扣 5～10 分	10				
2	确定装夹方案	不合理，扣 5 分	5				
3	拟定工艺路线	不合理，扣 10～20 分	20				
4	确定加工余量	不合理，扣 5～10 分	10				
5	确定工序尺寸	不合理，扣 5～10 分	10				
6	确定切削用量	不合理，扣 1～5 分	10				
7	机床夹具的选择	不合理，扣 5 分	5				
8	刀具的确定	不合理，扣 5 分	5				
9	工序图的绘制	不合理，扣 5～10 分	10				
10	工艺文件内容	不合理，扣 5～10 分	15				
互评小组		指导教师		项目得分			
备　注				合　计			

拓展练习

完成如图 7-20、图 7-21 所示零件的加工工艺编制。

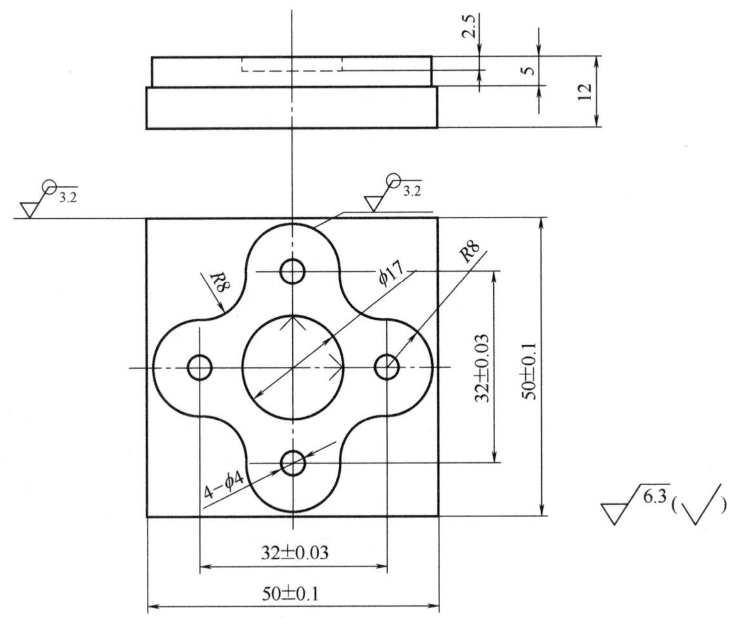

图 7-20　凸台零件

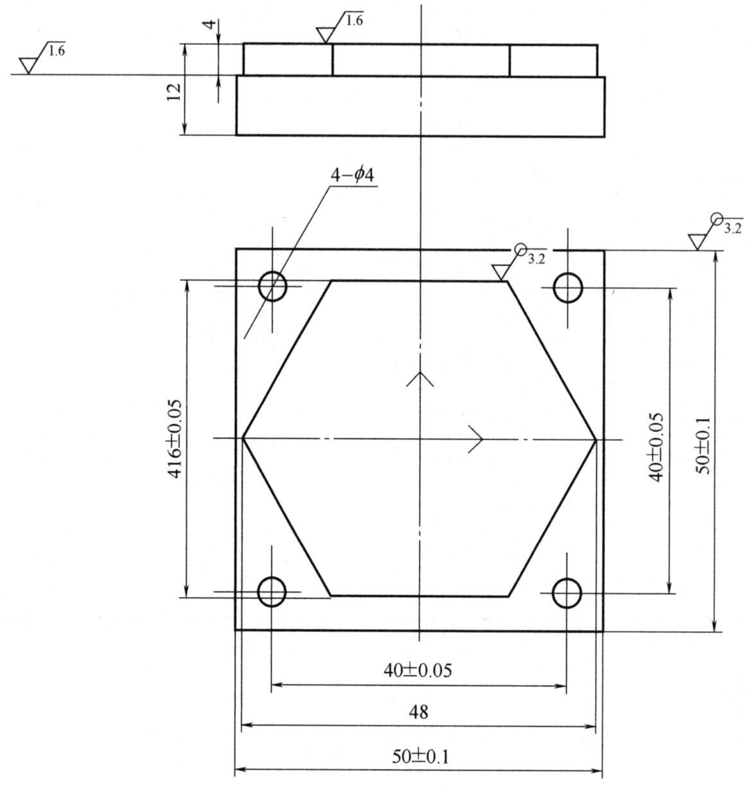

图 7-21　六边形零件

项目 8　型腔零件机械加工工艺

【项目概述】

图 8-1 所示腰形槽底板为典型的型腔类零件。与其他零件相比，型腔类零件具有非贯通的内部腔体，而且通常形状较为复杂。此外，型腔类零件作为材料成型装备中的工作零件，通常要求内腔表面具有非常高的表面质量。所有这些，都给型腔类零件的加工带来了极大的困难。通过学习腰形槽底板加工工艺的拟定过程，学生应该了解和厘清型腔类零件的加工思路和方法，具备型腔类零件工艺开发的能力。

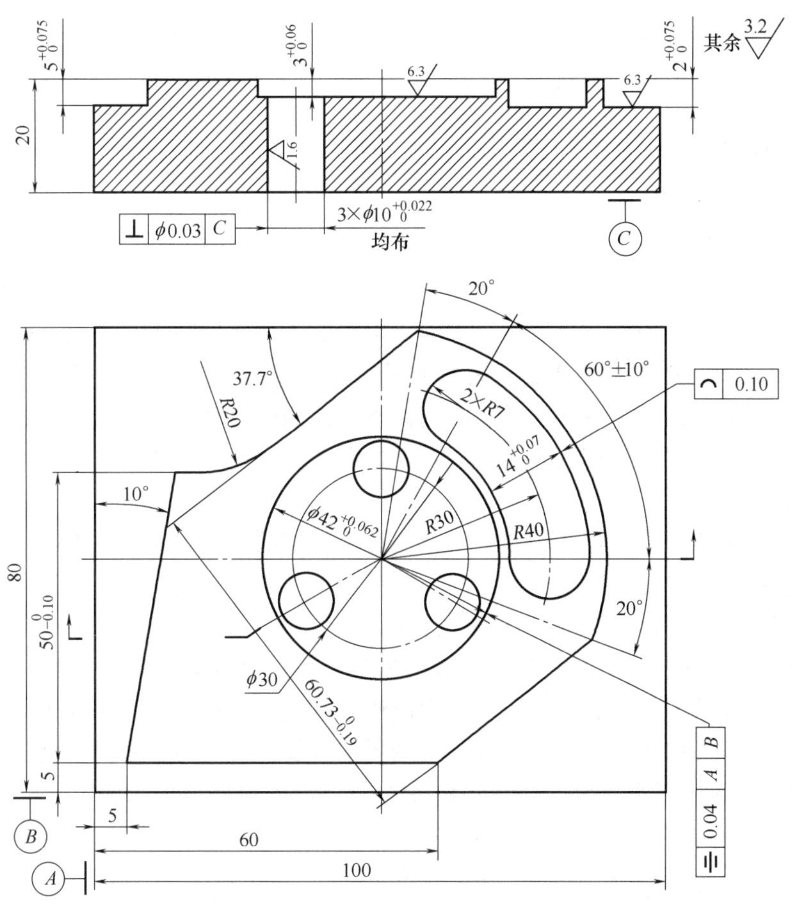

图 8-1　腰形槽底板零件

【教学目标】

1. 能力目标

能对型腔类零件进行工艺分析，确定其毛坯、加工工艺路线、加工工艺参数以及使用的工艺装备。

2. 知识目标

（1）了解型腔类零件的制造要求、特点，对其进行分类分析。

（2）掌握型腔类零件的常用加工方法。

（3）掌握型腔类零件的表面加工方法。

（4）了解型腔表面硬化处理的工艺措施。

【任务描述】

型腔是压塑模的成型零件。在压塑成型中，高温熔融塑料在巨大的压力下在型腔中冷凝成形，因此型腔的精度和表面质量直接影响到制件的精度和质量。在工作过程中，型腔需要承受一定的高温和来自压力机的压力；长期反复的加热和冷却使型腔承受热疲劳应力，因此，型腔材料通常为模具钢。模具钢属于工具钢，含碳量高，强度和硬度大，因此在切削加工中，切削抗力大，刀具磨损快。所以，型腔类零件的加工具有较大的难度。

【任务实施】

8.1 型腔加工特点

型腔在模具中的作用是成型制件外表面，由于制件的精度和质量很大一部分取决于型腔和型芯，因此，型腔的加工精度和表面质量一般要求较高，工艺过程复杂。型腔的形状、尺寸、精度和表面质量取决于要生产的制件，而制件品种繁多、花样杂陈，使得型腔形状各异、尺寸大小不一、精度和表面质量要求各不相同但通常要求苛刻，因此，型腔的制造过程非常复杂。

作为模具中最重要的零件，型腔通常使用含碳量高的工具钢作为材料，加之一般需要热处理淬硬，给加工增加了难度。

型腔加工的特点可以总结为以下几个方面：

1）单件、小批量生产。模具是进行大批量生产用的高寿命专用工艺装备，通常每套模具只能生产某一特定形状、尺寸和精度的制件，且使用寿命可达上千万次，因此，模具生产属于单件、多品种生产。模具的设计制造周期较长，需要几个月甚至更长的时间。

2）精度和表面质量要求高。为保证制品的精度，型腔作为模具的工作部分，制造公差应控制在±0.01mm，表面粗糙度 Ra 小于 0.8μm，多数可达 0.1～0.4μm。

3）形状复杂。型腔多为二维或三维复杂曲面，如汽车覆盖件、飞机零件、玩具、家用电器等模具的表面，常由多种曲面组合而成，因此模具型腔（面）就很复杂，加工难度大。

4）材料硬度高。模具主要成型件多采用淬火合金工具钢或硬质合金制造，这类钢材从毛坯锻造、加工到热处理均有严格要求。模具材料硬度高，采用传统的机械加工方法较

难加工，故常采用电加工等特种加工方法。

8.2　型腔的分类

常见的型腔形状大致可分为回转曲面和非回转曲面两种。前者可用车床、内圆磨床或坐标磨床进行加工，工艺过程比较简单。而加工非回转曲面的型腔要困难得多，在以往，需要使用专门的加工设备或进行大量的钳工加工，劳动强度大、生产效率低。近年来，随着生产力的发展和技术的进步，数控铣削、数控加工中心加工以及电火花成型、电火花线切割等特种加工方法已经成为主要的加工方法，解决了这一难题。

8.3　腰形槽底板加工工艺

8.3.1　加工任务分析

该零件包含了外形轮廓、圆形槽、腰形槽和孔的加工，有较高的尺寸精度和垂直度、对称度等形位精度要求。工艺规程编制前必须详细分析图纸中各部分的加工方法及走刀路线，选择合理的装夹方案和加工刀具，保证零件的加工精度要求。

8.3.2　数控铣削加工工艺制定

（1）定位基准的选择及装夹方案的确定

用平口虎钳装夹工件，工件上表面高出钳口 8mm 左右。校正固定钳口的平行度以及工件上表面的平行度，确保精度要求。

（2）确定加工顺序

根据加工顺序制定原则，工艺过程为：外轮廓的粗、精铣削（粗加工单边留 0.2mm 余量）→加工 3×ϕ10 孔和垂直进刀工艺孔→圆形槽粗、精铣削（采用同一把刀具进行）→腰形槽粗、精铣削（采用同一把刀具进行）。

（3）机床、刀具的选择

根据零件图样要求，选用普通数控铣床即可达到要求，故选用 FANUC-0i 系统加工中心。数控加工刀具的选择如表 8-1 所示。

表 8-1　　加工中心数控加工刀具卡

单位		数控加工刀具卡片	产品名称				零件图号	
			零件名称				程序编号	
序号	刀具号	刀具名称	刀具		补偿值		刀补号	
			直径/mm	长度	半径	长度	半径	长度
1	T01	立铣刀	20		10.2(粗)/9.96(精)		D01	
2	T02	中心钻	3					
3	T03	麻花钻	9.7					
4	T04	铰刀	10					
5	T05	立铣刀	16		8.2(半精)/7.98(精)		D05	
6	T06	立铣刀	12		6.1(半精)/5.98(精)		D06	

（4）切削用量的确定及填写工艺文件

加工过程如表 8-2 所示。

表 8-2　　腰形槽底板零件数控加工工序卡

	数控加工工序卡片		产品型号			零件图号			
			产品名称	腰形槽底板零件		零件名称	腰形槽底板零件		
材料牌号	HT200	毛坯种类		毛坯外形尺寸	(100±0.027)mm×(80±0.023)mm×20mm	备注			
工序号	工序名称	设备名称	设备型号	程序编号	夹具代号	夹具名称	冷却液	车间	
	铣削加工腰形槽底板	加工中心			01	平口虎钳	乳化液	01	
工步号	工步内容	刀具号	刀具	量具及检具	主轴转速/(r/min)	切削速度/(m/min)	进给速度/(mm/min)	背吃刀量/mm	备注
1	去除轮廓边角料	T01	ϕ20mm 立铣刀		400		80		
2	粗铣外轮廓	T01	ϕ20mm 立铣刀		500		100		
3	精铣外轮廓	T01	ϕ20mm 立铣刀		700		80		
4	钻中心孔	T02	ϕ3mm 中心钻		2000		80		
5	钻 3×ϕ10 底孔和垂直进刀工艺孔	T03	ϕ9.7mm 麻花钻		600		80		
6	铰 2×ϕ10H7 孔	T04	ϕ10mm 铰刀		200		50		
7	粗铣圆形槽	T05	ϕ16mm 立铣刀		500		80		
8	半精铣圆形槽	T05	ϕ16mm 立铣刀		500		80		
9	精铣圆形槽	T05	ϕ16mm 立铣刀		750		60		
10	粗铣腰形槽	T06	ϕ12mm 立铣刀		600		80		
11	半精铣腰形槽	T06	ϕ12mm 立铣刀		600		80		
12	精铣腰形槽	T06	ϕ12mm 立铣刀		800		60		
编制		审核		批准			共　页	第　页	

8.4　考核评价小结

（1）形成性考核评价（30%）

形成性考核由教师根据考勤、学生课堂表现等进行考核评价，其评价见表 8-3。

（2）工艺设计考核评价（70%）

型腔类零件工艺设计考核评价由学生自评、小组内互评、教师评价，使用表格建议参考表 8-4。

表 8-3　形成性考核评价表

小组	成员	考勤	课堂表现	汇报人	补充发言 自由发言
1					
2					
3					

表 8-4　腰形槽底板加工工艺考核评价表

序号	项目名称		配分	自评（15%）	互评（20%）	教评（65%）	得分
	评价项目	扣分标准					
1	零件工艺性分析	不合理，扣 5～10 分	10				
2	定位基准的选择	不合理，扣 5～10 分	10				
3	确定装夹方案	不合理，扣 2～5 分	5				
4	拟定工艺路线	不合理，扣 10～20 分	20				
5	确定加工余量	不合理，扣 2～5 分	5				
6	确定工序尺寸	不合理，扣 5～10 分	10				
7	确定切削用量	不合理，扣 5～10 分	10				
8	机床夹具的选择	不合理，扣 2～5 分	5				
9	刀具的确定	不合理，扣 10～20 分	5				
10	工艺文件编制	不合理，扣 10～20 分	20				
互评小组		指导教师		项目得分			
备　注				合　计			

拓展练习

完成如图 8-2 所示型腔零件设计加工工艺。

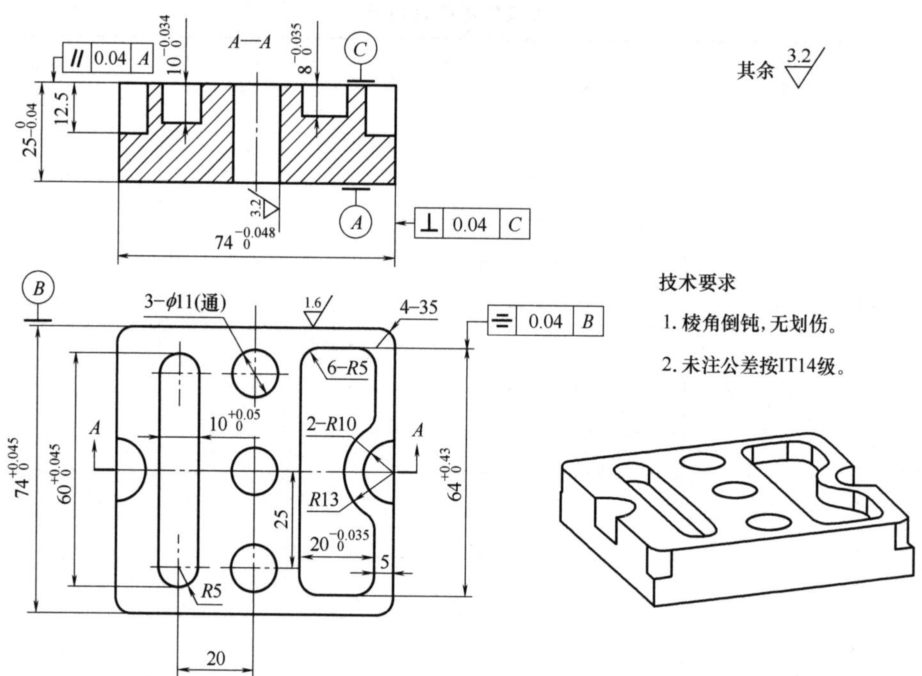

图 8-2　方槽板

项目9　椭圆凸轮轴零件机械加工工艺

椭圆凸轮轴是常见的定位支承或导向零件，如图9-1所示。通过对其加工工艺的设计，把轴类零件的车削加工基础知识融入其中，使学生掌握车外圆、车端面以及车退刀槽的基本方法。本项目通过对典型车削类零件的加工，使学生掌握金属切削的基本原理和切削用量的选择；掌握典型车刀切削角度相关知识及其选择方法；掌握车削零件表面质量的检测方法。

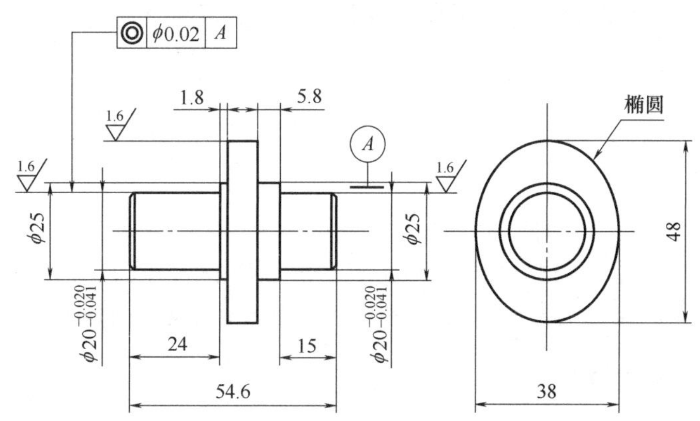

技术要求

其余 3.2

未注倒角处为R0.3

图9-1　椭圆凸轮轴零件图

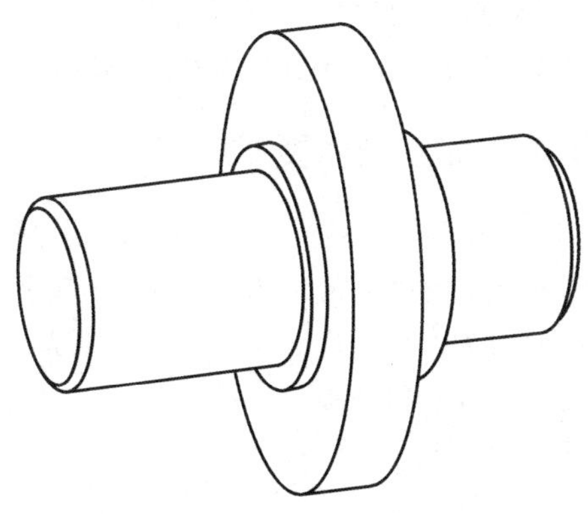

图9-2　椭圆凸轮轴三维实体图

【教学目标】

1. 能力目标

通过椭圆凸轮轴类零件的加工工艺设计，学生能运用车削类零件加工的相关知识，根据车工职业规范，完成椭圆凸轮轴类零件的车削加工，并初步具备操作车床完成零件加工的岗位能力。掌握数控铣削职业规范，完成椭圆凸轮轴类零件的铣削加工。

2. 知识目标

（1）认识碳素钢的性能及用途。

（2）知道金属切削加工基本规律。

（3）了解车刀几何角度的定义，车刀的材料、结构、类型及选用。

（4）掌握车刀几何角度的选择方法。

（5）了解车床、车削的加工特点，掌握套筒在车床上的装夹方法。

（6）掌握游标卡尺、内径百分表的使用方法。

轴是组成机器的重要零件之一，轴的主要功能是支承旋转零件、传递转矩和运动。轴工作状态的好坏直接影响到整台机器的性能和质量。该定位心轴结构简单，中间设有退刀槽，要求两端外圆同轴心，外圆柱面与轴肩两端面有垂直度公差要求。

【任务实施】

9.1 零件工艺分析

如图 9-1 所示，该椭圆凸轮轴类零件的结构简单，由端面和大外圆柱面、小外圆柱面、椭圆柱面构成，零件有同轴度公差 0.02mm 和尺寸公差 0.021mm 的要求。

9.1.1 椭圆凸轮轴类零件材料

由图 9-2 可知，该零件选用材料为 45 钢，该材料属普通碳素结构钢，大量用于建筑和工程机构，用以制作钢筋或建造厂房房架、桥梁、高压输电铁塔、车辆、船舶等，也大量用于对性能要求不太高的机械零件。毛坯选用圆棒料 ϕ50mm×60mm。

9.1.2 椭圆凸轮轴类零件的加工技术要求

尺寸：椭圆凸轮轴类外圆直径为 ϕ25mm 和 ϕ20mm，椭圆 48mm×38mm。

表面粗糙度：两外圆柱面表面粗糙度值为 Ra1.6μm，其余为 Ra3.2μm。

其他技术要求：未注倒圆为 R0.3mm，未注尺寸公差为 GB/T 1804—m，即图样上未注公差的线性尺寸均按中等级加工和检验。

9.2 预备基础知识

9.2.1 切削运动

在切削加工中，刀具与工件的相对运动称为切削运动。按其功用分为主运动和进给运动，如图 9-3 所示。

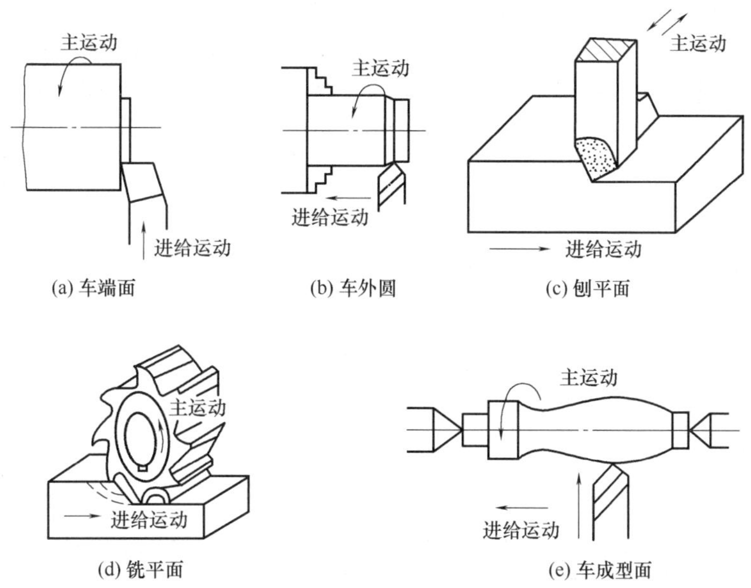

图 9-3　切削运动

（1）主运动

主运动是切削运动中速度最高、消耗功率最大的运动；机床的主运动一般只有一个。各种机械加工的主运动：车削时，工件的旋转为主运动；铣削时，铣刀的旋转为主运动；刨削时，以刨刀（牛头刨）或工件（龙门刨）的往复直线运动为主运动；钻削时，以刀具（钻床上）或工件（车床上）的旋转运动为主运动。

（2）进给运动

进给运动是使新的切削层金属不断地投入切削，从而切出整个表面的运动。进给运动可以是一个或两个甚至多个，如车削时就有纵向、横向两个进给运动。

9.2.2　加工表面

在机床与刀具进行配合切削加工过程中，会形成三个加工表面，分别是待加工表面、加工表面、已加工表面，如图 9-4 所示。

① 待加工表面——即将被切除的金属表面。

② 已加工表面——切削后形成的新的金属表面。

③ 加工表面——切削刃在工件上正在形成的表面。

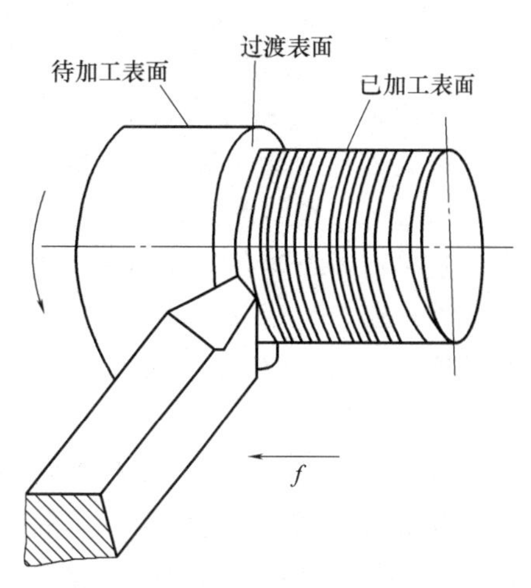

图 9-4　三个加工表面

9.2.3　切削用量

（1）切削用量三要素

① 切削速度 v。切削速度是刀具切削主运动的线速度（m/s 或 m/min）。

② 进给速度 v_f 或进给量 f。

v_f：单位时间内刀具对工件沿进给方向的相对位移（mm/s 或 mm/min）。

进给量 f：工件或刀具每转一周，刀具对工件沿进给方向的相对位移（mm/r）。

切削时间 t：$t=L/v_f=L/n_f$

L——工件长度，mm；

n_f——转速，r/min。

③ 背吃刀量 a_p（切削深度）。工件已加工表面和待加工表面的垂直距离（mm）。

外圆车削：$a_p=\dfrac{d_w-d_m}{2}$

钻孔：$a_p=\dfrac{d_m}{2}$

合成切削运动：$v_e=v+v_f$（向量的关系）

（2）切削层横截面要素

切削层是指刀具与工件相对移动一个进给量时，相邻两个加工表面之间的金属层，切削层的轴向剖面称为切削层横截面。

① 切削宽度 a_w 是指刀具主切削刃与工件的接触长度。

切削宽度、切削深度与主偏角的关系：$\sin\kappa_r=a_p/a_w$

② 切削厚度 a_c 是刀具或工件每移动一个进给量 f 时，刀具主切削刃相邻两个位置间的垂直距离（mm）：$a_c=f\sin\kappa_r$。

③ 切削面积 A_c 即切削层横截面的面积：$A_c=a_pf=a_ca_w$

9.3 确定定位方案

9.3.1 基准分类及定位基准

（1）基准分类

① 基准定义：机械零件由若干表面组成，各表面之间都有一定的尺寸和相互位置要求。用以确定零件上点、线、面间的相互位置关系所依据的点、线、面称为基准。

② 基准分类：基准按其作用不同，可分为设计基准和工艺基准两大类。设计图样上所采用的基准称为设计基准。在机械制造工艺中采用的基准称为工艺基准。工艺基准按用途不同，分为定位基准、工序基准、测量基准和装配基准。定位基准：加工时使工件在机床或夹具中占据正确位置所用的基准；工序基准：加工某道工序时选用的基准；测量基准：零件检验时，用以测量已加工表面尺寸及位置的基准；装配基准：装配时用以确定零件在部件或产品中位置的基准。

（2）定位基准

选择工件的定位基准，实际上是确定工件的定位基面。根据选定的基面加工与否，又将定位基准分为粗基准和精基准以及辅助基准。在起始工序中，只能选择未经加工的毛坯表面作为定位基准，这种基准称为粗基准。用加工过的表面作为定位基准，则称为精基准。零件设计图中不要求加工的表面，有时为了装夹工件的需要而专门将其加工作为定位

用，或者为了准确定位，加工时提高零件设计精度的表面，这种表面不是零件上的工作表面，只是由于加工工艺需要而加工的基准面，称为辅助基准。例如，加工过程中为了保证加工精度，使用中心孔定位时，加工 A 面时，设置加工工艺凸台，如图 9-5 所示的 B 即是工艺凸台，该工艺凸台就是专门设计的辅助基准，在零件加工完成后切除。

在制定工艺规程时，首先选择出精基准面，采用粗基准定位，加工出精基准表面；然后采用精基准定位，加工零件的其他表面。

1）粗基准选择原则。粗基准选择的要求是应能保证加工面与不加工面之间的位置要求和合理分配各加工面的余量，同时要为后续工序提供精基准。具体可按下列原则选择：

① 非加工表面原则。为了保证加工面与不加工面之间的位置要求，应选不加工面为粗基准。如图 9-6 所示的叉架零件，叉架上有多个不加工表面，为了保证加工 ϕ20H8mm 孔与不加工表面 ϕ40mm 外圆的同轴度，加工 ϕ20H8mm 孔时应选 ϕ40mm 外圆为粗基准。

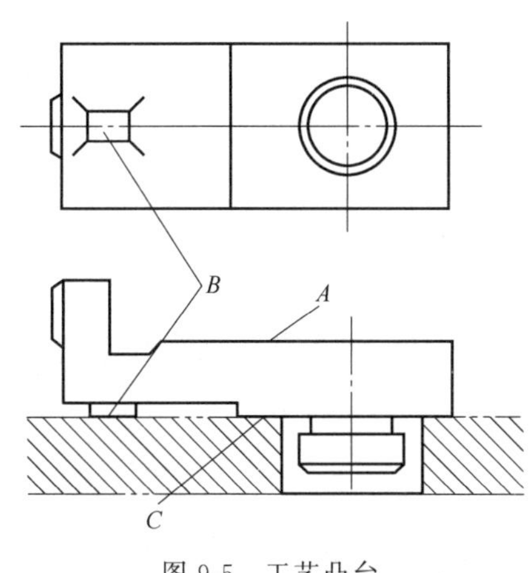

图 9-5　工艺凸台

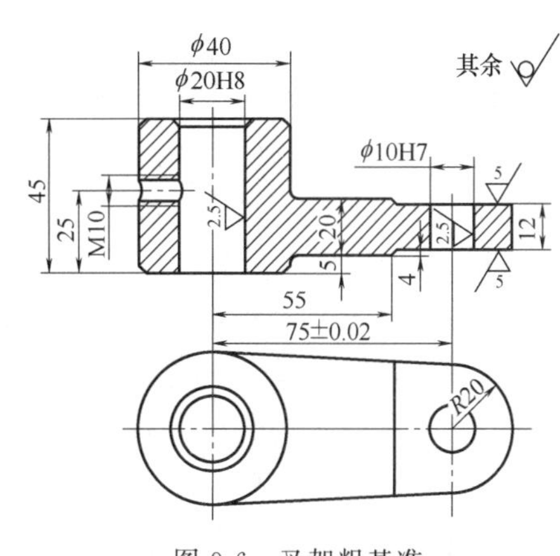

图 9-6　叉架粗基准

② 加工余量最小原则。以余量最小的表面作为粗基准，以保证各加工表面有足够的加工余量。选择毛坯加工余量最小的表面作为粗基准，以保证各加工表面都有足够加工余量，不至于造成废品。如图 9-7 所示，加工铸造的轴套零件，通常轴套外圆柱表面加工余量较小，轴套内孔的加工余量较大，应该以轴套外圆柱表面作为粗基准来加工轴套内孔。

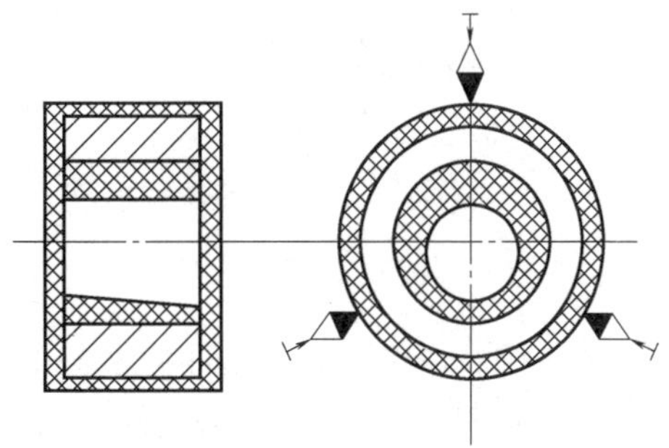
图 9-7　轴套零件

③ 保证重要表面的余量均匀的原则。加工零件必须首先保证某些重要表面的余量均匀，应该选择该表面为粗基准。例如机床的床身加工，床身上的导轨面是重要表面，要求导轨面的加工余量均匀。若精磨导轨时，先以床脚平面作为粗基准定位，磨削导轨面，如图 9-8（b）所示，导轨表面上的加工余量不均匀，切除的加工余量较多，会露出较疏松的、不耐磨的金属层，达不到导轨要求的精度和耐磨性。如果选择导轨面为粗基准定位，先加工床脚底面，然后以床脚底面定位加工

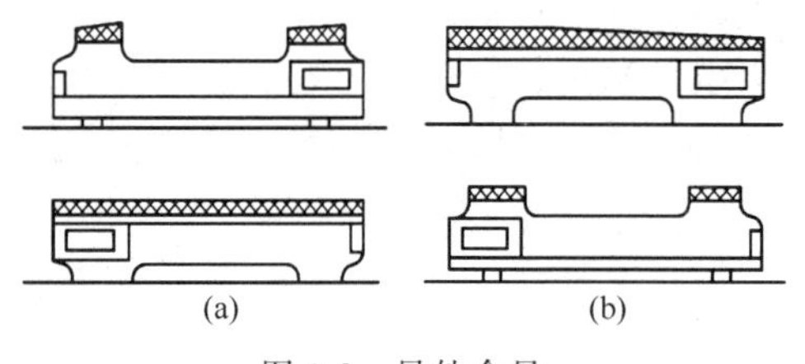

图 9-8 导轨余量

导轨面，如图 9-8（a）所示，这就可以保证导轨面加工余量均匀。

④ 平整光洁表面原则。应尽量选择平整光滑，没有飞边、冒口、浇口或其他缺陷，以便使工件定位准确、夹紧可靠的表面作为粗基准。

⑤ 不重复使用原则。粗基准未经加工，表面比较粗糙且精度低，二次安装时，其在机床上或夹具中的实际位置与第一次安装时不重合，从而产生定位误差，导致相应加工表面出现较大的位置误差。在同一尺寸方向上粗基准只准使用一次。因为粗基准是毛坯表面，定位误差大，两次以上使用同一粗基准装夹，加工出的各表面之间会有较大的位置误差。如图 9-9 所示零件的加工中，如第一次用不加工表面 $\phi30$mm 定位，分别车削 $\phi18$H7mm 和端面；第二次仍用不加工表面 $\phi30$mm 定位，钻 4×$\phi8$mm 孔，则会使 $\phi18$H7mm 孔的轴线与 4×$\phi8$mm 孔位置，即 $\phi46$mm 的中心线之间产生较大的同轴度误差，有时可达 2～3mm。因此，这样的定位方案是错误的。正确的定位方法应以精基准 $\phi18$H7mm 孔和端面定位，钻 4×$\phi8$mm 孔。

2）精基准选择原则。

① 基准重合原则。直接选择加工表面的设计基准为定位基准，称为基准重合原则。采用基准重合原则可以避免由定位基准与设计基准不重合而引起的定位误差。如图 9-10 所示，设计基准为 A 基准面，加工 C 平面及 B 平面时，选择的精基准为 A 基准面，从而保证设计基准和加工定位基准重合，减少加工误差。

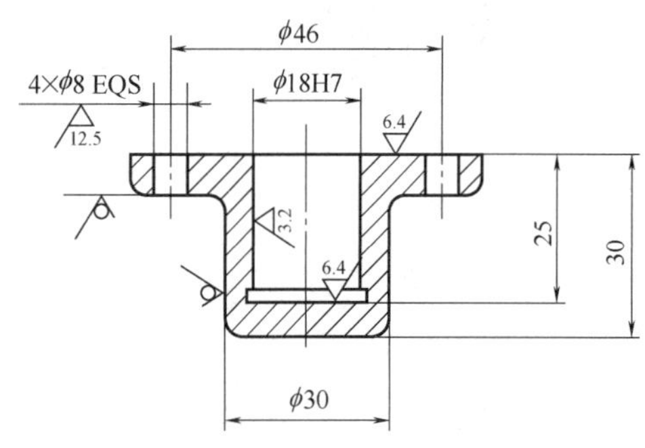

图 9-9 不重复粗基准

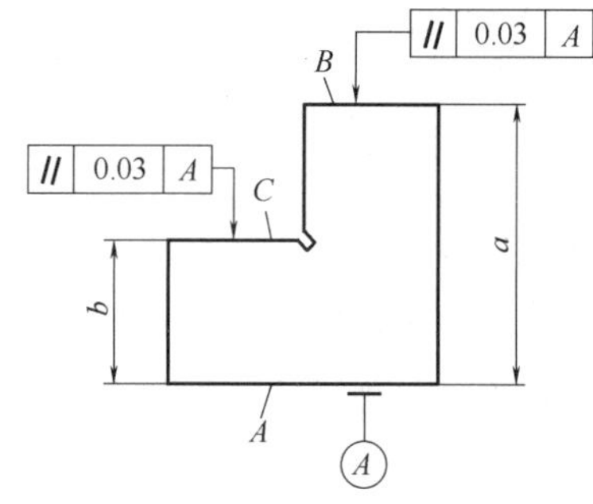

图 9-10 基准重合

② 基准统一原则。同一零件的多道工序尽可能选择同一个定位基准，称为基准统一原则。这样既可以保证各加工表面间的相互位置精度，避免或减少因基准转换而引起的误差，而且简化了夹具的设计与制造工作，降低了成本，缩短了生产准备周期。箱体零件采用一面两孔定位，齿轮的齿坯和齿形加工多采用齿轮的内孔及一端面为定位基准，均属于基准统一原则。

③ 自为基准原则。精加工或光整加工工序要求余量小而均匀，选择加工表面本身作为定位基准，称为自为基准原则。如图 9-11 所示，车床导轨表面的磨削用可调支承定位床身，在导轨磨床上用百分表找正导轨本身表面作为定位基准，然后磨削导轨表面，保证精磨导轨面的余量均匀且加工余量较小。精磨削孔加工过程中，采用浮动镗刀镗内孔、珩

磨内孔、拉刀拉内孔、无心磨外圆等，也都是自为基准进行定位。

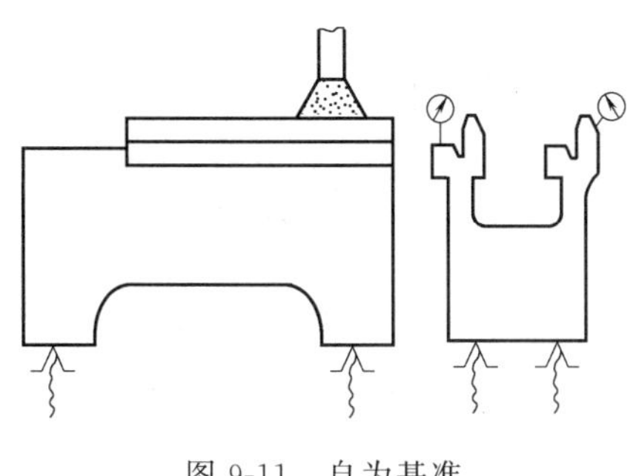

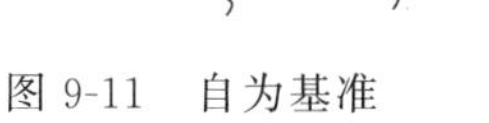

图 9-11　自为基准

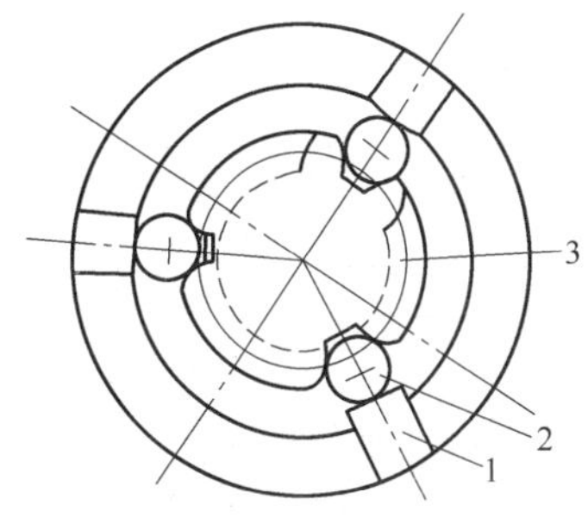

图 9-12　互为基准

1—推动销　2—钢球　3—齿轮

④ 互为基准原则。为使各加工表面之间具有较高的位置精度，或为使加工表面具有均匀的加工余量，可采取两个加工表面互为基准反复加工的方法，称为互为基准原则。例如，加工精密齿轮中的磨齿工序，先以齿面为基准定位磨孔，如图 9-12 所示（图中 1 为推动销，2 为钢球，3 为齿轮），然后以齿轮内孔定位，磨齿轮面，使齿轮面加工余量均匀，能保证齿面与内孔之间较高的相互位置精度。

⑤ 便于装夹原则。所选精基准应能保证工件定位准确稳定，装夹方便可靠，夹具结构简单适用，操作方便灵活。同时，定位基准应有足够大的接触面积，以承受较大的切削力。

9.3.2　椭圆凸轮轴的定位基准确定

椭圆凸轮轴选择 ϕ20mm 轴外圆表面为定位粗、精加工基准，使设计基准与定位基准重合，减少定位误差。

9.4　确定装夹方案

9.4.1　轴类零件装夹方式

（1）轴类零件常用夹具

1）三爪自定心卡盘装夹。三爪卡盘如图 9-13 所示，三爪卡盘由卡盘体、活动卡爪和卡爪驱动机构组成。三爪卡盘上三个卡爪导向部分的下面，有螺纹与大锥齿轮背面的平面螺纹相啮合，当用扳手通过四方孔转动小锥齿轮时，大锥齿轮转动，背面的平面螺纹同时带动三个卡爪向中心靠近或退出，实现自动定心和夹紧，适用于夹持圆形、正三角形或正六边形等的工件。在三个卡爪上换上三个反爪，用来安装直径较大的工件。三爪卡盘的自行对中精确度为 0.05～0.15mm。用三爪卡盘加工工件的精度受到卡盘制造精度和使用后磨损情况的影响。卡盘按驱动卡爪所用动力不同，分为手动卡盘和动力卡盘两种。轴类零件，夹紧端中心与三爪卡盘同心较好，但是远端因重力等作用，会下垂，远端同心度很差，需要找正；盘类零件，虽然靠近三爪夹紧端，同心度较高，但是，端面跳动即垂直度会很差，需要找正。三爪卡盘装夹工件方便、省时，但夹紧力较小，所以适用于装夹外形较规则的中小型零件，如圆柱形工件、正三边形工件、正六边形工件等。三爪自动定心卡盘规格有：150mm、200mm、250mm。

2）四爪单动卡盘装夹。四爪单动卡盘，如图 9-14 所示。

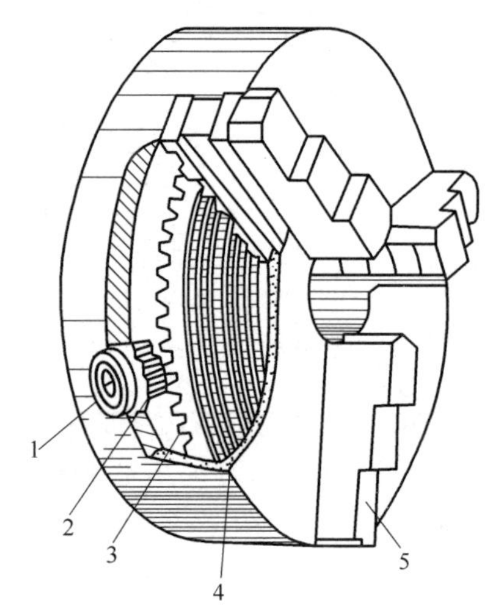

图 9-13　三爪自定心卡盘

1—方孔　2—小锥齿轮　3—大锥齿轮

4—平面螺纹　5—卡爪

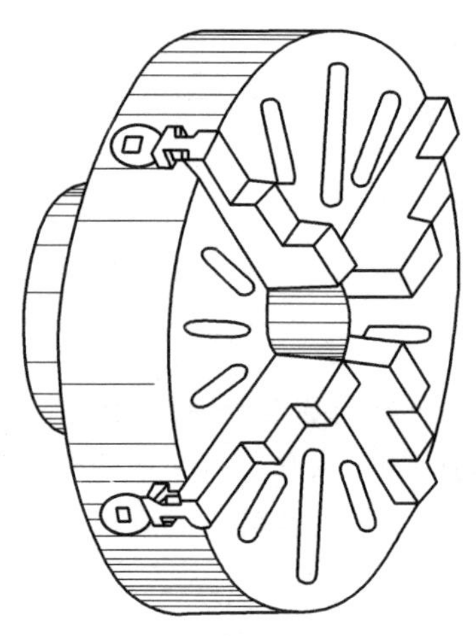

图 9-14　四爪单动卡盘

四爪单动卡盘全称是机床用手动四爪单动卡盘，是由一个盘体、四个丝杆、一副卡爪组成的。工作时是用四个丝杠分别带动四爪，因此常见的四爪单动卡盘没有自动定心的作用，但可以通过调整四爪位置，装夹各种矩形的、不规则的工件，每个卡爪都可单独运动。四爪卡盘的四个卡爪各自独立运动，因此工件安装后必须将工件的旋转中心校正到与车床主轴的旋转中心重合才能车削。四爪卡盘校正工件比较麻烦，但夹紧力较大，所以适用于安装大型或形状不规则的工件。四爪卡盘如图 9-14 所示。

3）一夹一顶装夹。对于工件长度伸出较长，重量较重，端部刚性较差的工件，可采用一夹一顶装夹进行加工。利用三爪或四爪卡盘夹住工件一端，另一端用后顶尖顶住，形成一夹一顶装夹结构，如图 9-15 所示。一夹一顶车削，最好要求用轴向限位支撑或利用工件的阶台作为限位，否则在轴向切削力的作用下，工件容易产生轴向位移。如果不采用轴向限位支撑，加工者必须要随时注意后顶尖的支顶紧、松情况，并及时进行调整，以防发生事故。两个或两个以上支承点重复限制同一个自由度，称为过定位。用一夹一顶方式装夹工件，当卡盘夹持部分较长时，卡盘限制了四个自由度 $\vec{y}$、$\vec{z}$、$\overset{\frown}{y}$、$\overset{\frown}{z}$，后顶尖限制了两个自由度 $\overset{\frown}{y}$、$\overset{\frown}{z}$，重复限制了两个自由度 $\overset{\frown}{y}$、$\overset{\frown}{z}$。为了消除过定位，卡盘夹持部位应较短，只限制两个自由度 $\vec{y}$、$\vec{z}$，后顶尖限制两个自由度 $\overset{\frown}{y}$、$\overset{\frown}{z}$，是不完全定位。利用一夹一顶装夹加工零件时，装夹比较安全、可靠，能承受较大的轴向切削力；安装刚性好，轴向定位正确；增强较长工件端部的刚性，有利于提高加工精度和表面质量；卡盘卡爪和顶尖重复限制工件的自由度，影响工件的加工精度；尾座中心线与主轴中心线产生偏移，车削

时轴向容易产生锥度；较长的轴类零件，中间刚性较差，需增加中心架或跟刀架，对操作者技能程度提出较高的要求，工件的装夹长度尽量要短；要进行尾座偏移量的调整。一夹一顶装夹是车削轴类零件最常用的方法。

4）两顶尖装夹。顶尖有固定顶尖和活顶尖两种。

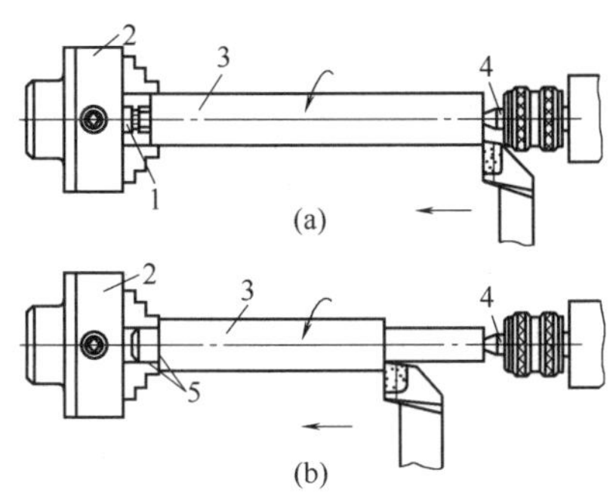

图 9-15　一夹一顶

1—限位支撑　2—卡盘　3—工件　4—顶尖　5—定位台阶

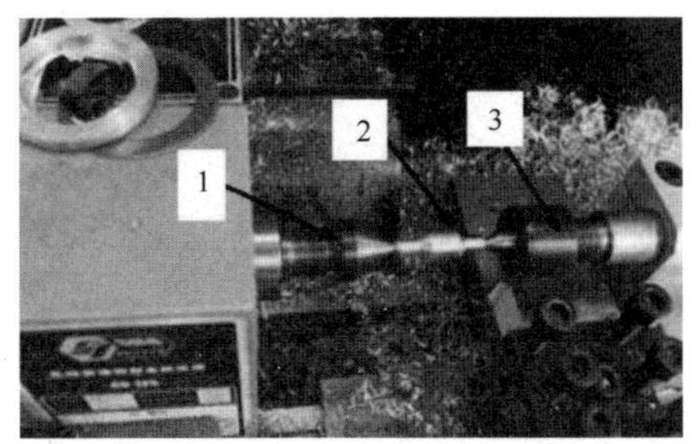

图 9-16　两顶尖装夹

1—前顶尖　2—工件　3—后顶尖

① 固定顶尖。固定顶尖刚性好，定心准确，但与工件中心孔之间产生滑动摩擦而发热过多，容易将中心孔或顶尖烧坏。因此死顶尖只适用于低速加工精度要求较高的工件，如图 9-17 所示。

② 活顶尖。活顶尖将工件与中心孔的滑动摩擦改为顶尖内部轴承的滚动摩擦，能在很高的转速下正常工作，克服了死顶尖的缺点，因此应用日益广泛。但活顶尖存在一定的装配积累误差，以及当滚动轴承磨损后，会使顶尖产生径向摆动，从而降低了加工精度。其优点是能在很高的转速下正常工作，缺点是加工精度较低，适用于高速加工精度较低的工件，如图 9-18 所示。

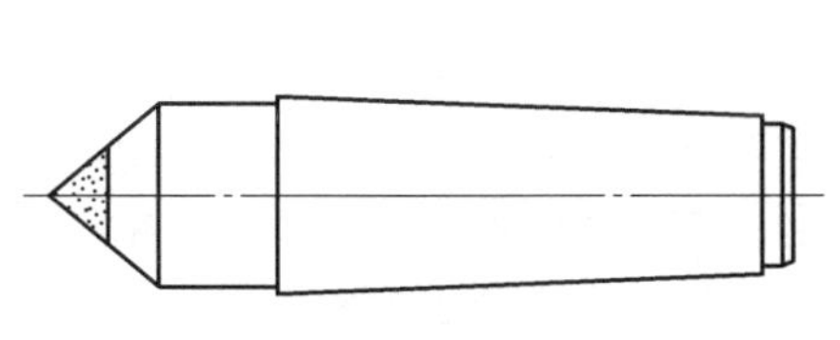

图 9-17　固定后顶尖

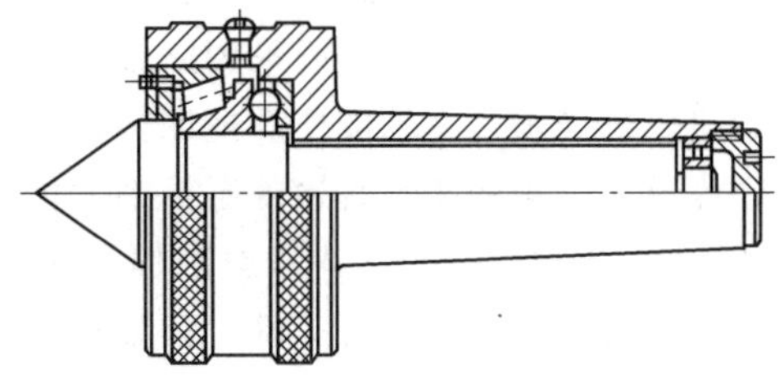

图 9-18　活顶尖

用两顶尖装夹的优点是两顶尖装夹工件方便，不需找正，装夹精度高；缺点是用两顶尖装夹工件，必须先在工件端面钻出中心孔，夹紧力较小。两顶尖装夹适用于形位公差要求较高的工件和大批量生产，如图 9-16 所示。

（2）轴类工件的装夹方式

① 一次装夹。

② 以外圆为定位基准。

③ 以内孔为定位基准。

9.4.2 椭圆凸轮轴装夹方案的确定

椭圆凸轮轴选用三爪卡盘分两次装夹，第一次夹住毛坯右端外圆柱面，粗、精车左端面及外圆柱面；第二次装夹时，用紫铜或开口轴套夹住已加工的外圆柱面，加工另一端的端面及外圆柱面。

9.5 拟定工艺路线

9.5.1 轴类零件加工方法

（1）加工方法

轴类零件和盘类零件的加工方式大部分都是车削及磨削，而套类零件一般都用镗削。根据车削类回转零件的特点，一般分为粗车、精车、精细车。

1）粗车。车削加工是外圆粗加工最经济有效的方法。由于粗车的目的主要是迅速地从毛坯上切除多余的金属，因此，提高生产率是其主要任务。

粗车通常采用尽可能大的背吃刀量和进给量来提高生产率。而为了保证必要的刀具寿命，切削速度则通常较低。粗车时，车刀应选取较大的主偏角，以减小背向力，防止工件的弯曲变形和振动；选取较小的前角、后角和负值的刃倾角，以增强车刀切削部分的强度。粗车所能达到的加工精度为IT12～IT11，表面粗糙度 Ra 为 50～12.5μm。

2）精车。精车的主要任务是保证零件所要求的加工精度和表面质量。精车外圆表面一般采用较小的背吃刀量与进给量和较高的切削速度进行加工。在加工大型轴类零件外圆时，则常采用宽刃车刀低速精车。精车时车刀应选用较大的前角、后角和正值的刃倾角，以提高加工表面质量。精车可作为较高精度外圆的最终加工或作为精细加工的预加工。精车的加工精度可达IT8～IT6，表面粗糙度 Ra 可达 1.6～0.8μm。

3）精细车。精细车的特点是：背吃刀量和进给量取值极小，切削速度高达 150～2000m/min。精细车一般采用立方氮化硼（CBN）、金刚石等超硬材料刀具进行加工，所用机床也必须是主轴能作高速回转，并具有很高刚度的高精度或精密机床。精细车的加工精度及表面粗糙度与普通外圆磨削大体相当，加工精度可达IT6以上，表面粗糙度 Ra 可达 0.4～0.005μm。多用于磨削加工性不好的有色金属工件的精密加工，对于容易堵塞砂轮气孔的铝及铝合金等工件，精细车更为有效。在加工大型精密外圆表面时，精细车可以代替磨削加工。

（2）提高外圆表面车削生产效率的途径

车削是轴类、套类和盘类零件外圆表面加工的主要工序，也是这些零件加工耗费工时最多的工序。提高外圆表面车削生产效率的途径主要有：

1）采用高速切削。高速切削是通过提高切削速度来提高加工生产效率的。切削速度的提高除要求车床具有高转速外，主要受刀具材料的限制。

2）采用强力切削。强力切削是通过增大切削面积来提高生产效率的，其特点是对车刀切削刃进行改革，在刀尖处磨出一段副偏角为0、长度取为（1.2～1.5）f 的修光刃，在进给量提高几倍甚至十几倍的条件下进行切削时，加工表面粗糙度 Ra 仍能达到 5～2.5μm。强

力切削比高速切削的生产效率更高，适用于刚度比较好的轴类零件的粗加工。采用强力切削时，车床加工系统必须具有足够的刚性及功率。

3）采用多刀加工方法。多刀加工是通过减少刀架行程长度来提高生产效率的。

9.5.2　轴类零件工艺路线

（1）基本加工路线

外圆加工的方法很多，基本加工路线可归纳为四条。

1）粗车→半精车→精车。

对于一般常用材料，这是外圆表面加工采用的最主要的工艺路线。

2）粗车→半精车→粗磨→精磨。

对于黑色金属材料，精度要求高和表面粗糙度值要求较低、零件需要淬硬时，其后续工序只能用磨削而采用的加工路线。

3）粗车→半精车→精车→金刚石车。

对于有色金属，用磨削加工通常不易得到所要求的表面粗糙度，因为有色金属一般比较软，容易堵塞砂粒间的空隙，因此其最终工序多用精车和金刚石车。

4）粗车→半精→粗磨→精磨→光整加工。

对于黑色金属材料的淬硬零件，精度要求高和表面粗糙度值要求很小，常用此加工路线。

（2）典型加工工艺路线

轴类零件的主要加工表面是外圆表面，也还有常见的特形表面，因此针对各种精度等级和表面粗糙度要求，按经济精度选择加工方法。

对普通精度的轴类零件加工，其典型的工艺路线如下：

毛坯及其热处理→预加工→车削外圆→铣键槽→(花键槽、沟槽)→热处理→磨削→终检。

（3）轴类零件的预加工

轴类零件的预加工是指加工的准备工序，即车削外圆之前的工艺。

校直毛坯在制造、运输和保管过程中，常会发生弯曲变形，为保证加工余量的均匀及装夹可靠，一般冷态下在各种压力机或校直机上进行校直。

（4）轴类零件加工的定位基准和装夹

1）以工件的中心孔定位。在轴的加工中，零件各外圆表面，锥孔、螺纹表面的同轴度，端面对旋转轴线的垂直度是其相互位置精度的主要项目，这些表面的设计基准一般都是轴的中心线，若用两中心孔定位，符合基准重合的原则。中心孔不仅是车削时的定位基准，也是其他加工工序的定位基准和检验基准，又符合基准统一原则。当采用两中心孔定位时，还能够最大限度地在一次装夹中加工出多个外圆和端面。

2）以外圆和中心孔作为定位基准（一夹一顶)。用两中心孔定位虽然定心精度高，但刚性差，尤其是加工较重的工件时不够稳固，切削用量也不能太大。粗加工时，为了提高零件的刚度，可采用轴的外圆表面和一中心孔作为定位基准来加工。这种定位方法能承受较大的切削力矩，是轴类零件最常见的一种定位方法。

3）以两外圆表面作为定位基准。在加工空心轴的内孔时（例如机床上莫氏锥度的内孔加工)，不能采用中心孔作为定位基准，可用轴的两外圆表面作为定位基准。当工件是机床主轴时，常以两支撑轴颈（装配基准）为定位基准，可保证锥孔相对支撑轴颈的同轴度要求，消除基准不重合而引起的误差。

4）以带有中心孔的锥堵作为定位基准。在加工空心轴的外圆表面时，往往还采用带中心孔的锥堵或锥套心轴作为定位基准，如图 9-19 所示。

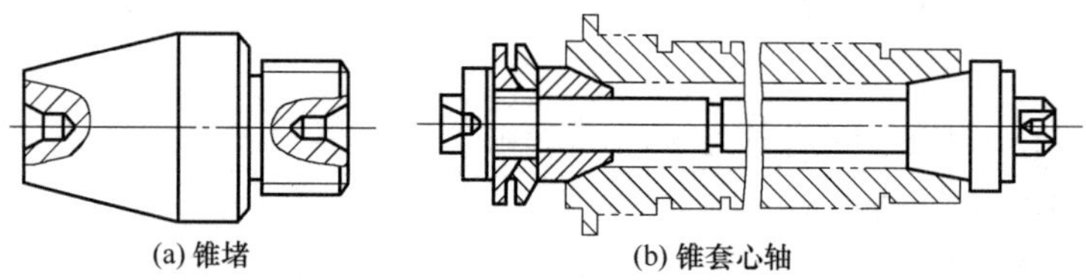

图 9-19 锥堵和锥套心轴

锥堵或锥套心轴应具有较高的精度，锥堵和锥套心轴上的中心孔即是其本身制造的定位基准，又是空心轴外圆精加工的基准。因此必须保证锥堵或锥套心轴上锥面与中心孔有较高的同轴度。在装夹中应尽量减少锥堵的安装次数，减少重复安装误差。实际生产中，锥堵安装后，中途加工一般不得拆下和更换，直至加工完毕。

9.5.3 椭圆凸轮轴类零件工艺路线的拟定

（1）第一次装夹

数控车床上夹持大端，找正，车削小端到尺寸，见图 9-20（b）。然后在数控车床上夹持小端，找正，车削外圆基准至 ϕ49mm 以及端面，见图 9-20（d）。

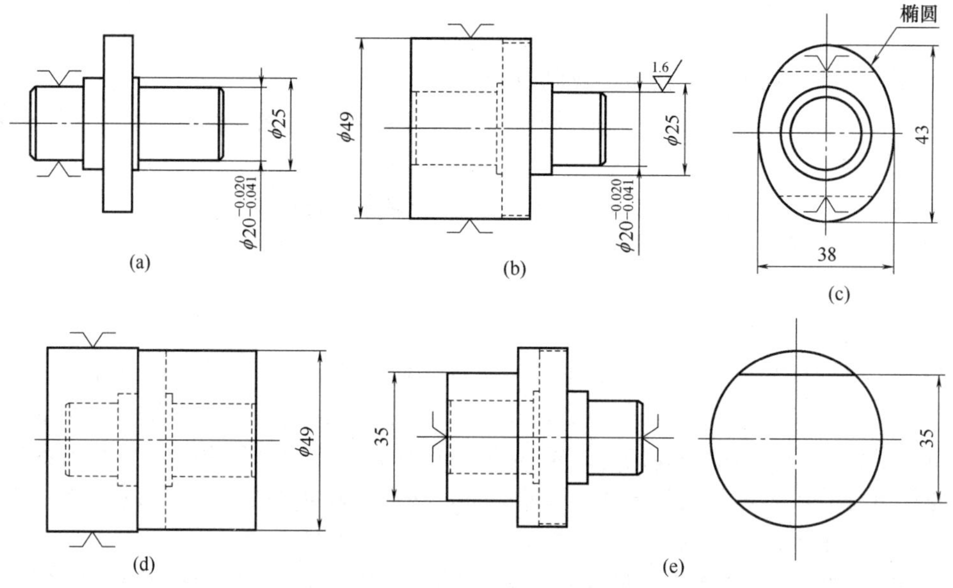

图 9-20 椭圆凸轮轴工艺过程图

（2）调头装夹

在数控铣床上夹持零件两端，分别铣削上下两平面，两平面之间的距离为 35mm，见图 9-20（e）。在数控铣床上夹持两平面，利用 $\phi20_{-0.04}^{-0.02}$mm 找正，铣削椭圆到尺寸，见图 9-20（c）。在数控车床上夹持小端，找正，车削大端到尺寸，见图 9-20（a）。最后去毛刺。

9.6　设计工序内容

9.6.1　椭圆凸轮轴类零件的刀具卡

根据椭圆凸轮轴零件，选择其加工刀具，填写刀具卡，如表 9-1 所示。

表 9-1　　椭圆凸轮轴刀具卡

（工序号）		工序刀具清单				
序号	刀具名称	刀具规格				备注（长度要求）
		型号	刀号	刀片规格标记	刀尖半径 R/mm	
1	95°外圆粗车刀	MCLNL2020K09	T01	CNMG090308-UM	0.8	
2	93°外圆精车刀	SVJCL1616K16-S	T02	VCMT160404-UM	0.4	
3	圆柱铣刀	ϕ120	T03			
	圆柱铣刀	ϕ16	T04			

设计		校对		审核		标准化		会签	
标记		处数		更改文件号					

9.6.2　椭圆凸轮轴类零件的工艺过程卡

根据椭圆凸轮轴零件，填写工艺过程卡，如表 9-2 所示。

9.6.3　填写椭圆凸轮轴类零件机械加工工序卡

根据椭圆凸轮轴零件，填写工序卡，如表 9-3 所示。

表 9-2　　椭圆凸轮轴工艺过程卡

材料	45 钢	毛坯种类	棒料	毛坯尺寸	ϕ50mm×60mm	加工设备
序号	工序名称	工作内容				
1	备料	ϕ50mm×60mm				锯床
2	热处理	正火				热处理车间
3	车工	数控车床上夹持大端，车削小端到尺寸，然后在数控车床上夹持小端，找正，车削外圆基准至 ϕ49mm 以及端面				C_2-6136HK
4	铣工	铣削上下两平面，两平面之间的距离为 35mm，然后在数控铣床上夹持两平面，利用 $\phi20_{-0.04}^{-0.02}$mm 找正，铣削椭圆到尺寸				KVC650
5	车工	在数控车床上夹持小端，找正，车削大端到尺寸				C_2-6136HK
6	钳工	去毛刺				手工
7	检验	按图纸要求检验				检验台
编制		审核		批准		共　页　第　页

表 9-3　　椭圆凸轮轴机械加工工序卡

全工序	机械工序卡	产品型号					
		产品名称		阶梯轴			
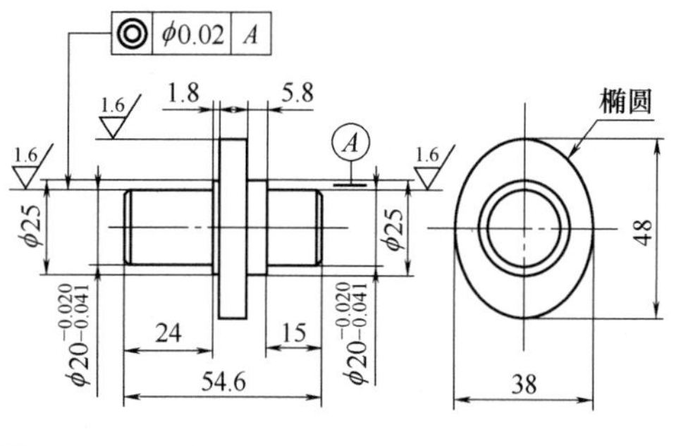		设备		夹具		量具	
		C_2-6136HK，KVC650		三爪卡盘 平口虎钳		千分尺 游标卡尺	
		程序号					
		准终工时		单件工时			工序工时
工步号	工步内容	切削参数				冷却方式	刀号
		v_c	n	a_p	F		
	检查毛坯尺寸						
10	夹毛坯任一端，车右端面	100	800	1	120	水冷	T1
15	粗车外圆 $\phi20_{-0.04}^{-0.02}$mm，ϕ25mm，留精加工余量 0.5mm	180	1000	2	200	水冷	T1
20	精车外圆 $\phi20_{-0.04}^{-0.02}$mm，ϕ25mm，至图纸要求尺寸，倒角	200	1500	0.1	150	水冷	T2
25	调头装夹另一端，保证总长，车削外圆基准至 ϕ49mm	200	1500	1	150	水冷	T3
30	铣削上下两平面，两平面之间的距离为 35mm	120	1800	1	120	水冷	T1
35	找正外圆 $\phi20_{-0.04}^{-0.02}$mm，铣削椭圆到尺寸	120	1800	1	120	水冷	T1

续表

工步号	工步内容	切削参数				冷却方式	刀号
		v_c	n	a_p	F		
40	数控车床上夹持小端，找正，粗车大端尺寸 $\phi 20_{-0.04}^{-0.02}$，ϕ25mm，留精加工余量 0.5mm	200	1500	0.1	200	水冷	T2
45	精车大端尺寸至 $\phi 20_{-0.04}^{-0.02}$，ϕ25mm	80	300	2	50	水冷	T3
50	去毛刺，检验，入库						

设计		校对		审核		标准化		会签	
标记		处数		更改文件号					

9.7　考核评价小结

（1）形成性考核评价（30%）

形成性考核评价由教师考勤、学生课堂表现等进行考核评价。

表 9-4　椭圆凸轮轴形成性考核评价表

小组	成员	考勤	课堂表现	汇报人	补充发言 自由发言
1					
2					
3					

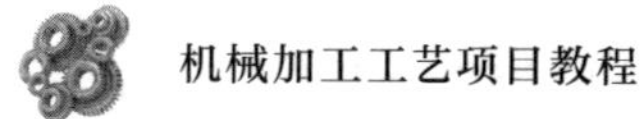

(2) 椭圆凸轮轴工艺设计考核评价 (70%)

表 9-5　　椭圆凸轮轴工艺设计考核评价表

序号	项目名称			自评	互评	教评	得分
	评价项目	扣分标准	配分	(15%)	(20%)	(65%)	
1	定位基准的选择	不合理,扣 5~10 分	10				
2	确定装夹方案	不合理,扣 5 分	5				
3	拟定工艺路线	不合理,扣 10~20 分	20				
4	确定加工余量	不合理,扣 5~10 分	10				
5	确定工序尺寸	不合理,扣 5~10 分	10				
6	确定切削用量	不合理,扣 1~5 分	10				
7	机床夹具的选择	不合理,扣 5 分	5				
8	刀具的确定	不合理,扣 5 分	5				
9	工序图的绘制	不合理,扣 5~10 分	10				
10	工艺文件内容	不合理,扣 5~10 分	15				
互评小组		指导教师		项目得分			
备　注				合　计			

拓展练习

完成图 9-21 所示零件的加工工艺编制。

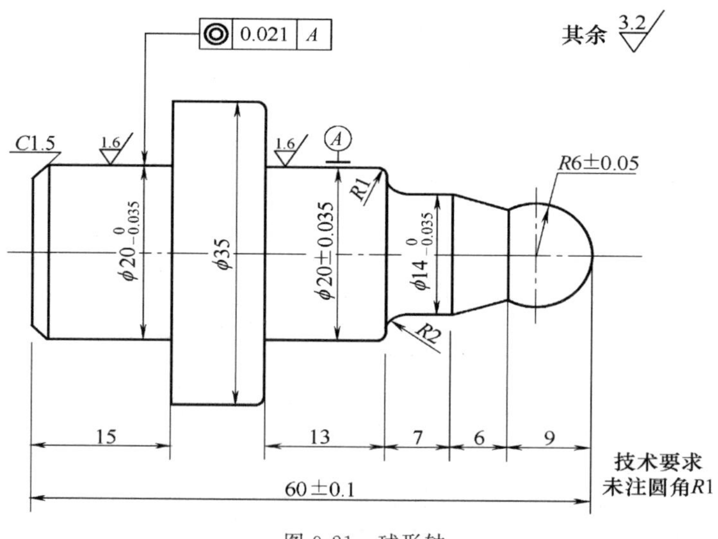

图 9-21　球形轴

项目 10　普通螺纹丝杠零件加工工艺

【项目概述】

普通螺纹丝杠是一种精度很高的零件，如图 10-1 所示。它能精确地确定工作台坐标位置，将旋转运动转换成直线运动，而且还要传递一定的动力，所以在精度、强度及耐磨性等方面都有很高的要求。所以，普通螺纹丝杠的加工从毛坯到成品的每道工序都要周密考虑，以提高其加工精度。通过对其加工工艺的设计，把普通螺纹丝杠的车削加工基础知识融入其中，使学生掌握车外径、车螺纹以及车键槽的基本方法。本项目通过对普通螺纹丝杠加工的讲解，使学生掌握金属切削刀具的基础知识，掌握切削运动与切削要素相关知识，掌握车削刀具及材料。

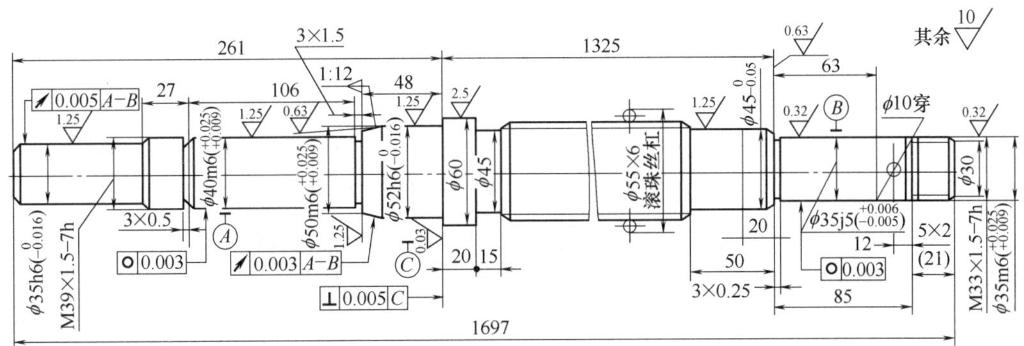

螺纹牙型放大

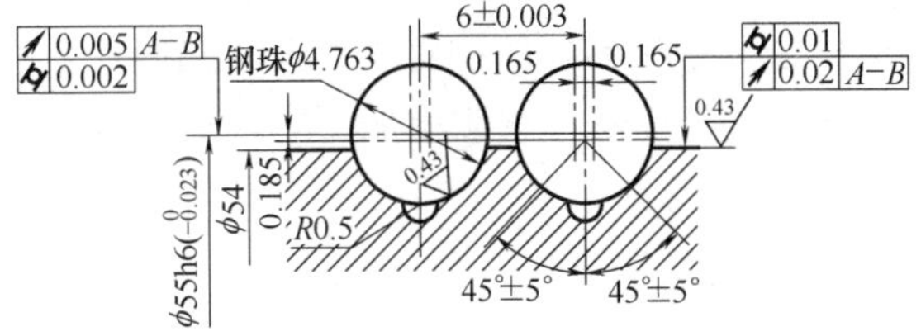

图 10-1　普通螺纹丝杠图

技术条件：1. 锥度 1∶12 部分，用量规作涂色检查，接触长度大于 80%。

2. 调质硬度为 HBS250，除 M39×1.5—7h 和 M33×1.5—7h 螺纹和 ϕ60mm 外圆外，其余均高频淬硬 HRC60。

3. 滚珠丝杠的螺距累计误差（mm）：0.006/25、0.009/100、0.016/300、0.018/600、0.022/900、0.03/全长。

4. 材料：9Mn2V。

【教学目标】

1. 能力目标

通过对普通螺纹丝杠的加工工艺设计，使学生能运用车削普通螺纹丝杠加工的相关知识，根据车工职业规范，完成普通螺纹丝杠的车削加工，并初步具备操作车床完成零件加工的岗位能力。

2. 知识目标

（1）认识切削运动与切削要素。

（2）知道金属切削加工基本过程。

（3）了解刀具切削部分的几何参数。

（4）掌握金属切削的基本理论。

（5）了解刀具分类、刀具材料相关知识。

（6）了解刀具发展。

【任务描述】

机床丝杠按其摩擦特性可分为三类：滑动丝杠、滚动丝杠及静压丝杠。由于滑动丝杠结构简单，制造方便，所以在机床上应用比较广泛。滑动丝杠的牙形多为梯形。这种牙形具有传动性能好、精度高、加工方便等优点。滚动丝杠又分为滚珠丝杠和滚柱丝杠两大类。滚珠丝杠与滚柱丝杠相比而言摩擦力小，传动效率高，精度也高，因而比较常用，但是其制造工艺比较复杂。静压丝杠有许多优点，常被用于精密机床和数控机床的进给机构中，其螺纹牙形与标准梯形螺纹牙形相同，但牙形高于同规格标准螺纹 1.5～2 倍，目的在于获得较好的油封及提高承载能力。但是它调整比较麻烦，而且需要一套液压系统，工艺复杂，成本较高。

丝杠是细而长的柔性轴，它的长径比往往很大，一般都在 20～50，刚度很差。加上其结构形状比较复杂，既要求很高的螺纹表面，又有阶梯及沟槽，因此，在加工过程中，很容易产生变形。这是丝杠加工中影响精度的一个主要问题。本项目将针对典型普通螺纹丝杠完成如下任务：①分析普通螺纹丝杠的加工要求及工艺性；②分析普通螺纹丝杠的加工方法、定位基准和装夹方法；③了解金属切削加工的基本过程。

【任务实施】

10.1 零件工艺分析

10.1.1 丝杠结构的工艺特点

图 10-1 所示的丝杠长径比约为 30，刚性较差。它的结构形状复杂，不仅有很高的螺纹表面要求，同时还有阶梯、沟槽，所以这种丝杠在加工过程中极易出现变形，出现直线度、圆柱度等加工误差，不易达到图样上要求的形位精度和表面质量等技术要求。

10.1.2 精度等级

该丝杠属于中等精度长丝杠，尺寸精度、形状位置精度和表面粗糙度均要求不高，因此丝杠各部尺寸及梯形螺纹均可在普通设备上加工完成，当批量较小时，可用精车代替磨削工序完成，但应保证车削外圆螺纹的同轴度。

10.1.3 丝杠材料的选择

丝杠材料的选择是保证丝杠质量的关键，一般要求是：

① 具有优良的加工性能，磨削时不易产生裂纹，能得到良好的表面光洁度和较小的残余内应力，对刀具磨损作用较小。

② 抗拉极限强度一般不低于 588MPa。

③ 有良好的热处理工艺性，淬透性好，不易淬裂，组织均匀，热处理变形小，能获得较高的硬度，从而保证丝杠的耐磨性和尺寸的稳定性。

④ 材料硬度均匀，金相组织符合标准。常用的材料有：不淬硬丝杠常用 T10A、T12A 及 45 等；淬硬丝杠常选用 9Mn2V、CrWMn 等。其中 9Mn2V 有较好的工艺性和稳定性，但淬透性差，常用于直径≤50mm 的精密丝杠；CrWMn 钢的优点是热处理后变形小，适用于制作高精度零件，但其容易开裂，磨削工艺性差。丝杠的硬度越高越耐磨，但制造时不易磨削。

综合考虑，该丝杠材料选用 GCr15 钢。GCr15 钢是普通螺纹丝杠的常用材料，经过淬火加低温回火后具有较高的硬度、均匀的组织、良好的耐磨性、高的接触疲劳性能等。

10.2 确定定位方案

基面的选择是工艺规程设计的重要工作之一，基面选择得正确与合理，可以使加工质量得以保证，生产率得以提高。否则，加工工艺过程中会问题百出，甚至会造成零件的大批报废，使生产无法正常运行。

10.2.1 粗基准的选择

对于图 10-1 所示零件而言，在选择粗基准时，主要考虑两个问题：一是保证加工面与不加工面之间的相互位置精度要求；二是合理分配各加工面的加工余量。按照粗基准的选择原则，本零件应该选用丝杠的右端面作为粗基准，采用丝杠的右端面作为粗基准加工左端面，接着以左端面为基准加工右端面，可以为后续的工序准备好基准。

10.2.2 精基准的选择

根据图 10-1 中零件的技术要求和装配要求，选择设计基准为丝杠的左端面和丝杠中心轴线作为精基准，符合“基准重合”原则。同时，零件上的很多表面都可以采用该组表面作为精基准，又遵循了“基准统一”原则。丝杠中心轴线是设计基准，有利于避免被加工零件由于基准不重合而引起的误差。另外，为了避免在机械加工中产生夹紧变形，选用丝杠左端面作为精基准，夹紧稳定可靠。

10.3 确定装夹方案

10.3.1 车床夹具的类型

车床主要用于加工零件的内、外圆柱面、圆锥面、回转成型面、螺纹以及端平面等。根据加工特点和夹具在机床上安装的位置，将车床夹具分为两种基本类型。

(1) 安装在车床主轴上的夹具

这类夹具，加工时夹具随机床主轴一起旋转，切削刀具作进给运动。

(2) 安装在滑板或床身上的夹具

对于某些形状不规则和尺寸较大的工件，常常把夹具安装在车床滑板上，刀具则安装在车床主轴上作旋转运动，夹具作进给运动。

10.3.2 车床专用夹具的典型结构

(1) 心轴类车床夹具

心轴类车床夹具多用于工件以内孔作为定位基准，加工外圆柱面的情况。常见的车床心轴有圆柱心轴、弹簧心轴、顶尖式心轴等。

(2) 角铁式车床夹具

角铁式车床夹具的结构特点是具有类似角铁的夹具体。它常用于加工壳体、支座，接头类零件上的圆柱面及端面。当被加工工件的主要定位基准是平面，被加工面的轴线对主要基准面保持一定的位置关系（平行或成一定的角度）时，相应地夹具上的平面定位件设在与车床主轴轴线相平行或成一定角度的位置上。

(3) 花盘式车床夹具

花盘式车床夹具的夹具体为圆盘形。在花盘式夹具上加工的工件一般形状都较为复杂，多数情况是工件的定位基准为圆柱面和与其垂直的端面。夹具上的平面定位件与车床主轴的轴线相垂直。

(4) 安装在拖板上的车床夹具

通过机床改装（拆去刀架、小拖板）使其固定在大拖板上，工件直线运动，刀具则转动。这种方式扩大了车床的用途，以车代镗，解决了大尺寸工件无法安装在主轴上或转速难以提高的问题。

10.3.3 车床夹具设计

(1) 定位装置的设计要求

在车床上加工回转面时，要求工件被加工面的轴线与车床主轴的旋转轴线重合，夹具上定位装置的结构和布置必须保证这一点。因此，对于轴套类和盘类工件，要求夹具定位元件工作表面的对称中心线与夹具的回转轴线重合。对于壳体、接头或支座等工件，被加工的回转面轴线与工序基准之间有尺寸联系或相互位置精度要求时，应以夹具轴线为基准确定定位元件工作表面的位置。

(2) 夹紧装置的设计要求

在车削过程中，由于工件和夹具随主轴旋转，除工件受切削扭矩的作用外，整个夹具还受到离心力的作用。此外，工件定位基准的位置相对于切削力和重力的方向是变化的。因此，夹紧机构必须产生足够的夹紧力，自锁性能要可靠。对于角铁式夹具，还应注意施力方式，防止引起夹具变形。

（3）夹具与机床主轴的连接

车床夹具与机床主轴的连接精度对夹具的回转精度有决定性的影响。因此，要求夹具的回转轴线与主轴轴线应具有尽可能高的同轴度。心轴类车床夹具以莫氏锥柄与机床主轴锥孔配合连接，用螺杆拉紧。根据径向尺寸的大小，其他专用夹具在机床主轴上的安装连接一般有两种方式：①对于径向尺寸 $D<140$mm 或 $D<(2\sim3)d$ 的小型夹具，一般用锥柄安装在车床主轴的锥孔（直径 d）中，并用螺杆拉紧，这种连接方式定心精度较高。②对于径向尺寸较大的夹具，一般通过过渡盘与车床主轴头端连接。过渡盘的使用，使夹具省去了与特定机床的连接部分，从而增加了通用性，即通过同规格的过渡盘可用于别的机床。同时也便于用百分表在夹具校正环或定位面上找正的办法来减少其安装误差。因而在设计圆盘式车床夹具时，就应对定位面与校正面间的同轴度以及定位面对安装平面的垂直度误差提出严格要求。

（4）总体结构设计要求

车床夹具一般是在悬臂的状态下工作，为保证加工的稳定性，夹具的结构应力求紧凑、轻便，悬伸长度要短，使重心尽可能靠近主轴。由于加工时夹具随同主轴旋转，如果夹具的总体结构不平衡，则在离心力的作用下将造成振动，影响工件的加工精度和表面粗糙度，加剧机床主轴和轴承的磨损。因此，车床夹具除了控制悬伸长度外，结构上还应基本平衡。角铁式车床夹具的定位装置及其他元件总是安装在主轴轴线的一边，不平衡现象最严重，所以在确定其结构时，特别要注意对它进行平衡。平衡的方法有两种：设置配重块或加工减重孔。为保证安全，夹具上的各种元件一般不允许凸出夹具体圆形轮廓之外。此外，还应注意切屑缠绕和切削液飞溅等问题，必要时应设置防护罩。

（5）车床夹具的安装误差

夹具的安装误差值与下列因素有关：

1）夹具定位元件与本体安装基面的相互位置误差。

2）夹具安装基面本身的制造误差以及与安装面的连接误差。

对于心轴，夹具的安装误差就是心轴工作表面轴线与中心孔或者心轴锥柄轴线间的同轴度误差。

对于其他车床专用夹具，一般使用过渡盘与主轴轴颈连接。当过渡盘是与夹具分离的机床附件时，产生夹具安装误差的因素是：定位元件与夹具体止口轴线间的同轴度误差，或者相互位置尺寸误差；夹具体止口与过渡盘凸缘间的配合间隙，过渡盘定位孔与主轴轴颈间的配合间隙。

10.3.4　丝杠装夹方案的确定

针对图 10-1 所示零件所设计的夹具为车床夹具，其设计目的为实现铣外圆 $\phi22$ 上的键槽。加工时需要限制五个自由度，只有轴向转动不用限制，并以 $\phi22$ 外圆和左端面为定位基准，所以选择夹紧机构方法如下：

① 夹紧方式为手动加紧，采用压块与螺杆螺母配合夹紧。

② 用两 V 形块和挡板实现定位。定位分析如下：两 V 形块限制 y、z 轴方向上的移动和转动，挡板限制 x 轴方向上的移动。

10.4 拟定工艺路线

10.4.1 普通螺纹丝杠工艺路线

工艺路线方案一：毛坯（热处理)→车端面打中心孔→外圆粗加工→校直→重打中心孔（修正)→外圆半精加工→加工螺纹→校直、低温时效→修正中心孔→外圆、螺纹精加工。

工艺路线方案二：锻造（弯曲度不超过 5mm)→球面退火→校直→车端面打中心孔→车外圆→粗车梯形螺纹槽→半精车外圆→粗磨外圆→粗车螺纹→半精磨外圆→精车螺纹→研磨外圆→终磨外圆。

10.4.2 工艺方案的比较与分析

（1）丝杠的校直及热处理

丝杠工艺除毛坯工序外，在粗加工及半精加工阶段，都安排了校直及热处理工序。校直的目的是为了减少工件的弯曲度，使机械加工余量均匀。时效热处理以消除工件的残余应力，保证工件加工精度的稳定性。一般情况下，需安排两次。一次是校直，它安排在毛坯成形以后，还有一次是校直及低温时效，安排在外圆精加工之前。

（2）定位基准面的加工

丝杠两端的中心孔是定位基准面，在安排工艺路线时，应首先将它加工出来，中心孔的精度对加工质量有很大影响，丝杠多选用带有 120°保护锥的中心孔。此外，在热处理后，最后精车螺纹以前，还应适当修整中心孔以保持其精度。丝杠加工的定位基准面除中心孔外，还要用丝杠外圆表面作为辅助基准面，以便在加工中采用跟刀架，增加刚度。

（3）螺纹的粗、精加工

粗车螺纹工序一般安排在半精车外圆以后。不淬硬丝杠一般采用车削工艺，经多次加工，逐渐减少切削力和内应力；对于淬硬丝杠，则采用“先车后磨”或“全磨”两种不同的工艺。后者是从淬硬后的光杠上直接用单线或多线砂轮粗磨出螺纹，然后用单线砂轮精磨螺纹。

（4）重钻中心孔

工件热处理后，会产生变形。若仍然采用原中心孔定位进行外圆加工，其外圆面会增加加工误差，为降低其加工误差，可采用重钻中心孔的方法。在重钻中心孔之前，先找出工件上径向圆跳动最大值的一半的两点，以这两点作为定位基准面，用车端面的方法切去原来的中心孔，重新钻中心孔。

该丝杠的加工工艺过程严格按照工序划分阶段的原则，将整个工艺过程分为五个阶段：准备和预先热处理阶段、粗加工阶段、半精加工阶段、精加工阶段、终加工阶段。为了消除残余应力，整个工艺过程安排了消除残余应力的热处理，并严格规定机械加工和热

处理后不准冷校直，以防止产生残余应力。为了消除加工过程中的变形，每次加工后工件应垂直吊放，并保留加工余量，经过多道工序逐步消除加工过程中引起的变形。所以选择方案一为最佳方案。

丝杠加工过程中，中心孔是定位基准，但由于丝杠是柔性件，刚性很差，极易产生变形，出现直线度、圆柱度等加工误差，不易达到图样上的形位精度和表面质量等技术要求，加工时还须增加辅助支撑。将外圆表面与跟刀架相接触，防止因切削力造成的工件弯曲变形。同时，为了确保定位基准的精度，在工艺过程中先后安排了三次加工中心孔工序。由于丝杠螺纹是关键部位，为防止因淬火应力集中所引起的裂纹和避免螺纹在全长上的变形而使磨削余量不均等弊病，螺纹加工采用"全磨"的加工方法，即在热处理后直接采用磨削螺纹工艺，以确保螺纹的加工精度。

10.5 设计工序内容

10.5.1 普通螺纹丝杠机械加工工艺过程卡

表 10-1 丝杠机械加工工艺过程卡

工序号	工序名称	工序内容	工艺装备
1	备料	热轧圆钢 ϕ35mm×337mm	
2	热处理	球化退火	
3	车	车削试样，车削后应保证零件总长为 334mm	车床 CA620
4	磨	在平面磨床上磨试样两平面(磨出即可)，表面粗糙度为 Ra1.25μm	平面磨床 M820
5	检验	检验试样，待试样合格后方可转入下道工序	
6	热处理	调质，校直	
7	粗车	粗车外圆，均保留加工余量 5mm	车床 CA620
8	热处理	时效处理，除应力，要求全长弯曲小于 1.5mm	
9	车	①车端面取总长 331mm，修正两端面中心孔 ②车外圆，车 ϕ28e8 外圆，留余量 0.5～0.6mm，车 ϕ20 外圆及 ϕ21.5×10 的槽完成倒角 ③车螺纹 Tr28×5-LH-7H 中径，留余量 0.3～0.4mm ④车倒角，螺纹处圆跳动为 0.16mm，其余为 0.02mm	车床 CA620
10	粗磨	粗磨螺纹大径，磨其他各外圆，均留磨量 1.1～1.2μm	万能磨床 M1432A
11	热处理	中温回火，冰冷处理，全长弯度小于 0.05mm	
12	检验	检验硬度，磁性探伤，去磁	
13	研	研磨两端中心孔，表面粗糙度 Ra 为 0.63μm；	
14	粗磨	磨外圆，磨螺纹大经，均留磨量为 0.65～0.75μm，磨出左端垂直度为 0.02mm 以及外圆表面粗糙度为 1.25μm	万能磨床 M1432A
15	半精磨	半精磨螺纹，留精磨余量(使用三针测量仪)，齿形用样板透光检查	丝杠磨床 S7432

续表

工序号	工序名称	工序内容	工艺装备
16	热处理	低温回火，消除磨削应力，要求全长弯曲小于 0.10mm，不得冷校直	
17	研	修研两端中心孔，表面粗糙度 Ra 为 0.32μm	车床 CA6140
18	半精磨	磨 ϕ28e8 以及 ϕ25f7 和 ϕ22k6 外圆至图样要求，要求圆跳动小于 0.02mm，磨其余外圆以及端面	万能磨床 M1432A
19	精磨	精磨梯形螺纹 Tr28×5-LH-7H 至图样要求，齿间锥度为 15°±20°，齿形按样板透光检查	丝杠磨床 S7432
20	终磨	终磨各外圆至图样要求，并涂防锈油	万能外圆磨床 M1432A
21	入库	入库	

10.5.2 填写普通螺纹丝杠机械加工工序卡

表 10-2　　普通螺纹丝杠机械加工工序卡

全工序	机械工序卡	产品型号	
		产品名称	普通螺纹丝杠

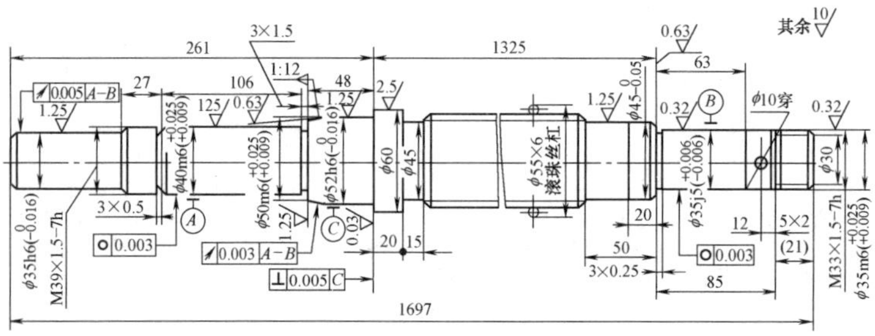	设备	夹具	量具
	CA620	三爪卡盘	千分尺、游标卡尺
	程序号		
	准终工时	单件工时	工序工时

工步号	工步内容	切削参数				冷却方式	刀号
		v_c	n	a_p	F		
5	检查毛坯尺寸						
10	车一端面见平后掉头车另一端面，保证总长 334mm	180	1000	1	300	水冷	180
15	粗车外圆，均保留加工余量 5mm	180	1000	1	300	水冷	180
20	车端面取总长 331mm，修正两端面中心孔	180	1000	1	300	水冷	180
25	车外圆，车 ϕ28e8 外圆，留余量 0.5～0.6mm，车 ϕ20 外圆及 ϕ21.5×10 的槽完成倒角	180	1000	1	300	水冷	180
30	车螺纹 Tr28 × 5-LH-7H 中径，留余量 0.3～0.4mm						
35	车倒角，螺纹处圆跳动为 0.16mm，其余为 0.02mm						
40	修研两端中心孔，表面粗糙度 Ra 为 0.32μm						
45	检验，入库						

设计		校对		审核		标准化		会签	
标记		处数		更改文件号					

10.5.3　普通螺纹丝杠刀具卡

表 10-3　　丝杠刀具卡

(工序号)		工序刀具清单		共 1 页　第 1 页		
序号	刀具名称	刀具规格				备注(长度要求)
		型号	刀号	刀片规格标记	刀尖半径 R/mm	
1	95°外圆粗车刀	MCLNL2020K09	T01	CNMG090308-UM	0.8	
2	93°外圆精车刀	SVJCL1616K16-S	T02	VCMT160404-UM	0.4	
3	螺纹刀	SER1616H116T	T03	16ER1.5		

设计		校对		审核		标准化		会签	
标记		处数		更改文件号					

10.6　考核评价小结

(1) 形成性考核评价 (30%)

形成性考核评价由教师根据学生考勤和课堂表现给出，见表 10-4。

表 10-4　　普通螺纹丝杠形成性考核评价表

小组	成员	考勤	课堂表现	汇报人	补充发言 自由发言
1					
2					
3					

（2）普通螺纹丝杠工艺设计考核评价（70%）

工艺设计考核评价由学生自评、学生互评、教师评价组成，见表10-5。

表 10-5　普通螺纹丝杠工艺设计考核评价表

序号	项目名称		配分	自评（15%）	互评（20%）	教评（65%）	得分
	评价项目	扣分标准					
1	定位基准的选择	不合理，扣5～10分	10				
2	确定装夹方案	不合理，扣5分	5				
3	拟定工艺路线	不合理，扣10～20分	20				
4	确定加工余量	不合理，扣5～10分	10				
5	确定工序尺寸	不合理，扣5～10分	10				
6	确定切削用量	不合理，扣1～5分	10				
7	机床夹具的选择	不合理，扣5分	5				
8	刀具的确定	不合理，扣5分	5				
9	工序图的绘制	不合理，扣5～10分	10				
10	工艺文件内容	不合理，扣5～10分	15				
互评小组		指导教师		项目得分			
备　注				合　计			

拓展练习

试根据如图10-2所示编制螺纹轴零件的工艺规程，材料为40Cr，大批量生产。

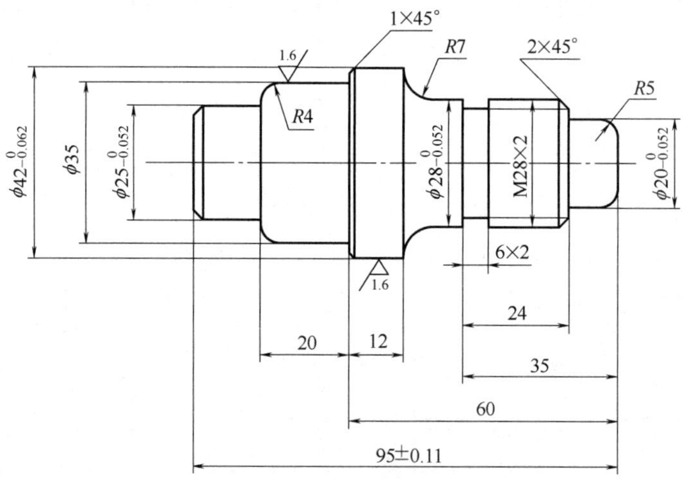

图10-2　螺纹轴零件

项目 11　盘套零件加工工艺

【项目概述】

盘套类零件在机器中主要起支承、连接和导向作用。盘类零件主要由端面、外圆、内孔等组成，一般零件直径大于零件的轴向尺寸，如图 11-1 所示。套类零件主要由有较高同轴要求的内外圆表面组成，零件的壁厚较小，易产生变形，轴向尺寸一般大于外圆直径，如图 11-2 所示。本项目介绍典型盘套类零件的加工工艺设计过程，使学生掌握工件定位的基本原理，掌握工件定位基准、定位元件和夹具的选用以及定位误差的分析，掌握典型盘套类零件的加工工艺设计方法。

图 11-1　刹车盘

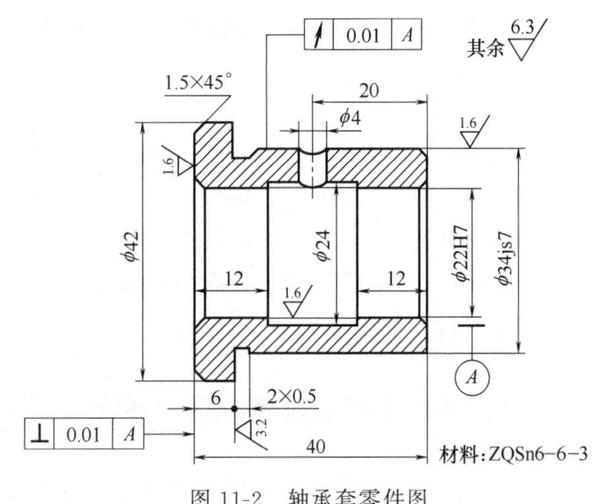

图 11-2　轴承套零件图

【教学目标】

1. 能力目标

通过典型盘套类零件的加工工艺设计分析，学生能运用车盘套类零件加工的相关知识，完成典型盘套类零件的加工工艺分析、定位基准的确定和加工工艺路线的拟定，并初步具备进行盘套类零件的加工工艺设计能力。

2. 知识目标

（1）了解基准的概念及分类。

（2）了解工件定位的概念和要求。

（3）掌握六点定位原理。

（4）掌握常用定位元件、夹具的使用和选择。

（5）了解定位误差的分析方法。

（6）掌握典型盘套类零件的加工工艺设计方法。

【任务描述】

盘套类零件是机械中最常见的一种零件，它们的应用很广泛，如齿轮、带轮、法兰盘、端盖、套环、滑动轴承、夹具体中的导向套、液压系统中的液压缸以及内燃机上的气缸套等。由于盘套类零件的功用不同，其结构和尺寸也有很大的差异，但结构上有共同特点。所以，本项目将针对典型盘套类零件完成如下任务：①分析盘套类零件的加工要求及工艺性；②分析盘套类零件的加工方法、定位基准和装夹方法；③合理确定连接套零件的加工工艺规程。

【任务实施】

11.1 零件工艺分析

如图 11-2 所示，该零件为轴承套，主要起支承和导向作用，其结构简单，主要由端面、外圆柱面和内孔等组成，有径向圆跳动公差 0.01mm 和垂直度公差 0.01mm 的要求。

11.1.1 零件材料

由图 11-2 可知，该零件选用材料是 ZQSn6-6-3，棒料，具有较高的强度，良好的抗滑动摩擦性，优良的切削性能和良好的焊接性能，在大气、淡水中有良好的耐腐蚀性能，主要用于制造航空、汽车及其他工业部门中承受摩擦的零件，如汽缸活塞销衬套、轴承和衬套的内衬、副连杆衬套、圆盘和垫圈等。

11.1.2 零件的加工技术要求

① ϕ34js7 外圆表面粗糙度要求是 $Ra1.6\mu m$，对 ϕ22H7 孔的径向圆跳动公差为 0.01mm。

② ϕ42 左、右端面表面粗糙度要求分别是 $Ra1.6\mu m$ 和 $Ra3.2\mu m$，对 ϕ22H7 孔轴线的垂直度公差为 0.01mm。

③ ϕ22H7 孔表面粗糙度为 $Ra1.6\mu m$，且其轴线对 ϕ42 端面的垂直度公差为 0.01mm，与 ϕ34js7 外圆有位置度要求。

④ 工件上的其他加工面和孔，表面粗糙度要求均为 $Ra6.3\mu m$。

11.2 预备基础知识

11.2.1 工艺规程制定的基本原则和步骤

（1）制定工艺规程的原则

制定工艺规程的总体原则是优质、高产、低消耗，即在保证产品质量的前提下，尽可能提高生产率和降低成本。同时，还应在充分利用本企业现有生产条件的基础上，尽可能采用国内外先进工艺技术和检测技术，在规定的生产批量下采用最经济并能取得最好经济

效益的加工方法，此外还应保证工人具有良好而安全的劳动条件。

（2）制定工艺规程的原始资料

① 产品装配图、零件图以及产品验收的质量标准。

② 零件的生产纲领及投产批量、生产类型。

③ 毛坯和半成品的资料、毛坯制造方法、生产能力及供货状态等。

④ 现场的生产条件，包括工艺装备及专用设备的制造能力、规格性能、工人技术水平及各种工艺资料和相应标准等。

⑤ 国内外同类产品的有关工艺资料等。

（3）制定工艺规程的步骤

制定工艺规程的主要步骤如下：

① 计算零件生产纲领，确定生产类型。

② 图样分析，主要进行零件技术要求分析和结构工艺性分析。

③ 选择毛坯，确定毛坯制造方法。

④ 拟定工艺路线，选择表面加工方法，划分加工阶段，安排加工顺序等。

⑤ 确定各工序所用机床及工艺装备。

⑥ 确定各工序的加工余量及工序尺寸。

⑦ 确定各工序的切削用量和工时定额。

⑧ 填写工艺文件，即填写工艺过程卡、工艺卡、工序卡等。

11.2.2　机械零件的结构工艺性分析评价

（1）零件表面组成

零件的结构千差万别，但都是由一些基本表面和特形表面所组成。基本表面主要有内外圆柱面、平面等；特形表面主要指成型表面。

（2）零件表面组合情况分析

对于零件结构分析的另一方面是分析零件表面的组合情况和尺寸大小。组合情况和尺寸大小的不同，形成了各种零件在结构特点和加工方案选择上的差别。在机械制造业中，通常按零件结构特点和工艺过程的相似性，将零件大体上分为轴类、箱体类、盘套类等。

（3）零件的结构工艺性分析

零件的结构工艺性是指零件的结构在保证使用要求的前提下，是否能以较高的生产率和最低的成本而方便地制造出来的特性。许多功能相同而结构不同的零件，它们的加工方法与制造成本往往差别很大，所以应仔细分析零件的结构工艺性。

（4）典型实例

表 11-1 列出了常见零件机械加工工艺性对比的示例。

表 11-1　零件机械加工工艺性对比

序号	工艺性不合理	工艺性合理	说　明
1			键槽的尺寸、方位相同，可在一次装夹中加工出全部键槽，以提高生产效率

续表

序号	工艺性不合理	工艺性合理	说　　明
2	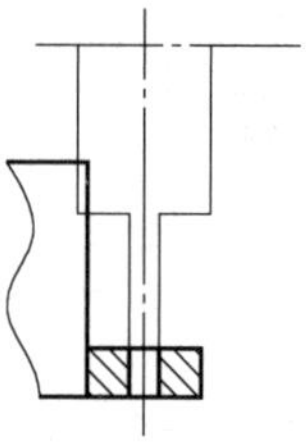	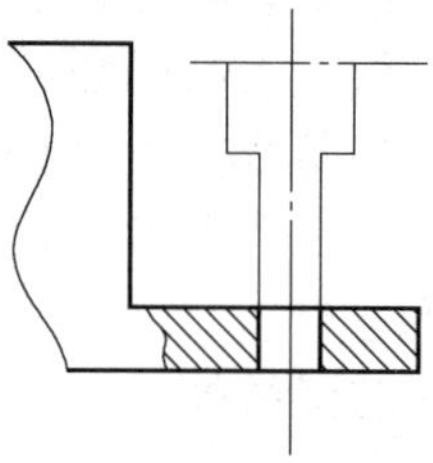	孔中心与箱体壁之间尺寸太小，无法引进刀具
3	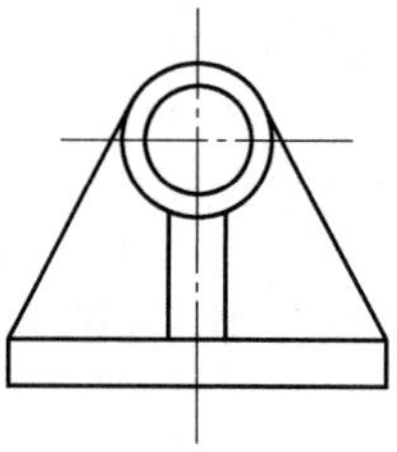	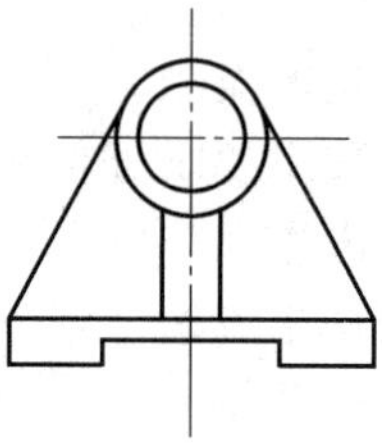	减小接触面积，减少加工量，提高稳定性
4	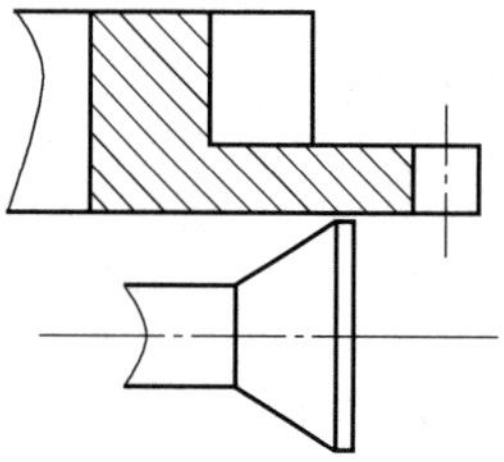	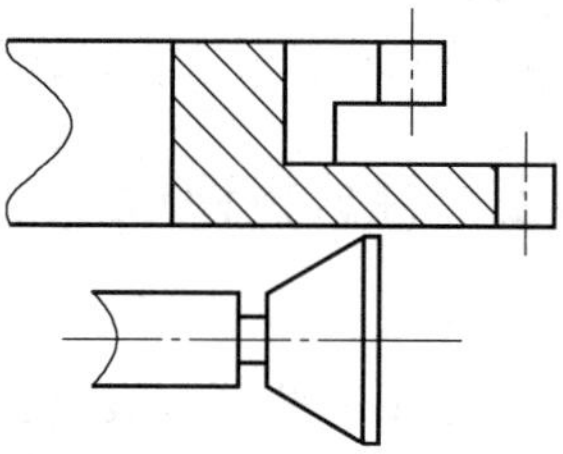	应设计退刀槽，减少刀具或砂轮的磨损
5	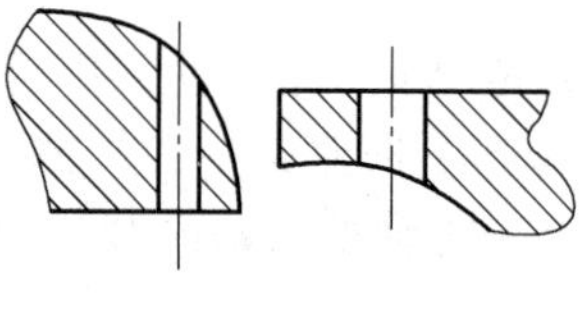	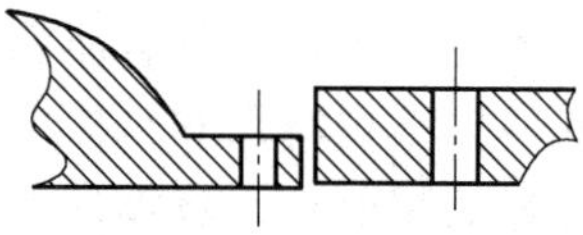	在有弧度表面钻孔，钻头容易引偏或折断
6	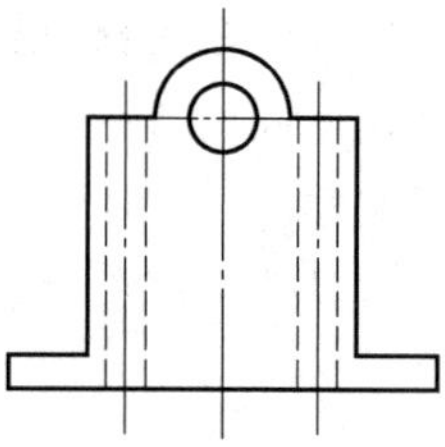	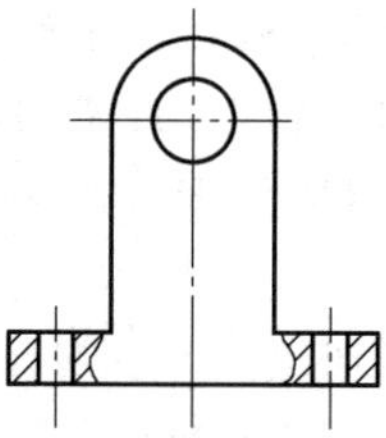	避免深孔加工，提高连接强度，节约材料，减少加工量
7	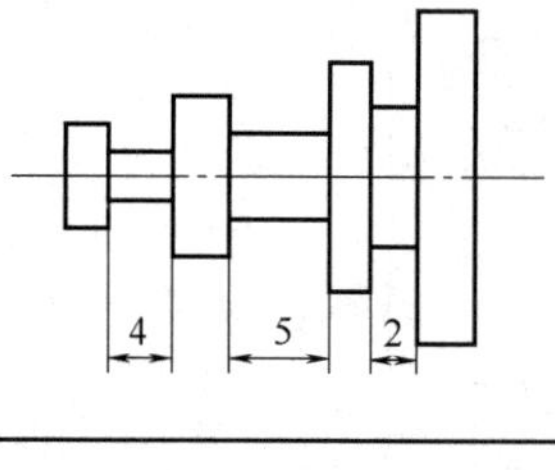	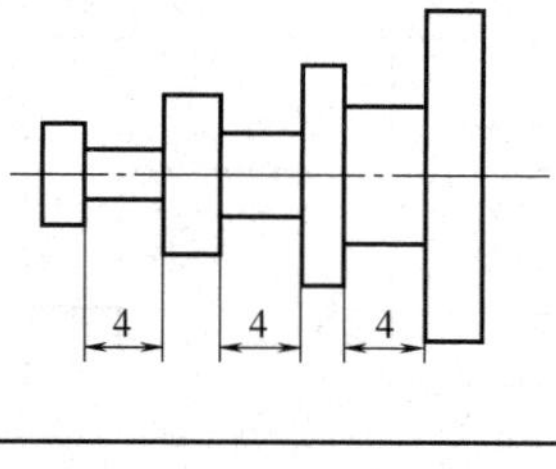	为减少刀具种类和换刀时间，应设计为相同的宽度

续表

序号	工艺性不合理	工艺性合理	说　　明
8			为便于加工，槽的底面不应与其他加工面重合
9			为便于加工，内螺纹根部应有退刀槽
10			为便于一次加工，提高生产效率，凸台表面应处于同一水平面

11.2.3　零件毛坯的选择与确定

（1）毛坯类型

机械制造中常用的毛坯有以下几种：

① 铸件。形状复杂的毛坯宜采用铸造方法制造。目前生产中的铸件大多数是用砂型铸造的，少数尺寸较小的优质铸件可采用特种铸造，如金属型铸造、离心铸造、熔模铸造和压力铸造等。

② 锻件。锻件有自由锻和模锻两种。自由锻件的加工余量大，锻件精度低，生产率不高，要求工人的技术水平较高，适用于单件小批生产。模锻件的加工余量小，锻件精度高，生产率高，但成本也高，适用于大批大量生产且小型锻件。

③ 型材下料件。型材下料件是指从各种不同截面形状的热轧和冷拉型材上切下的毛坯件，如角钢、工字钢、槽钢、圆棒料、钢管、塑钢等。热轧型材的精度较低，适用于一般零件的毛坯。冷拉型材的精度较高，多用于毛坯精度要求较高的中小型零件和自动机床上加工零件的毛坯。型材下料件的表面一般不再加工，但需注意其规格。

④ 焊接件。焊接件是用焊接的方法将同种材料或不同种材料焊接在一起，从而获得的毛坯，如焊条电弧焊、氩弧焊、气焊等。焊接方法特别适宜实现大型毛坯、结构复杂毛坯的制造。

焊接的优点是生产周期短、效率高、成本低，但缺点是焊接变形比较大。

（2）毛坯选择的方法

在进行毛坯选择时，应考虑下列因素：

① 零件材料的工艺性。零件材料的工艺性是指材料的铸造、锻造、切削性和热处理性能等以及零件对材料组织和力学性能的要求，例如材料为铸铁或青铜的零件，应选择铸件毛坯。

② 零件的结构形状与外形尺寸。一般用途的阶梯轴，如台阶直径相差不大，单件生产时可用棒料；若台阶直径相差较大，则宜用锻件，以节约材料和减少机械加工量。大型零件毛坯受设备条件限制，一般只能用自由锻件或砂型铸造件；中小型零件根据需要可选用模锻件或特种铸造件。

③ 生产类型。大批大量生产时，应选择毛坯精度和生产率均高的先进毛坯制造方法，使毛坯的形状、尺寸尽量接近零件的形状、尺寸，以节约材料、减少机械加工量，由此而节约的费用往往会超出毛坯制造所增加的费用，以获得良好的经济效益。单件小批生产时，若采用先进的毛坯制造方法，则所节约的材料和机械加工成本，相对于毛坯制造所增加的设备和专用工艺装备费用就得不偿失了，故应选择毛坯精度和生产率均比较低的一般毛坯制造方法，如自由锻和手工砂型铸造等方法。

④ 生产条件。选择毛坯时，应考虑现有生产条件，如现有毛坯的制造水平和设备情况、外协的可能性等。在可能时，应尽量组织外协，实现毛坯制造的社会专业化生产，以获得好的经济效益。

⑤ 充分考虑利用新技术、新工艺和新材料。随着毛坯制造专业化生产的发展，目前毛坯制造方面的新工艺、新技术和新材料的应用越来越多，精铸、精锻、冷轧、冷挤压、粉末冶金和工程塑料的应用日益广泛，这些方法可以大大减少机械加工量，节约材料并有十分显著的经济效益。

（3）毛坯选择实例

① 为使工件安装稳定，有些铸件毛坯需要铸出工艺搭子。工艺搭子在零件加工后应切除。

② 为提高机械加工生产率，对于一些类似图 11-3 所示须经锻造的小零件，常将若干零件先锻造成一件毛坯，经加工之后再切割分离成单个零件。

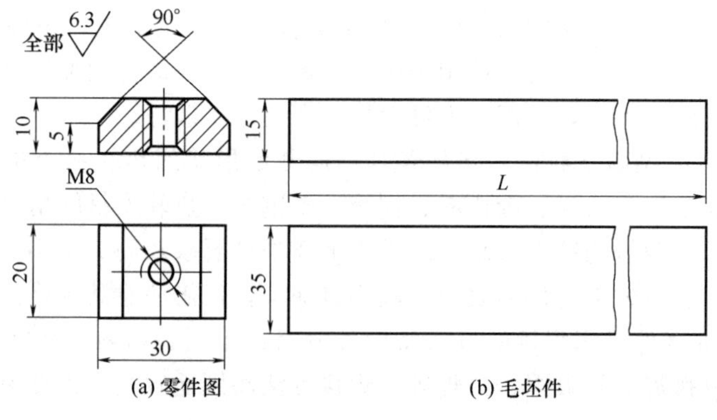

图 11-3　滑键的零件图及毛坯图

③ 对于一些垫圈类较小零件，应将多件合成一个毛坯，先加工外圆和切槽，然后再钻孔切割成若干个零件，如图 11-4 所示。

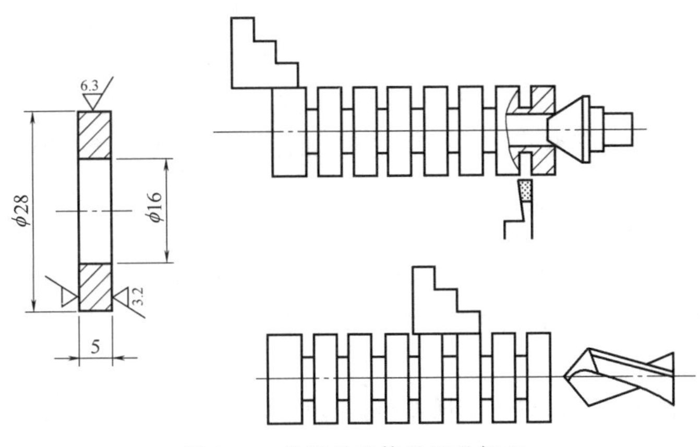

图 11-4　垫圈的整体毛坯及加工

11.2.4　基准与工件定位

制定机械加工规程时，定位基准的选择是否合理，将直接影响零件加工表面的尺寸精度和相互位置精度。同时对加工顺序的安排也有重要影响。定位基准选择不同，工艺过程也将随之而异。

（1）基准的概念及其分类

所谓基准是用来确定生产对象上几何要素间的几何关系所依据的那些点、线、面。基准根据功用不同可分为设计基准和工艺基准两大类。

1）设计基准。所谓设计基准是指设计图样上采用的基准。图 11-5（a）所示的钻套轴线 O-O 是各外圆表面及内孔的设计基准；端面 A 是端面 B、C 的设计基准；内孔表面 D 的轴心线是 ϕ40h6 外圆表面的径向跳动和端面 B 的端面跳动的设计基准。同样，图 11-5（b）中的 F 面是 C 面和 E 面的设计基准，也是两孔垂直度和 C 面平行度的设计基准；A 面为 B 面的距离尺寸及平行度设计基准。

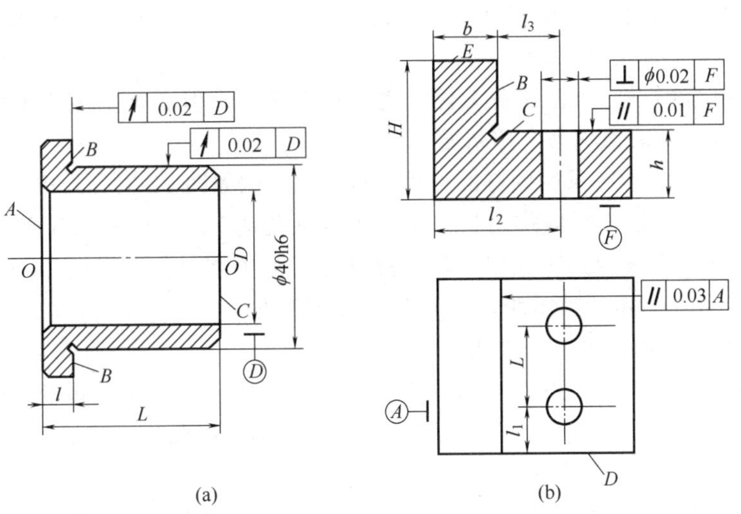

图 11-5　基准分析

作为设计基准的点、线、面在工件上有时不一定具体存在，例如表面的几何中心、对称线、对称面等，而常常由某些具体表面来体现，这些具体表面称为基面。

2）工艺基准。所谓工艺基准是在机械加工工艺过程中用来确定本工序的加工表面加工后尺寸、形状、位置的基准。工艺基准按不同的用途可分为工序基准、定位基准、测量基准和装配基准。

① 工序基准。在工序图上用来确定本工序的加工表面加工后的尺寸、形状、位置的基准，称为工序基准。如图 11-6（a）所示，A 为加工面，母线至 A 面的距离 h 为工序尺寸，位置要求 A 面和 B 面的平行度（没有标出则包括在 h 的尺寸公差内），所以母线为本工序的工序基准。

有时确定一个表面就需要数个工序基准。如图 11-6（b）所示，孔为加工表面，要求其中心线与 A 面垂直，并与 B 面及 C 面保持距离 L_1、L_2，因此表面 A、B 和 C 均为本工序的工序基准。

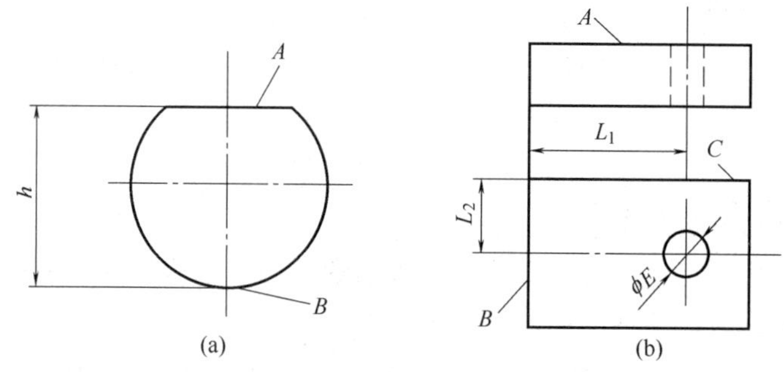

图 11-6　工序基准与工序尺寸

② 定位基准。在加工中用作定位的基准称为定位基准。例如，将图 11-5（a）所示的零件的内孔套在心轴上加工 ϕ40h6 外圆时，内孔中心线即为定位基准。加工一个表面时，往往需要数个定位基准同时使用。如图 11-6（b）所示的零件，加工孔时，为保证对 A 面的垂直度，要用 A 面作为定位基准；为保证 L_1、L_2 的距离尺寸，用 B 面、C 面作为定位基准。

作为定位基准的点、线、面在工件上也不一定存在，但必须由相应的实际表面来体现。这些实际存在的表面称为定位基面。

③ 测量基准。测量时采用的基准称为测量基准。例如图 11-5（a）中，以内孔套在心轴上去检验 ϕ40h6 外圆的径向跳动和端面 B 的端面跳动，内孔中心线为测量基准。

④ 装配基准。装配时用来确定零件或部件在产品中相对位置时所用的基准称为装配基准。图 11-5（b）所示的支承块，底面 F 为装配基准。

（2）工件定位的概念及定位要求

1）工件定位的概念。机床、夹具、刀具和工件组成了一个工艺系统。工件加工面的相互位置精度是由工艺系统间的正确位置关系来保证的。因此加工前，应首先确定工件在工艺系统中的正确位置，即是工件的定位。

而工件是由许多点、线、面组成的一个复杂的空间几何体。当考虑工件在工艺系统中占据一正确位置时，是否将工件上的所有点、线、面都列入考虑范围内呢？显然是不必要

的。在实际加工中，进行工件定位时，只要考虑作为设计基准的点、线、面是否在工艺系统中占有正确的位置。所以工件定位的本质，是使加工面的设计基准在工艺系统中占据一个正确位置。

工件定位时，由于工艺系统在静态下的误差，会使工件加工面的设计基准在工艺系统中的位置发生变化，影响工件加工面与其设计基准的相互位置精度，但只要这个变动值在允许的误差范围以内，即可认定工件在工艺系统中已占据了一个正确的位置，即工件已正确定位。

2）工件定位的要求。工件定位的目的是为了保证工件加工面与加工面的设计基准之间的位置公差（如同轴度、平行度、垂直度等）和距离尺寸精度。工件加工面的设计基准与机床的正确位置是工件加工面与加工面的设计基准之间位置公差的保证；工件加工面的设计基准与刀具的正确位置是工件加工面与加工面的设计基准之间距离尺寸精度的保证。所以工件定位时有以下两点要求：一是使工件加工面的设计基准与机床保持一正确的位置；二是使工件加工面的设计基准与刀具保持一正确的位置。下面分别从这两方面进行说明：

① 为了保证加工面与其设计基准间的位置公差（同轴度、平行度、垂直度等），工件定位时应使加工表面的设计基准相对于机床占据一正确的位置。

如图 11-5（a）所示零件，为了保证外圆表面 ϕ40h6 的径向圆跳动要求，工件定位时必须使其设计基准（内孔轴线 O-O）与机床主轴回转轴线 O-O 重合，如图 11-7（a）所示。对于图 11-5（b）所示零件，为了保证加工面 B 与其设计基准 A 的平行度要求，工件定位时必须使设计基准 A 与机床工作台的纵向直线运动方向平行，如图 11-7（b）所示。孔加工时为了保证孔与其设计基准（底面 F）的垂直度要求，工件定位时必须使设计基准 F 面与机床主轴轴心线垂直，见图 11-7（c）。

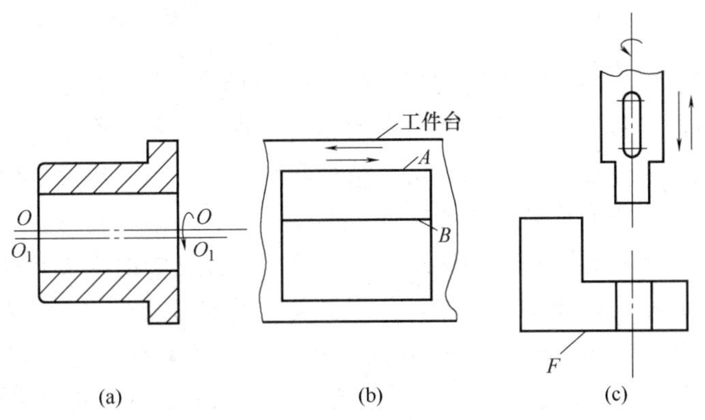

图 11-7　工件定位的正确位置示例

② 为了保证加工面与其设计基准间的距离尺寸精度，工件定位时，应使加工面的设计基准相对于刀具有一正确的位置。

表面间距离尺寸精度的获得通常有两种方法：试切法和调整法。

试切法是通过试切—测量加工尺寸—调整刀具位置—试切的反复过程来获得距离尺寸精度的。由于这种方法是在加工过程中，通过多次试切才能获得距离尺寸精度，所以加工前工件相对于刀具的位置可不必确定。试切法多用于单件小批生产中。

调整法是一种加工前按规定的尺寸调整好刀具与工件相对位置及进给行程，从而保证在加工时自动获得所需距离尺寸精度的加工方法。这种加工方法在加工时不再试切，生产率高，其加工精度决定于机床、夹具的精度和调整误差，用于大批量生产。

(3) 工件定位的方法

1) 直接找正法定位。直接找正法定位是利用百分表、划针或目测等方法在机床上直接找正工件加工面的设计基准使其获得正确位置的定位方法。如图 11-8 所示，零件在磨床上磨削内孔，若零件的外圆与内孔有很高的同轴度要求，此时可用四爪单调卡盘装夹工件，并在加工前用百分表等控制外圆的径向圆跳动，从而保证加工后零件外圆与内孔的同轴度要求。

这种方法的定位精度和找正的快慢取决于找正工人的水平，一般来说，此法比较费时，多用于单件小批生产或要求位置精度特别高的工件。

2) 划线找正法定位。划线找正法定位是在机床上使用划针按毛坯或半成品上待加工处预先划出的线段找正工件，使其获得正确的位置的定位方法，如图 11-9 所示。此法受划线精度和找正精度的限制，定位精度不高。主要用于批量小、毛坯精度低及大型零件等不便于使用夹具进行加工的粗加工。

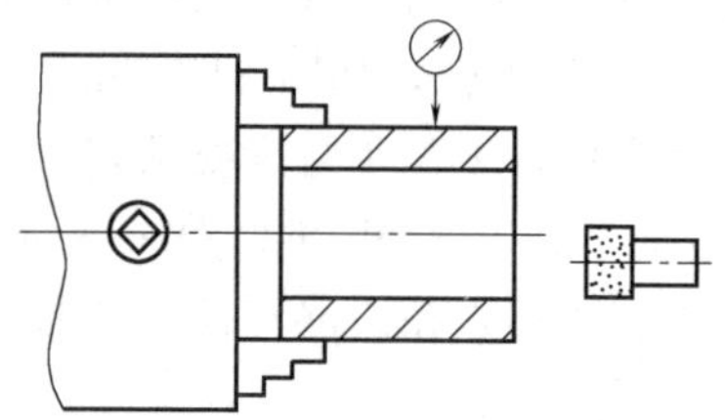

图 11-8 直接找正法示例

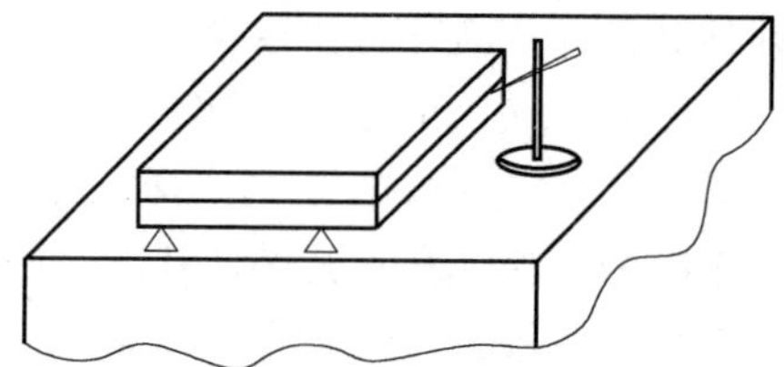

图 11-9 划线找正法示例

3) 使用夹具定位。夹具定位即直接利用夹具上的定位元件使工件获得正确位置的定位方法。由于夹具的定位元件与机床和刀具的相对位置均已预先调整好，故工件定位时不必再逐个调整。此法定位迅速、可靠，定位精度较高，广泛用于成批生产和大量生产中。

(4) 机床夹具的工作原理

图 11-10 所示为套筒钻孔所用的夹具。钻孔时，应首先借助于夹具体 1 的底面 A_1 及钻套 2 的内孔实现钻模在机床上的定位，并用机床上的定位螺栓夹紧在机床工作台面上；然后工件以孔基准 S_1 和端面 S_2 为定位基准放在心轴 3 的表面上定位，并借助于快换垫片 4，用螺母 5 夹紧工件；最后将刀具插入钻套 2 的导向套孔便可进行钻削加工。

如此，同一批工件在夹具中便可取得确定位置。显然本工序所要求的与基准直接联系的距离尺寸 $L_1 \pm \Delta L_1$（单位为 mm）及位置公差 ϕZ（单位为 mm）主要是靠夹具来保证的。

综合上述分析可知：欲保证工件加工面的位置精度要求，工艺系统各环节之间必须保证如下的正确几何关系：①使工件与夹具具有确定的相互位置；②使机床与夹具具有确定的相互位置；③使刀具与夹具具有确定的距离尺寸联系。

所以，机床夹具是能使同一批工件在加工前迅速进行装夹并使工件相对于机床、刀具

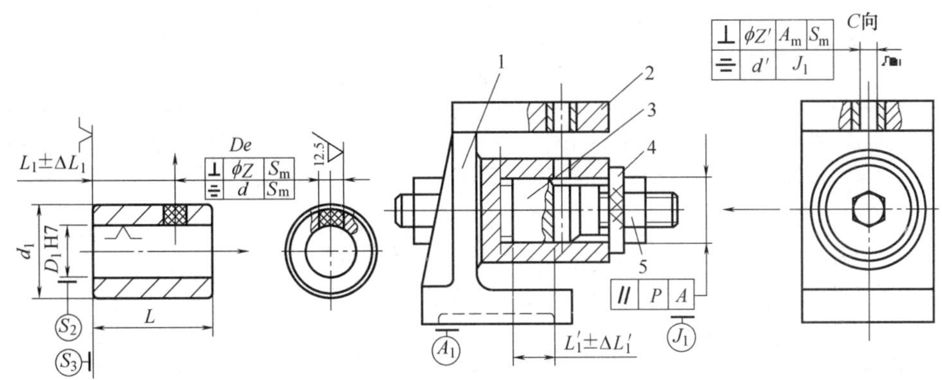

图 11-10　钻模夹具的工作原理

1—夹具体　2—钻套　3—心轴　4—快换垫片　5—螺母

具有确定位置且在整个加工过程中保持上述位置关系的一种工艺装备。

11.2.5　六点定位常用的定位元件

(1) 对定位元件的基本要求

① 限位基面应有足够的精度。定位元件具有足够的精度，才能保证工件的定位精度。

② 限位基面应有较好的耐磨性。由于定位元件的工作表面经常与工件接触和摩擦，容易磨损，为此要求定位元件限位表面的耐磨性要好，以保持夹具的使用寿命和定位精度。

③ 支承元件应有足够的强度和刚度。定位元件在加工过程中，受工件重力、夹紧力和切削力的作用，因此要求定位元件应有足够的刚度和强度，避免使用中变形和损坏。

④ 定位元件应有较好的工艺性。定位元件应力求结构简单、合理，便于制造、装配和更换。

⑤ 定位元件应便于清除切屑。定位元件的结构和工作表面形状应有利于清除切屑，以防切屑嵌入夹具内影响加工和定位精度。

(2) 常用定位元件所能限制的自由度

常用定位元件可按工件典型定位基准面分为以下几类：

① 用于平面定位的定位元件包括固定支承（支承钉和支承板）、自位支承、可调支承和辅助支承。

② 用于外圆柱面定位的定位元件包括 V 形架、定位套和半圆定位座等。

③ 用于孔定位的定位元件包括定位销（圆柱定位销和圆锥定位销）、圆柱心轴和小锥度心轴。

常用定位元件所能限制的自由度见表 11-2。

11.2.6　定位误差分析

六点定位解决了消除工件自由度的问题，即解决了工件在夹具中位置“定与不定”的问题。但是，由于一批工件逐个在夹具中定位时，各个工件所占据的位置不完全一致，即出现工件位置定得“准与不准”的问题。如果工件在夹具中所占据的位置不准确，加工后各工件的加工尺寸必然大小不一，形成误差。这种只与工件定位有关的误差称为定位误差，用 ΔD 表示。

表 11-2　　常用定位元件所能限制的自由度

工件定位基图	定位元件	定位简图	定位元件特点	限制的自由度
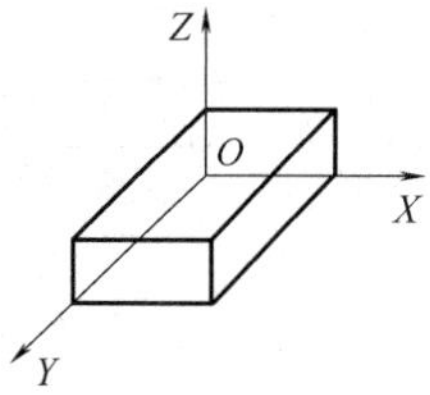 Z, O, X, Y	支承钉	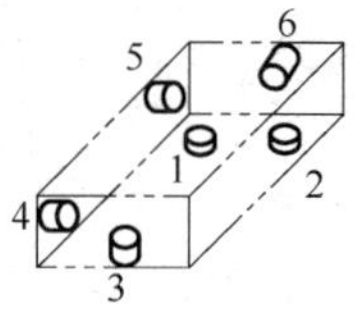 1, 2, 3, 4, 5, 6	—	1,2,3——$\vec{Z}$,$\widehat{X}$,$\widehat{Y}$ 4,5——$\vec{X}$,$\widehat{Z}$ 6——$\vec{Y}$
	支承板	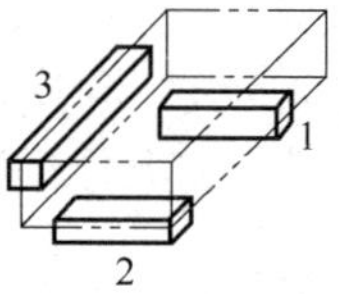 1, 2, 3	—	1,2——$\vec{Z}$,$\widehat{X}$,$\widehat{Y}$ 3——$\vec{X}$,$\widehat{Z}$
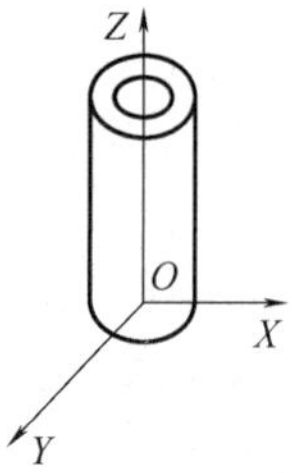 Z, O, X, Y	定位销 （心轴）	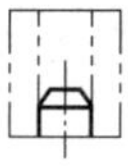	短销 （短心轴）	$\vec{X}$,$\vec{Y}$
		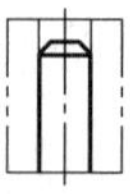	长销 （长心轴）	$\vec{X}$,$\vec{Y}$ $\widehat{X}$,$\widehat{Y}$
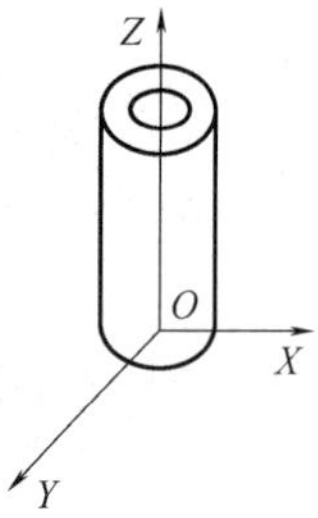 Z, O, X, Y	锥销	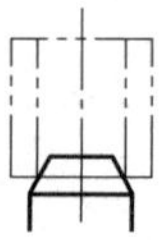	—	$\vec{X}$,$\vec{Y}$,$\vec{Z}$
		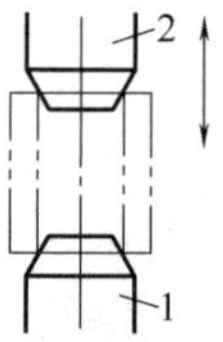 2, 1	1—固定销 2—活动销	$\vec{X}$,$\vec{Y}$,$\vec{Z}$ $\widehat{X}$、$\widehat{Y}$
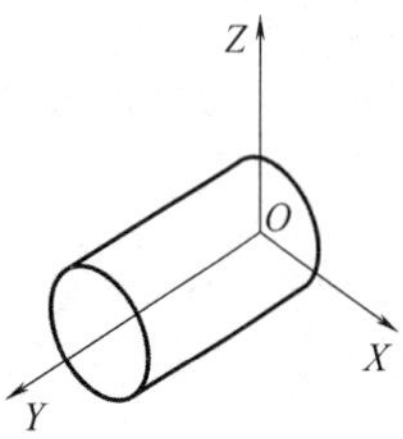 Z, O, X, Y	定位套	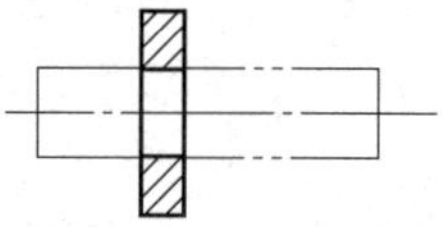	短套	$\vec{X}$,$\vec{Z}$
		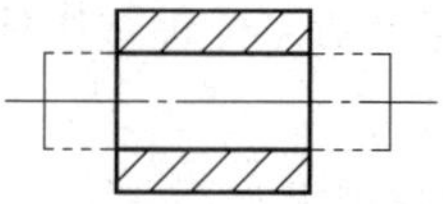	长套	$\vec{X}$,$\vec{Z}$ $\widehat{X}$,$\widehat{Z}$
	半圆套	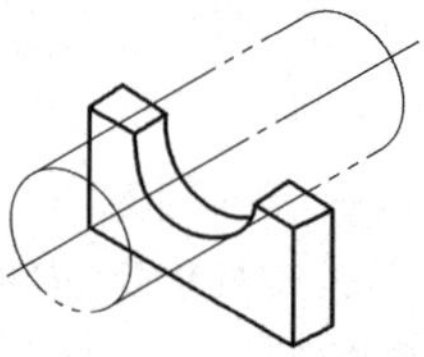	短半圆套	$\vec{X}$,$\vec{Z}$
			$\vec{X}$,$\vec{Z}$ $\widehat{X}$,$\widehat{Z}$	

续表

工件定位基图	定位元件	定位简图	定位元件特点	限制的自由度
	镶套		—	$\vec{X},\vec{Y},\vec{Z}$
	镶套	1 2	1—固定锥套 2—活动锥套	$\vec{X},\vec{Y},\vec{Z}$ $\widehat{X},\widehat{Z}$
Z O X Y	支承板或支承钉		短支承板或支承钉	$\vec{Z}$
	支承板或支承钉		长支承板或两个支承钉	$\vec{Z},\widehat{X}$
	V 形块		窄 V 形块	$\vec{X},\vec{Z}$
	V 形块		宽 V 形块	$\vec{X},\vec{Z}$ $\widehat{X},\widehat{Z}$

在工件的加工过程中，产生误差的因素很多，定位误差仅是加工误差的一部分，为了保证加工精度，一般限定定位误差不超过工件加工公差 T 的 1/5～1/3，即

$$\Delta D \leqslant (1/5 \sim 1/3)T \tag{11-1}$$

式中　ΔD——定位误差（mm）；

　　T——工件的加工误差（mm）。

（1）定位误差产生的原因

工件逐个在夹具中定位时，各个工件的位置不一致的原因主要是基准不重合，而基准不重合又分为两种情况：一是定位基准与限位基准不重合，产生的基准位移误差；二是定位基准与工序基准不重合，产生的基准不重合误差。

① 基准位移误差 ΔY。由于定位副的制造误差或定位副配合间所导致的定位基准在加工尺寸方向上最大位置变动量，称为基准位移误差，用 ΔY 表示。不同的定位方式，基准位移误差的计算方式也不同。

如图 11-11（a）所示，工件以内孔中心 O 为定位基准，套在心轴上，铣上平面，工

序尺寸为 $H_{0}^{+\Delta H}$。从定位角度看，孔心线与轴心线重合，即设计基准与定位基准重合，$\Delta Y=0$。实际上，定位心轴和工件内孔都有制造误差，而且为了便于工件套在心轴上，还应留有间隙，如图 11-11（b）所示。故安装后孔和轴的中心必然不重合，使得两个基准发生位置变动，此时基准位移误差：$\Delta Y=(\Delta D+\Delta d)/2$。

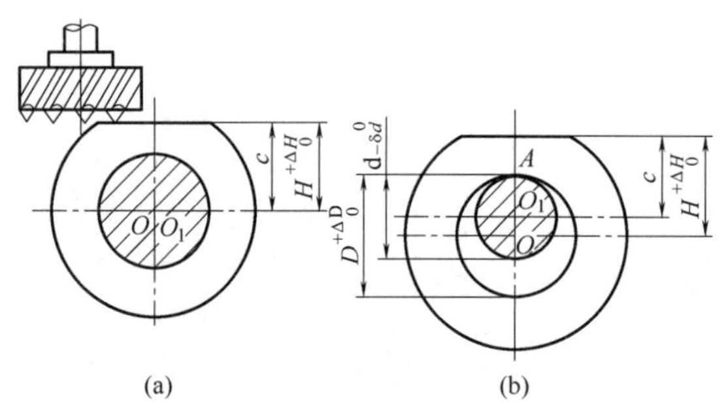

图 11-11 基准位移误差分析示例

② 基准不重合误差 ΔB。由于工序基准与定位基准不重合所导致的工序基准在加工尺寸方向上的最大位置变动量，称为基准不重合误差，用 ΔB 表示。如图 11-12 所示，加工台阶面 1 时定位基准为底面 3，而设计基准为顶面 2，即基准不重合。即使本工序刀具以底面为基准调整得绝对准确，且无其他加工误差，仍会由于上一工序加工后顶面 2 在 $H\pm\Delta H$ 范围内变动，导致加工尺寸 $A\pm\Delta A$ 变为 $A\pm\Delta A\pm\Delta H$，其误差为 $2\Delta H$，即基准不重合误差 $\Delta B=2\Delta H$。

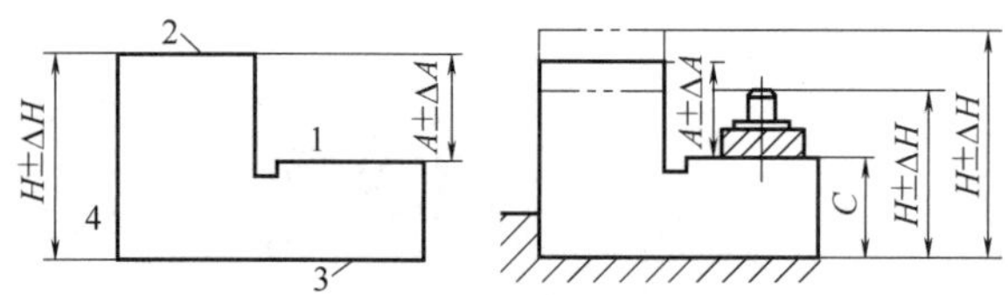

图 11-12 基准不重合误差分析示例

（2）定位误差的计算

计算定位误差时，可以分别求出基准位移误差和基准不重合误差，再求出它们在加工尺寸方向上的矢量和；也可以按最不利情况，确定工序基准的两个极限位置，根据几何关系求出这两个位置的距离，将其投影到加工方向上，求出定位误差。

① $\Delta B=0$、$\Delta Y\neq0$ 时，产生定位误差的原因是基准位移误差，即

$$\Delta D=\Delta Y \tag{11-2}$$

② $\Delta B\neq0$、$\Delta Y=0$ 时，产生定位误差的原因是基准不重合误差 ΔB，即

$$\Delta D=\Delta B \tag{11-3}$$

③ $\Delta B\neq0$、$\Delta Y\neq0$ 时，若造成定位误差的原因是相互独立的因素时（δd、δD、δi 等），应将两项误差相加，即

$$\Delta D=\Delta B+\Delta Y \tag{11-4}$$

若造成定位误差的原因是不相互独立的因素时，则应进行合成，即

$$\Delta D=\Delta B\pm\Delta Y \tag{11-5}$$

特别注意：ΔB 与 ΔY 的变动方向相同时，取“+”号；变动方向相反时，取“−”号。

综上所述，工件在夹具上定位时，因定位基准发生位移、定位基准与工序基准不重合产生定位误差。基准位移误差和基准不重合误差分别独立、互不相干，它们都使工序基准位置产生变动。定位误差包括基准位移误差和基准不重合误差。当无基准位移误差时，

$\Delta Y=0$；当定位基准与工序基准重合时，$\Delta B=0$；若两项误差都没有，则 $\Delta D=0$。分析和计算定位误差的目的，是为了对定位方案能否保证加工要求，有一个明确的定量概念，以便对不同定位方案进行分析比较，同时也是在决定定位方案时的一个重要依据。

11.2.7　工艺路线的拟定

（1）表面加工方法的选择

零件上各种典型表面都有多种加工方法（车、铣、刨、磨、镗、钻等），但每种加工方法所能达到的加工精度和表面粗糙度相差较大。在拟定零件机械加工工艺路线时，表面加工方法的选择应根据零件各表面所要求的加工精度和表面粗糙度，应尽可能选择与经济加工精度和表面粗糙度相适应的加工方法。

1）经济加工精度。所谓经济加工精度（简称经济精度），是指在正常生产条件下（采用符合质量标准的设备、工艺装备和标准技术等级的工人，不延长加工时间），采用某种加工方法所能达到的加工精度。各种加工方法都有一个经济加工精度和表面粗糙度的范围。选择表面加工方法时，应使工件的加工要求与之相适应。

2）选择表面加工方法应考虑的主要因素。在选择表面加工方法时，除应保证加工表面的加工精度和表面粗糙度外，还应综合考虑如下因素：

① 工件材料的性质。加工方法的选择常要受到工件材料性质的限制。例如淬火钢的精加工要用到磨削，而有色金属的精加工不宜采用磨削（易堵塞砂轮），通常采用金刚镗或高速精细车等高速切削方法。

② 工件的形状和尺寸。形状复杂、尺寸较大的零件，其上的孔一般不采用拉削或磨削，应采用镗削；直径较大（$d>60$mm 的孔）或长度较短的孔，宜选镗削；孔径较小时宜采用铰削。

③ 生产类型。加工方法的选择应与生产类型相适应，对于大批大量生产，应尽可能选用专用高效率的加工方法，如平面和孔的加工选用拉削方法；而单件小批生产应尽量选择通用设备和常用刀具进行加工，如平面采用刨削或铣削，但刨削因生产率低，在成批生产时逐步被铣削所代替。对于孔加工来说，镗削因其刀具简单，在单件小批生产中得到广泛的应用。

④ 具体生产条件。工艺人员必须熟悉企业的现有加工设备及其工艺能力，工人的技术水平，以及利用新工艺、新技术的可能性等。只有做到熟练掌握，方能充分利用现有设备和工艺手段，挖掘企业潜能。

（2）加工顺序的确定

1）机械加工顺序的安排原则。一般原则如下：

① 先粗后精。即粗加工→半精加工→精加工，最后安排主要表面的终加工。

② 先主后次。零件的主要工作表面、装配基准应先加工，以便尽快为后续工序的加工提供精基准。

③ 先面后孔。这是因为平面定位比较稳定可靠，故对于箱体、支架、连杆等类平面轮廓尺寸较大的零件，一般先加工平面，然后以平面定位再去加工孔。

④ 基面先行。在各阶段中，先加工基准面，然后以其定位去加工其他表面。

此外，除用作基准的表面外，精度越高、粗糙度 Ra 值越小的表面应放在后面加工，以防铁屑等划伤。

2）热处理工序的安排。热处理工序在工艺路线中的位置安排，主要由零件的材料及热处理的目的来决定。

为了改善工件材料的切削加工性、消除残余应力，正火和退火常安排在粗加工之前；若为最终热处理作组织准备，则调质处理一般安排在粗加工与精加工之间进行；时效处理用以消除毛坯制造和机械加工中产生的内应力；为了提高零件的强度，表面硬度和耐磨性及防腐等，淬火及渗碳淬火（淬火后应回火）、氰化、氮化等应安排在精加工磨削之前进行；对于某些硬度和耐磨性要求不高的零件，调质处理也可作为最终热处理，其工序位置应安排在精加工之前进行；表面装饰性发蓝、镀层处理，应安排在全部机械加工完后进行。

3）辅助工序的安排。

① 检验工序。为了确保工件的加工质量，应合理安排检验工序。通常在重要关键工序前后，各加工阶段之间及工艺过程的最后均应安排检验工序。

② 划线工序。在单件、小批生产中，对一些形状复杂的铸件，为了在机械加工中安装方便并使工序余量均匀，应安排划线工序。

③ 去毛刺和清洗。切削加工后在零件表层或内部有时会留下毛刺，它们将会影响装配质量甚至影响产品的性能，应专门安排去毛刺工序。工件在装配前，应安排清洗工序。清洗一方面要去掉黏附在工件表面上的砂粒；另一方面要清洗掉易使工件发生锈蚀的物质，例如切削液含有的硫、氯等物质。

④ 特殊需要的工序。如平衡应安排在零件或部件完成后；退磁工序则一般安排在精加工之后、终检之前。

（3）工序的集中与分散

在选定零件各表面的加工方法及加工顺序之后，制定工艺路线时可采用两种完全相反的原则，一是工序集中原则，另一是工序分散原则。所谓工序集中原则，就是每一工序中尽可能包含多的加工内容，从而使工序的总数减少，实现工序集中；而工序分散原则正好与工序集中原则含义相反。工序集中与工序分散各有特点，在制定工艺路线时，究竟采用哪种原则须视具体情况决定。

1）工序集中的优点。

① 可减少工件的装夹次数。在一次装夹下即可把各个表面全部加工出来，有利于保证各表面之间的位置精度和减少装夹次数，尤其适合于表面位置精度要求高的工件的加工。

② 可减少机床数量和占地面积，同时便于采用高效率机床加工，有利于提高生产率。

③ 简化了生产组织计划与调度工作。因为工序少、设备少、工人少，自然便于生产的组织与管理。

工序集中的最大不足之一是不利于划分加工阶段；二是所需设备与工装复杂，机床调整、维修费时，投资大，产品转型困难。

工序分散的优点与不足正好与上述相反，其优点是工序包含的内容少，设备工装简单、维修方便，对工人的技术水平要求较低，在加工时可采用合理的切削用量，更换产品容易；缺点是工艺路线较长。

2）工序集中与工序分散的实际应用。在拟定工艺路线时，工序集中或分散影响整个工艺路线的工序数目。具体选择时，依据如下：

① 生产类型。对于单件、小批生产，为简化生产流程、减少工艺装备，应采用工序集中。尤其数控机床和加工中心的广泛使用，多品种小批量产品几乎全部采用了工序集中；中批生产或现场数控机床不足时，为便于装夹、加工检验，并能合理均衡地组织生产，宜采用工序分散的原则。

② 零件的结构、大小和重量。对于尺寸和重量大、形状又复杂的零件，宜采用工序集中，以减少安装与搬运次数。为了使用自动机床，中、小尺寸的零件多数也采用了工序集中。

③ 零件的技术要求与现场工艺设备条件。零件上技术要求高的表面，需采用高精度设备来保证其质量时，可采用工序分散的原则；生产现场多数为数控机床和加工中心，此时应采用工序集中原则；零件上某些表面的位置精度要求高时，加工这些表面易采用工序集中的方案。

11.2.8　工艺尺寸链的计算

在机械加工中，工件由毛坯到成品，期间经过多道加工工序，然而这些工序之间存在一定的联系，应用尺寸链理论揭示它们之间的内在联系，并确定工序尺寸及其公差，是尺寸链计算的主要任务。由此可知，尺寸链理论是分析机械加工过程各工序之间以及各工序内相关尺寸之间的关系，进而合理地确定机械加工工艺的重要手段。

（1）尺寸链的概念

1）尺寸链的概念。尺寸链是零件加工过程中，由相互联系的尺寸组成的封闭图形。图 11-13（a）所示为一台阶零件，L_a 和 L_b 为图样上标准尺寸。在加工中该零件以 A 面定位先加工 C 面，得尺寸 L_a；再加工 B 面得尺寸 L_b，从而间接得到尺寸 L_0。于是尺寸 L_0、L_a、L_b 就组成一个封闭的尺寸图形，即形成一个尺寸链，如图 11-13（b）所示。再如图 11-14（a）所示，A_1 和 A_0 为图样上的标注尺寸，若按图样尺寸加工时尺寸 A_0 不便测量，但通过保证尺寸 A_1 和易于测量的尺寸 A_2，间接得到尺寸 A_0，那么尺寸 A_1、A_2 和 A_0 就组成一个尺寸链，如图 11-14（b）所示。

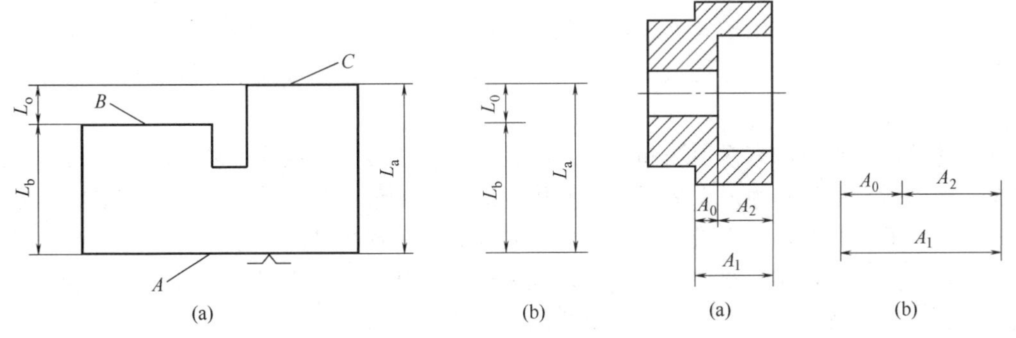

图 11-13　加工台阶零件的尺寸链　　图 11-14　加工套筒零件的尺寸链

2）工艺尺寸链的组成。在工艺尺寸链中，每一个尺寸称为尺寸链的环，尺寸链的环按性质不同可分为组成环和封闭环。组成环是加工过程中直接得到的尺寸，如图 11-13

(b) 所示的尺寸 L_a、L_b 和图 11-14 (b) 所示的尺寸 A_2、A_1 均为加工过程直接得到的尺寸，故为组成环。

封闭环是在加工过程中间接得到的尺寸，如图 11-13 (b) 所示的尺寸 L_0 和图 11-14 (b) 所示的尺寸 A_0 均为封闭环。封闭环的右下角通常用“0”表示。

在尺寸链中，若其余组成环保持不变，当某一组成环增大时，则封闭环也随之增大，该组成环便为增环；反之，使封闭环减小的环，便为减环。图 11-13 (b) 中的 L_a 和图 11-14 (b) 中的 A_1 为增环，其上用一向右的箭头表示，即 $\vec{L}_a$、$\vec{A}_1$；图中的 L_b 和 A_2 为减环，其上用一向左的箭头表示，即 $\overleftarrow{L}_b$、$\overleftarrow{A}_2$。

3）工艺尺寸链的特征。工艺尺寸链具有如下特征：

① 关联性。组成工艺尺寸链的各尺寸之间存在内在关系，相互无关的尺寸不会组成尺寸链。在工艺尺寸链中每一个组成环不是增环就是减环，其中任何一个尺寸发生变化时，均要引起封闭环尺寸的变化。对工艺尺寸链的封闭环没有影响的尺寸，就不是该工艺尺寸链的组成环。

② 封闭性。尺寸链是一个首尾相接且封闭的尺寸图形，其中包含一个间接得到的尺寸。不构成封闭的尺寸图形就不是尺寸链。

(2) 工艺尺寸链的分类

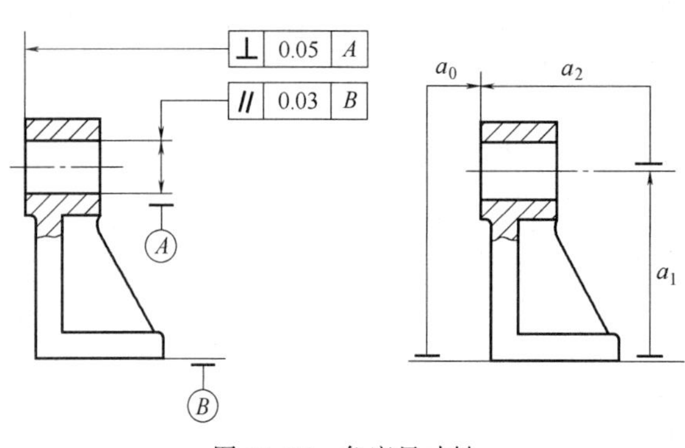

图 11-15　角度尺寸链

按尺寸链各环尺寸的几何特征不同，工艺尺寸链可分为长度尺寸链和角度尺寸链。

1）长度尺寸链。组成尺寸链的各环均为长度尺寸的工艺尺寸链，如图 11-13 (b) 和图 11-14 (b) 所示。

2）角度尺寸链。组成尺寸链的各环均为角度尺寸的工艺尺寸链，这种尺寸链多为形位公差构成的尺寸链，如图 11-15 所示。

按尺寸链各环的空间位置区分，工艺尺寸链又可分为直线尺寸链、平面尺寸链和空间尺寸链三种。其中直线尺寸链最为常见，后面的讨论均以直线尺寸链和长度尺寸链为例。

(3) 尺寸链的计算

尺寸链的计算方法有极值法和概率法两种。极值法是从组成环可能出现最不利的情况出发，即当所有增环均为最大极限尺寸而所有减环均为最小极限尺寸，或所有增环均为最小极限尺寸而所有减环均为最大极限尺寸，来计算封闭环的极限尺寸和公差，一般应用于中、小批量生产和可靠性要求高的场合；概率法一般用于大批量生产（如汽车工业）中，或用于装配尺寸链。下面主要介绍极值法的计算公式。

1）封闭环的基本尺寸。封闭环的基本尺寸等于所有组成环基本尺寸的代数和，即

$$A_0 = \sum_{i=1}^{m} \vec{A}_i - \sum_{i=1}^{n} \overleftarrow{A}_i \tag{11-6}$$

式中：m——增环数；

n——减环数。

2）封闭环的极限尺寸。

$$A_{0\max} = \sum_{i=1}^{m} \overrightarrow{A}_{i\max} - \sum_{i=1}^{n} \overleftarrow{A}_{i\min} \tag{11-7}$$

$$A_{0\min} = \sum_{i=1}^{m} \overrightarrow{A}_{i\min} - \sum_{i=1}^{n} \overleftarrow{A}_{i\max} \tag{11-8}$$

式中：$A_{0\max}$、$A_{0\min}$——封闭环的最大与最小极限尺寸；

$\overrightarrow{A}_{i\max}$、$\overrightarrow{A}_{i\min}$——增环的最大与最小极限尺寸；

$\overleftarrow{A}_{i\max}$、$\overleftarrow{A}_{i\min}$——减环的最大与最小极限尺寸。

3）封闭环的上、下偏差。由封闭环的极限尺寸减去其基本尺寸即可得到封闭环的上、下偏差。

$$ES(A_0) = \sum_{i=1}^{m} ES(\overrightarrow{A}_i) - \sum_{i=1}^{n} EI(\overleftarrow{A}_i) \tag{11-9}$$

$$EI(A_0) = \sum_{i=1}^{m} ES(\overrightarrow{A}_i) - \sum_{i=1}^{n} EI(\overleftarrow{A}_i) \tag{11-10}$$

式中：$ES(A_0)$、$EI(A_0)$——封闭环的上、下偏差；

$ES(\overrightarrow{A}_i)$、$EI(\overrightarrow{A}_i)$——增环的上、下偏差；

$ES(\overleftarrow{A}_i)$、$EI(\overleftarrow{A}_i)$——减环的上、下偏差。

4）封闭环的公差 T_0。

封闭环的公差等于各组成环公差之和，即

$$T_0 = \sum_{i=1}^{m+n} T_i \tag{11-11}$$

式中：T_0——封闭环公差；

T_i——组成环公差。

5）组成环的平均公差。

$$T_{av} = \frac{T_0}{m+n} \tag{11-12}$$

在用极值法计算时，封闭环的公差大于任一组成环的公差。当封闭环的公差一定时，组成环数目越多，其公差就越小，这就必然造成工序加工困难。因此在分析尺寸链时，应使尺寸链的组成环数为最少，即应遵循尺寸链最短的原则。

在大批量生产中，各组成环出现极限尺寸的可能性并不大，尤其当尺寸链中组成环数较多时，所有组成环均出现极限尺寸（如增环为最大尺寸，减环为最小尺寸）的可能性很小，因此用极值法计算显得过于保守。为此，在封闭环公差较小且组成环数较多的情况下，可采用概率法计算，其公式为

$$T_0 = \sqrt{\sum_{i=1}^{m+n} T_i^2} \tag{11-13}$$

（4）工艺尺寸链的应用

在机械加工中，每道工序加工的结果都以一定的尺寸值表示出来，而工艺尺寸就是反映相互关联的一组尺寸之间的关系，也就反映了这组尺寸所对应的加工工序之间的相互联

系。一般地，在工艺尺寸链中，组成环是各工序的工序尺寸，是加工过程中直接保证的尺寸；封闭环是间接得到的设计尺寸或工序加工余量，有时封闭环是中间工序尺寸。

1）工艺尺寸链求解的几种情况。应用尺寸链计算公式求解工艺尺寸链，有如下几种情况：

① 已知封闭环和部分组成环的尺寸，求其他组成环的尺寸。在工艺过程中，尺寸链多数是这种类型。

② 已知所有组成环的极限尺寸，求封闭环的极限尺寸。这种情况一般用于工艺过程中确定各工艺尺寸时的设计计算。在工艺过程设计时，往往是封闭环的极限尺寸与组成环的基本尺寸是已知的，需通过公差分配与工艺尺寸链解算求出各组成环各道工序尺寸的上、下偏差。公差分配有以下三种方法：

a. 等公差值分配法：所谓等公差值分配法，就是把封闭环的公差均匀地分配给各组成环。这种方法虽然计算简单，但其缺陷就是忽视了组成环基本尺寸的大小。因此按此法进行公差分配，当某些组成环尺寸较大时，会出现不宜使用的结果。

b. 等公差级分配法：所谓等公差级分配法，即依据各组成环尺寸的大小按相同的公差等级进行分配。在分配中必须保证：

$$T_0 \approx \sum_{i=1}^{m+n} T_i \tag{11-14}$$

这种方法比较合理，它通过保证各组成环具有相同的公差等级，从而使各道工序在加工时的难易程度基本均衡。其不足之处是，当各道工序采用不同的加工方法时，这种分配会出现一定的不合理性。因为不同的加工方法对应的经济加工精度等级是不同的，再加上各工序尺寸的作用也不可能相同。

c. 组成环主次分类法：所谓组成环主次分类法，即先把组成环按作用的重要性进行主次分类，然后再按相应的加工方法的经济加工精度，确定各组成环合理的公差等级。这种方法在生产中应用较多。

2）建立工艺尺寸链的步骤。工艺尺寸链的建立，主要按下列三步进行：

① 确定封闭环。封闭环一般是间接得到的设计尺寸或工序加工余量，有时也可能是中间工序尺寸。

② 查找组成环。从封闭环的某一端开始，按照尺寸之间的联系，首尾相接依次画出对封闭环有影响的尺寸，直到封闭环的另一端。所形成的封闭尺寸图形就构成一个工艺尺寸链，如图 11-16（a）所示，由 $L_0 \to L_b \to L_a \to L_0$ 的另一端，或者由 $L_0 \to L_a \to L_b \to L_0$ 的另一端。

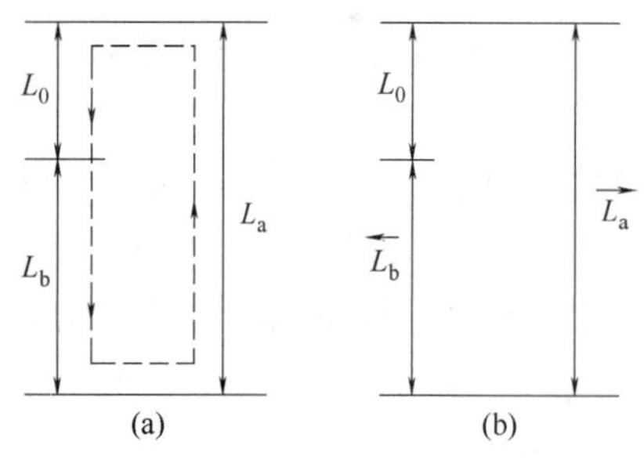

图 11-16　尺寸链增、减环的确定

③ 确定增、减环。具体方法为：先给封闭环任画一个与其尺寸线平行的箭头，然后沿此方向，绕工艺尺寸链依次给各组成环画出箭头，凡与封闭环箭头方向相同的为减环；反之，为增环。如图 11-16 所示，L_a 为增环，L_b 为减环。

3）工艺尺寸链计算示例

① 基准不重合时工序尺寸及其公差的确定。当定位基准与设计基准或工序基准不重

合时，需按工序尺寸链进行分析计算。

a. 测量基准与设计基准不重合时工序尺寸及其公差的计算。

【例 11-1】 如图 11-17 所示，加工时要保证尺寸（6±0.1）mm，但该尺寸在加工时不便测量，只好通过测量尺寸 L 来间接保证。试求工序尺寸 L 及其上、下偏差。

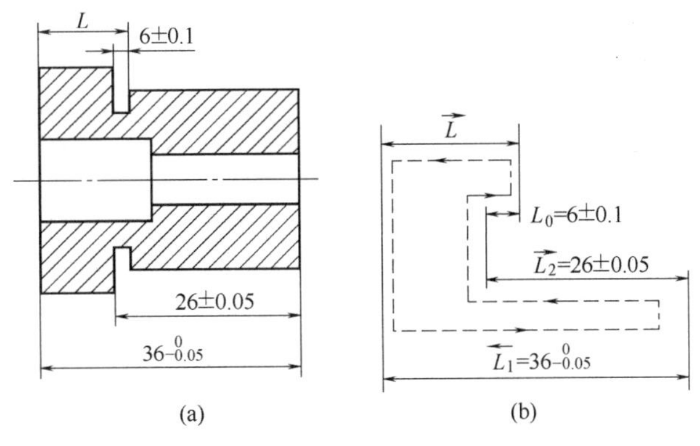

图 11-17　工艺尺寸链

解：（1）确定封闭环

在图 11-17 中，其他尺寸均为直接得到的，只有（6±0.1）mm 尺寸为间接保证的，故（6±0.1）mm 为封闭环，即 $L_0=(6\pm0.1)$ mm。

（2）画工艺尺寸链图，并确定增、减环

从封闭环 L_0 一端开始，画首尾相接的尺寸图形，便得到工艺尺寸链图，如图 11-17（b）所示。其中尺寸 L、$L_2=(26\pm0.05)$ mm 为增环，尺寸 $L_1=36_{-0.05}^{\ 0}$mm 为减环。

由公式（11-6）得 $L_0=L+L_2-L_1$

$$6=L+26-36$$

整理得 $L=16$mm

由公式（11-9）得 $ES(L_0)=ES(\vec{L})+ES(\vec{L_2})-EI(\overleftarrow{L_1})$

$$0.1=ES(\vec{L})+0.05-(-0.05)$$

整理得 $ES(\vec{L})=0$

由公式（11-10）得 $EI(L_0)=EI(\vec{L})+EI(\vec{L_2})-ES(\overleftarrow{L_1})$

$$-0.1=EI(\vec{L})-0.05-0$$

整理得 $EI(\vec{L})=-0.05$mm

所以有 $L=16_{-0.05}^{\ 0}$mm

b. 定位基准与设计基准不重合时工序尺寸及其公差的计算。

【例 11-2】 零件加工时，当加工表面的定位基准与设计基准不重合时，也需进行工艺尺寸链的换算。如图 11-18 所示，孔的设计基准是表面 C 而不是定位表面 A。在镗孔前，表面 A、B、C 已加工好。镗孔时，为使工件装夹方便，选择表面 A 作为定位基准。显然，定位基准与设计基准不重合，此时设计尺寸（120±0.15）mm 为间接得到的，是封闭环。为保证设计尺寸（120±0.15）mm，必须将 L_3 控制在一定范围内，这就需要进行工艺尺寸链的计算。

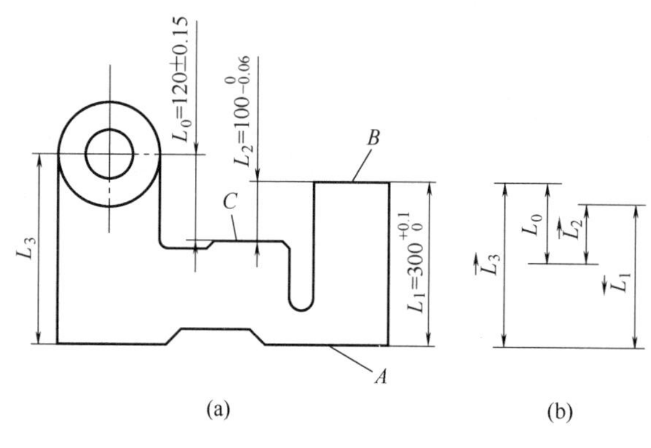

图 11-18 定位基准与设计基准不重合的尺寸换算

解：（1）确定封闭环

设计尺寸 L_0 为间接得到，故 L_0 为封闭环。

（2）画出工艺尺寸链图，并确定增、减环

由工艺尺寸链图可知，L_2、L_3 为增环，L_1 为减环。

（3）确定 L_3 的基本尺寸及其上、下偏差

由公式（11-6）得 $L_0=L_3+L_2-L_1$

$$120=L_3+100-300$$

所以 $L_3=120+300-100=320$（mm）

由公式（11-9）得 $ES(L_0)=ES(\overrightarrow{L_3})+ES(\overrightarrow{L_2})-EI(\overleftarrow{L_1})$

$$0.15=ES(\overrightarrow{L_3})+0-0$$

所以 $$ES(\overrightarrow{L_3})=0.15\text{mm}$$

由公式（11-10）得 $EI(L_0)=EI(\overrightarrow{L_3})+EI(\overrightarrow{L_2})-ES(\overleftarrow{L_1})$

$$-0.15=EI(\overrightarrow{L_3})-0.06-0.1$$

$$EI(\overrightarrow{L_3})=0.01\text{mm}$$

求得 $L_3=320_{+0.01}^{+0.15}$mm

② 中间工序的工序尺寸及其公差的计算。

【例 11-3】 在工件加工过程中，其他工序尺寸及偏差均已知，求某中间工序的尺寸及其偏差，称为中间尺寸计算。图 11-19 所示为一齿轮内孔的简图，内孔为 $\phi40_{0}^{+0.05}$mm，键槽尺寸深度为 $46_{0}^{+0.03}$mm。内孔及键槽的加工顺序如下：①精镗孔至 $\phi39.6_{0}^{+0.1}$；②插键槽至尺寸 A；③热处理；④磨内孔至设计尺寸 $\phi40_{0}^{+0.05}$，同时间接保证键槽深度 $46_{0}^{+0.3}$。计算中间工序尺寸 A。

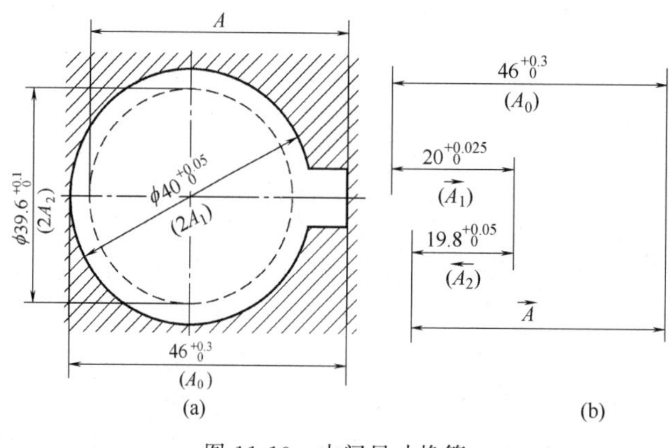

图 11-19 中间尺寸换算

解：（1）确定封闭环

由键槽加工顺序可知，其他尺寸都是直接得到的，而 $46^{+0.3}_{0}$ 尺寸是间接保证的，所以该尺寸为封闭环。

（2）画出工艺尺寸链图，并确定增、减环

由工艺尺寸链图可知，A、A_1 为增环，A_2 为减环。

（3）计算中间工序的工序尺寸及其公差

由公式（11-6）得 $46=A+20-19.8$

整理得 $A=45.8\text{mm}$

由公式（11-9）得 $0.3=ES(\overrightarrow{A})+0.025-0$

所以 $ES(\overrightarrow{A})=0.275\text{mm}$

由公式（11-10）得 $0=ES(\overrightarrow{A})+0-0.05$

所以 $ES(\overrightarrow{A})=0.05\text{mm}$

故中间工序尺寸 $A=45.8^{+0.275}_{+0.050}\text{mm}$

③ 保证渗碳或渗氮层厚度时工艺尺寸及公差的计算。

工件渗碳或渗氮后，表面一般需经磨削才能保证尺寸精度，同时还需要保证在磨削后能获得图样要求的渗入层厚度。显然，这里渗碳层的厚度是封闭环。

【例 11-4】 图 11-20 所示为轴类零件，其加工过程为：车外圆至 $\phi20.6_{-0.04}^{0}\text{mm}$→渗碳淬火→磨外圆至 $\phi20_{-0.02}^{0}\text{mm}$。试计算保证渗碳层厚度为 0.7～1.0mm（$0.7^{+0.3}_{0}\text{mm}$）时，渗碳工序的渗入厚度及其公差。

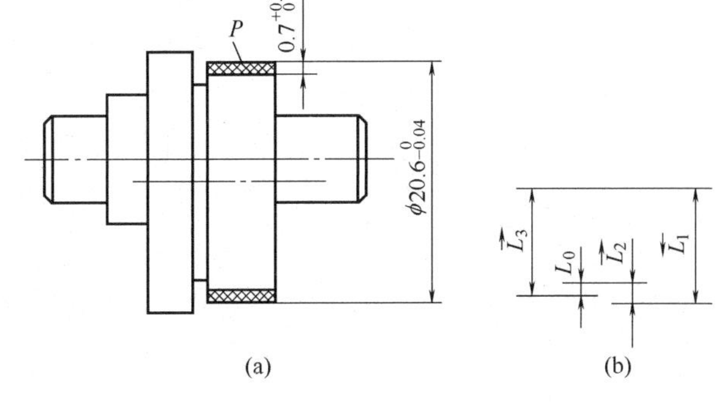

图 11-20　偏心轴渗碳磨削工艺尺寸链

解：（1）确定封闭环

由题意可知，其他尺寸均是直接得到的，只有磨后要保证的渗碳层厚度 0.7～1.0mm（$0.7^{+0.3}_{0}\text{mm}$）为间接得到的，故该尺寸为封闭环。

（2）画工艺尺寸链图，并确定增、减环

由工艺尺寸链图可知，L_3、L_2 为增环，L_1 为减环。

（3）计算渗碳层尺寸及其公差

由公式（11-6）得 $0.7=L_2+10-10.3$

整理得 $L_2=1\text{mm}$

由公式（11-9）得 $0.3=ES(\overrightarrow{L_2})+0-(-0.02)$

所以 $ES(\overrightarrow{L_2})=+0.28\text{mm}$

由公式（11-10）得 $0=ES(\overrightarrow{L_2})+(-0.01)-0$

所以 $ES(\vec{L}_2)=0.01\text{mm}$

因此渗碳层深度尺寸 $L_2=1^{+0.28}_{+0.01}\text{mm}$

上述计算的工艺尺寸链都比较简单，但当组成尺寸链的环数较多、工序基准变换比较复杂时，采用上述方法建立与解算尺寸链就比较麻烦且容易出错。对此，采用图解跟踪法或尺寸式法建立和解算工艺尺寸链较为方便，关于这一内容此处就不再赘述，请读者查阅有关资料。

11.3 确定装夹方案

11.3.1 盘类零件的定位基准和装夹方法

（1）基准选择

① 以端面为主（如支承块），其零件加工中的主要定位基准为平面。

② 以内孔为主，同时辅以端面的配合。

③ 以外圆为主（较少），往往也需要有端面的辅助配合。

（2）安装方案

① 用三爪卡盘安装。用三爪卡盘装夹外圆时，为定位稳定可靠，常采用反爪装夹（共限制工件除绕轴转动外的五个自由度）；装夹内孔时，以卡盘的离心力作用完成工件的定位、夹紧（亦限制了工件除绕轴转动外的五个自由度）。

② 用专用夹具安装。以外圆为径向定位基准时，可以定位环作定位件；以内孔为径向定位基准时，可用定位销（轴）作定位件。根据零件构形特征及加工部位、要求，选择径向夹紧或端面夹紧。

③ 用虎钳安装。生产批量小或单件生产时，可采用虎钳装夹（如支承块上侧面、十字槽加工）。

11.3.2 套类零件的定位基准和装夹方法

套类零件的装夹方法有以下三种。

（1）一次装夹下加工全部表面

当零件的尺寸较小时，尽量在一次安装下加工出较多表面，既减少装夹次数、降低装夹误差，也容易获得较高的位置精度。

当套的尺寸较小时，常用长棒料做毛坯，棒料可穿入机床主轴通孔。此时可用三爪自定心卡盘夹棒料外圆，一次装夹下加工完工件的所有表面，这样既装夹方便又因为消除了装夹误差而容易获得较高的位置精度。若工件外径较大，毛坯不能通过主轴通孔，也可以在确定毛坯尺寸时将其长度加长些供装夹使用，只是这样较浪费材料，当工件较长时装夹不便。

（2）以孔定位加工外圆

① 用心轴装夹，如图 11-21 所示。

② 用两圆锥销装夹，如图 11-22 所示。

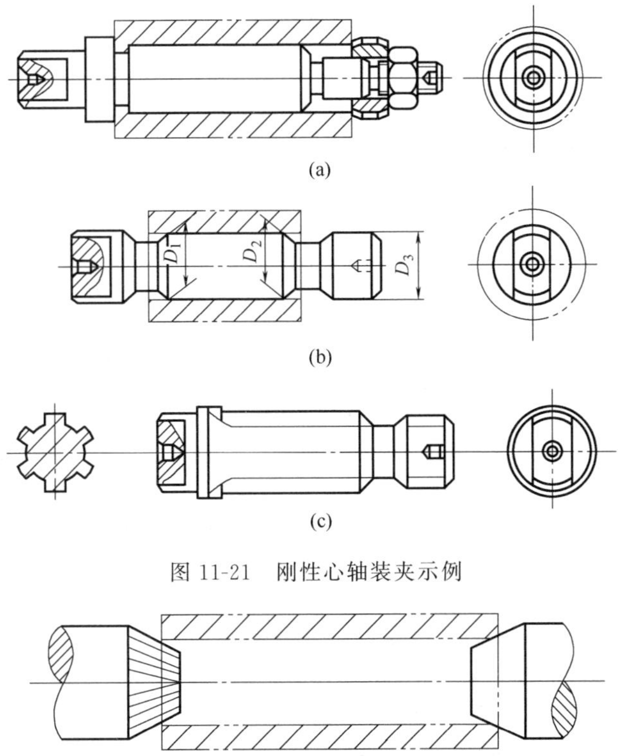

图 11-21　刚性心轴装夹示例

图 11-22　大头顶尖和梅花顶尖

(3) 以外圆定位

可分别用：①用三爪自定心卡盘装夹；②用四爪单动卡盘装夹；③用专用夹具装夹。

综上所述，本零件（图 11-2）的加工基准及装夹方案设计如下：①对于零件而言，尽可能选择不加工表面为粗基准。而对于有若干个不加工表面的工件，则应以与加工表面要求相对位置精度较高的不加工表面作粗基准。根据这个基准选择原则，应选取中心孔为粗基准；② 对于此轴承套精基准的选择主要考虑到左端面与轴心线的垂直度要求、ϕ34js7mm 的外圆与轴心线的圆跳动要求以及外圆和内孔的尺寸精度要求。所以在加工外圆时用左端面和内孔作为精基准，用心轴定位，两顶尖装夹即可。

11.4　拟定工艺路线

ϕ34js7 外圆端面需经过粗车和精车两步方能达到要求；ϕ42mm 外圆表面只需一步粗车即可满足要求；ϕ42mm 端面需经过粗车和精车两步达到要求；ϕ22H7 孔需经过钻、车、铰三步才能达到要求；其余加工面和孔只需一步加工即可达到要求，且无位置精度要求，可不做过多考虑。

综上，该零件的工艺路线可拟定为：按五件合一下棒料 215mm×ϕ45mm→钻中心孔→粗车外圆、空刀槽及两端倒角→钻孔 ϕ22H7 至 ϕ22mm，毛坯成单件→车、铰孔至尺寸→精车外圆 ϕ34js7→钻径向油孔 ϕ4mm→检查入库。

11.5 设计工序内容

表 11-3 机械加工工艺过程（小批生产）

工序号	工序名称	工序内容	定位基准
1	备料	棒料，按5件合一加工下料	
2	钻中心孔	①车端面，钻中心孔 ②掉头车另一端面，钻中心孔	三爪夹外圆面
3	粗车	①车外圆 ϕ42 长度为 6.5mm ②车外圆 ϕ34js7 为 35mm ③车空刀槽 2×0.5mm，取总长 40.5mm ④车分割槽 ϕ20×3mm ⑤两端倒角 1.5×45°(5件同加工，尺寸均相同)	中心孔
4	钻	钻孔 ϕ22H7 至 ϕ22mm 成单件	软爪夹 ϕ42 外圆
5	车、铰	①车端面，取总长 40mm 至尺寸 ②车内孔 ϕ22H7 ③车内槽 ϕ24×16mm 至尺寸 ④铰孔 ϕ22H7 至尺寸 ⑤孔两端倒角	软爪夹 ϕ42 外圆
6	精车	车 ϕ34js7 至尺寸	ϕ22H7 孔
7	钻	钻径向孔 ϕ4mm	ϕ34 外圆端面
8	检验		

11.6 考核评价小结

(1) 形成性考核评价（30%）

形成性考核评价由教师根据学生考勤、课堂表现加以评定，见表 11-4。

表 11-4 盘套类零件形成性考核评价表

小组	成员	考勤	课堂表现	汇报人	补充发言 自由发言
1					

续表

小组	成员	考勤	课堂表现	汇报人	补充发言 自由发言
2					
3					

（2）盘套类零件工艺设计考核评价（70%）

工艺设计考核评价由学生自评、学生互评、教师评价组成，见表 11-5。

表 11-5　　盘套类零件工艺设计考核评价表

序号	项目名称		配分	自评（15%）	互评（20%）	教评（65%）	得分
	评价项目	扣分标准					
1	定位基准的选择	不合理，扣 5～10 分	10				
2	确定装夹方案	不合理，扣 5 分	5				
3	拟定工艺路线	不合理，扣 10～20 分	20				
4	确定加工余量	不合理，扣 5～10 分	10				
5	确定工序尺寸	不合理，扣 5～10 分	10				
6	确定切削用量	不合理，扣 1～5 分	10				
7	机床夹具的选择	不合理，扣 5 分	5				
8	刀具的确定	不合理，扣 5 分	5				
9	工序图的绘制	不合理，扣 5～10 分	10				
10	工艺文件内容	不合理，扣 5～10 分	15				
互评小组		指导教师		项目得分			
备　注				合　计			

拓展练习

如图 11-23 所示，试完成以下任务：①进行液压缸本体零件图的工艺性分析；②液压缸零件形位公差分析；③液压缸零件加工方法、定位基准、工艺装备分析；④确定液压缸本体零件的加工工艺规程。

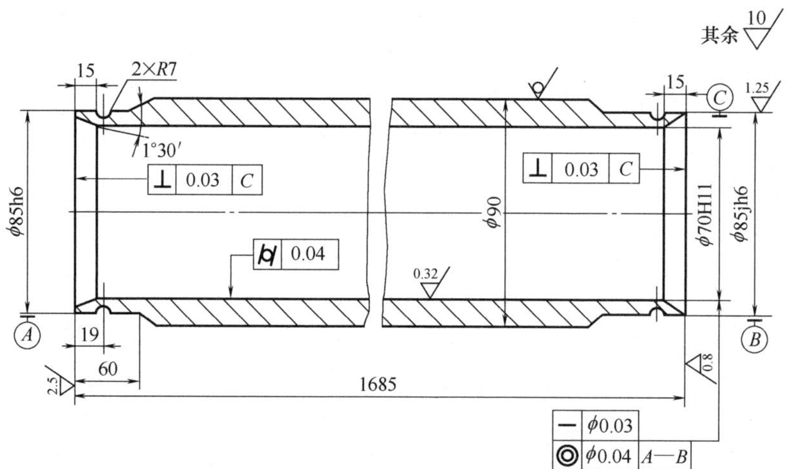

图 11-23 液压缸零件图

项目 12　综合零件车削加工工艺

【项目概述】

在机械传动中，回转运动变为往复直线运动或者往复直线运动变为回转运动，一般都是利用偏心零件来完成的。偏心回转体类零件就是零件的外圆或者外圆与内孔的轴线相互平行而不重合，偏离一个距离的零件，如图 12-1 所示。偏心轴、偏心套加工工艺比常规回转体轴类、套类、盘类零件的加工工艺复杂，主要是因为难以把握好偏心距，难以达到图纸技术要求的偏心距公差要求。本项目介绍球头偏心轴串套零件（图 12-2）的数控加工工艺设计，使学生了解偏心零件的概念，掌握偏心零件的装夹方式和加工方法，掌握偏心零件的工艺文件的制作，从而初步具备制定综合零件车削加工工艺文件的能力。

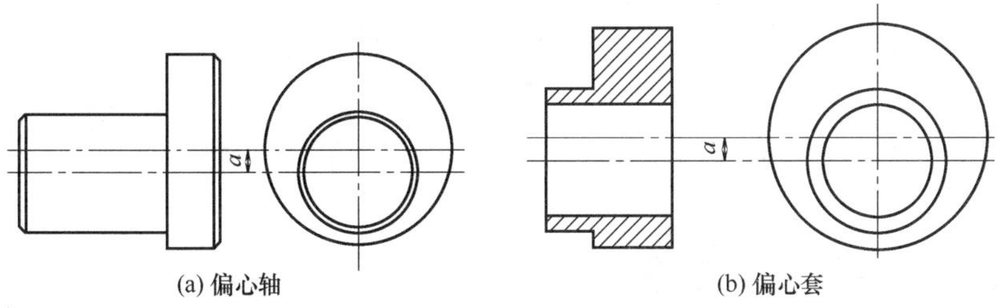

(a) 偏心轴　　(b) 偏心套

图 12-1　偏心零件

【教学目标】

1. 能力目标

通过学习球头偏心轴串套零件的数控加工工艺设计，学生能够了解偏心零件的概念，掌握偏心零件的装夹方式和加工方法，掌握偏心零件的工艺文件的制作，从而初步具备制定综合零件车削加工工艺文件的能力。

2. 知识目标

（1）了解偏心零件的概念。

（2）掌握偏心零件的装夹方式。

（3）掌握偏心零件的加工方法。

（4）掌握偏心零件的工序安排和切削用量的确定方法。

（5）掌握综合零件车削加工工艺文件的制定方法。

【任务描述】

球头偏心轴串套零件由球头偏心轴、薄壁偏心套、多阶套和双锥螺套四个零件组合装配而成，如图 12-2 所示。偏心轴、偏心套一般都是采用车削加工，它们的加工原理与常规回转体轴类、套类、盘类零件的加工原理基本相同。但如何把握好偏心距，达到图纸技术要求的偏心距公差要求，这些问题将成为整个工艺设计的难点，而后续的加工工艺则可借鉴常规回转体零件的加工工艺设计方法完成。

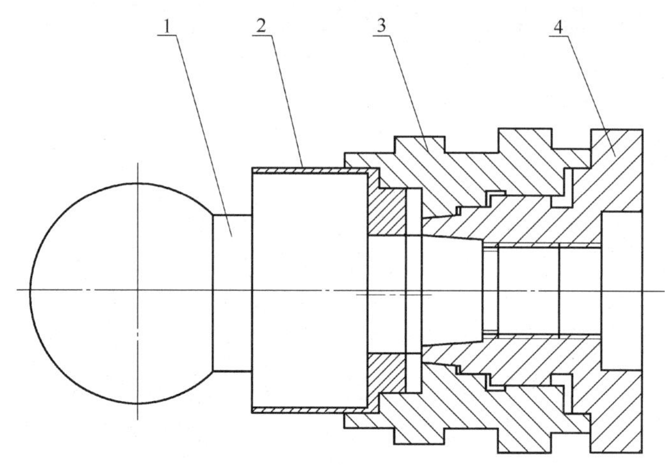

图 12-2　球头偏心轴串套零件装配图

1—球头偏心轴　2—薄壁偏心套　3—多阶套　4—双锥螺套

【任务实施】

12.1　球头偏心轴串套工艺分析

12.1.1　球头偏心轴串套零件工艺性分析

该零件主要由球头偏心轴（图 12-3）、薄壁偏心套（图 12-4）、多阶套（图 12-5）和双锥螺套（图 12-6）组成。其中球头偏心轴的中心并非在轴线中心，加工时需注意，但是它还是属于轴类零件，主要包括圆柱面、锥面、孔、槽、圆球面、螺纹等部分。轴肩一般用来确定安装在轴上零件的轴向位置，各锥面的作用是使零件装配时配合面易于配合；螺纹用于安装锁紧螺母和调整螺母。

（1）球头偏心轴串套零件的加工技术要求

根据工作性能与条件，各零件图详细规定了轴上内、外圆表面的尺寸、位置精度和表面粗糙度值。这些技术要求必须在加工中给予保证。该球头偏心轴串套零件的关键工序是 ϕ80mm 外圆柱面、ϕ60mm 和 ϕ62mm 等内圆柱面的加工，同时各个内孔深度尺寸也是加工过程中的重点。

（2）球头偏心轴串套零件的材料与毛坯的确定

根据图纸规定的材料及机械性能选择毛坯件。图纸标定的材料为 45 钢，该材料属于碳素钢。并且根据零件尺寸与各外圆直径尺寸相差不大，故分别选择长度为 142mm、45mm、70mm、65mm，直径 ϕ100mm 的 45 钢棒料作为毛坯。

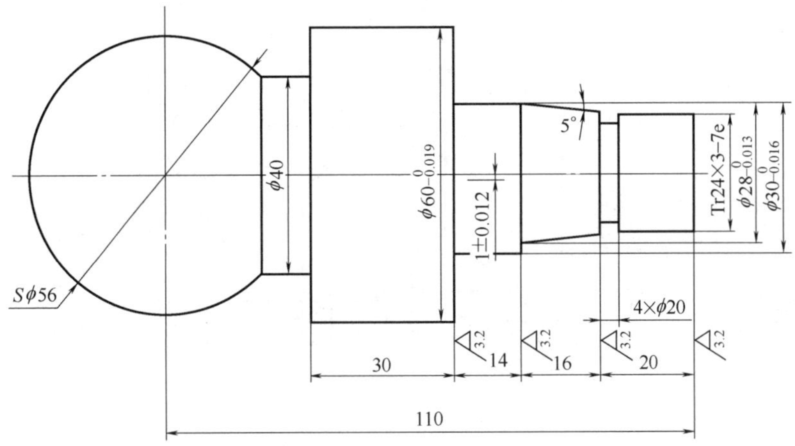

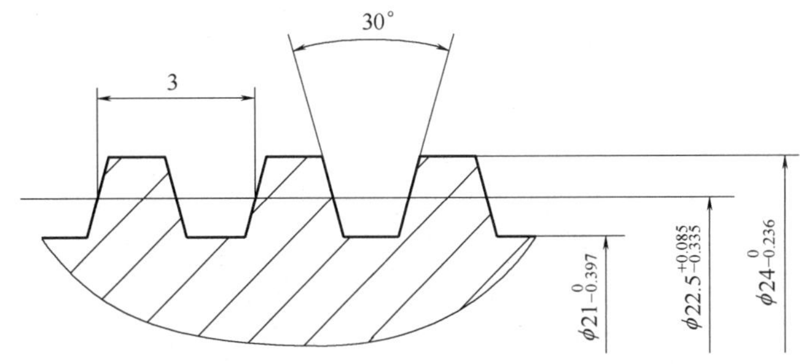

图 12-3　球头偏心轴零件图

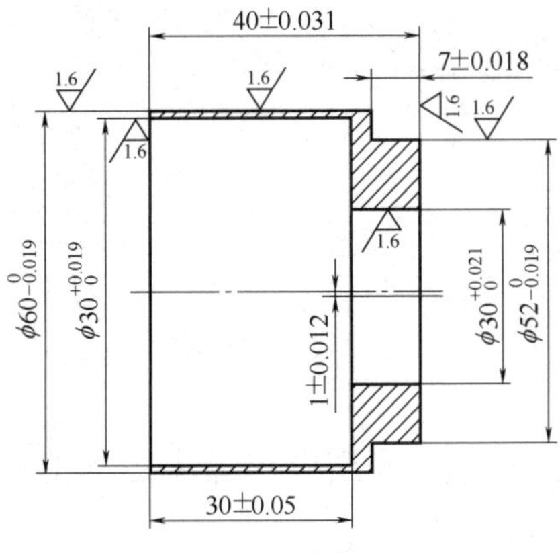

图 12-4　薄壁偏心套

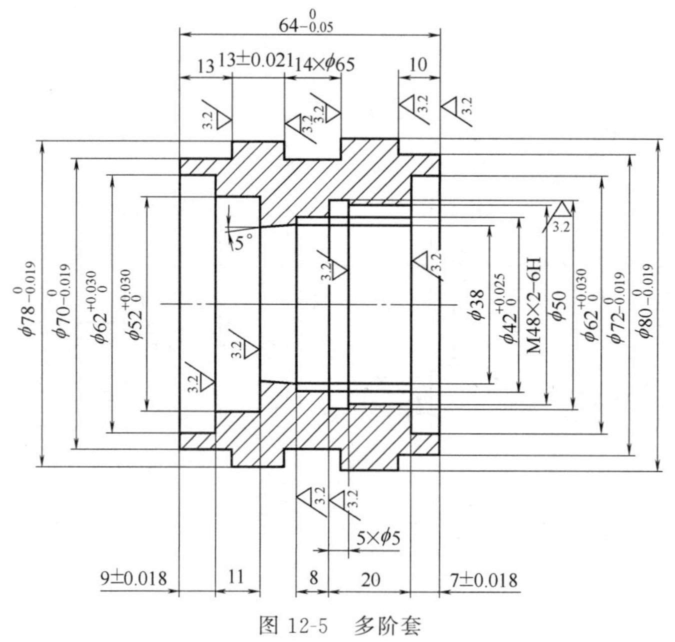

图 12-5　多阶套

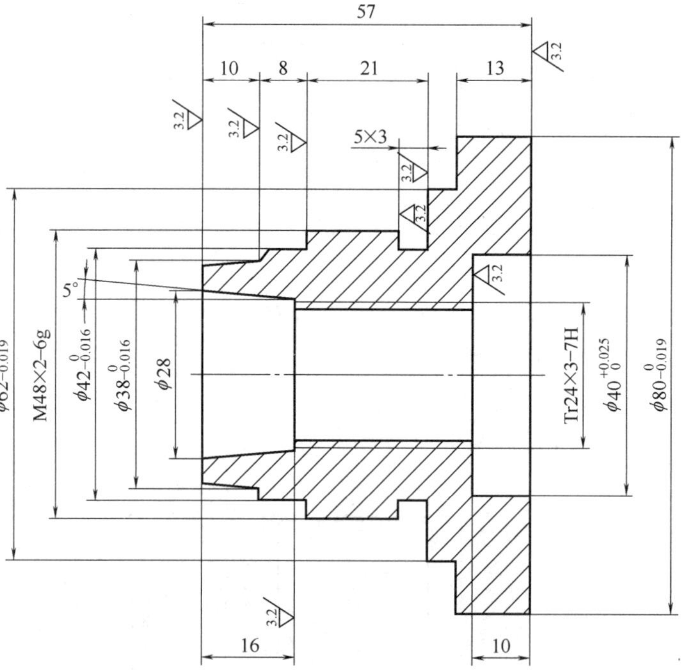

图 12-6　双锥螺套

12.1.2　球头偏心轴串套零件定位基准与装夹方案的确定

（1）加工偏心回转体零件的常用夹具

加工中小型偏心回转体类零件的常用夹具有：三爪卡盘、四爪卡盘、两顶尖装夹、偏心卡盘、角铁和专用偏心车削夹具等；加工中大型偏心回转体类零件的常用夹具有：四爪

卡盘和花盘。三爪卡盘、四爪卡盘和两顶尖装夹这些夹具在前面已经识别并熟悉，这里就不再赘述。而偏心卡盘和专用偏心车削夹具，一般工厂较少配备使用，所以下面补充介绍花盘和角铁。

1）花盘。花盘是一个使用铸铁制作的大圆盘，盘面上有很多长短不同呈辐射状分布的通槽或 T 形槽，用于安装各种螺栓，并以此固定工件，如图 12-7 所示。花盘可以直接安装在车床主轴上，其盘面必须与主轴轴线垂直，并且盘面平整。

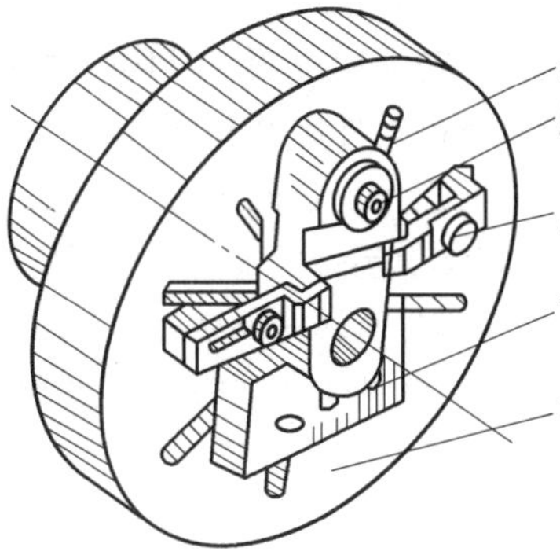

连杆
压紧螺钉
压板
V形架
花盘

图 12-7　花盘

花盘在使用时必须找正，安装好花盘后，装夹工件前必须认真检查以下两项内容：

① 检测花盘盘面对车床主轴线的端面圆跳动。

② 检测花盘盘面的平行度误差。

2）角铁。在车床上加工壳体、支座、杠杆、接头和偏心回转体等零件的回转端面和回转表面，由于零件形状较复杂，难以装夹在通用卡盘上，常采用夹具体呈角铁形状的夹具，通常称为角铁。角铁和在角铁上装夹和找正工件如图 12-8 所示。

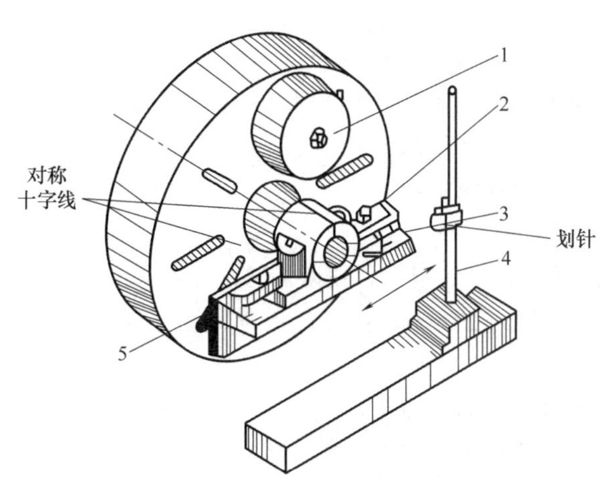

图 12-8　角铁和在角铁上装夹和找正示例

1—平衡铁　2—工件　3—角铁　4—划针盘　5—压板

在角铁上装夹和找正工件时，钳工先在偏心工件上划线确定孔或轴的偏心位置，再使用划针对偏心的孔或轴的偏心位置进行找正，不断地调整各部件，使工件孔或轴的轴心线和车床主轴轴线重合。

（2）球头偏心轴串套零件定位基准与装夹方案的确定

合理选择定位基准，对于保证零件的尺寸和位置精度有着决定性的作用。由于该偏心轴的几个主要配合表面及轴肩面对基准轴线有偏离 1mm 的距离，所以在选择基准的时候要向靠近自己的方向偏离 1mm 的距离。但它又是空心轴，所以粗基准采用热轧圆钢的毛坯外圆，即可保证零件的技术要求。

考虑到该配合件在形状上没有什么特殊要求，所以夹具选用三爪定心卡盘即可。中心孔加工采用三爪自定心卡盘装夹热轧圆钢的毛坯外圆，车端面、转中心孔。然后以已车过的外圆作为精基准，用三爪自定心卡盘装夹，车另一端面、外圆及螺纹。

12.1.3　球头偏心轴串套零件加工方案的拟定

（1）加工方法的确定

该轴大都是回转表面，主要采用车削形成。外圆表面的加工方案可为：粗车→精车。内圆表面的加工方案可为：钻孔→粗镗→精镗。

（2）工艺路线的制定

综合上述分析，按照由右至左、由内到外、先粗后精的原则确定该配合件的工艺路线如下：下料→车右端面→粗车外圆→切槽→车螺纹→钻孔→粗镗孔→精镗孔→卸下掉头装夹→车右端面→粗车外圆→精车外圆→切槽→车螺纹→检验。

（3）加工工序与工步的划分

球头偏心轴串套零件的加工工序可依据装夹次数划分，可划分为两道工序，即工序 1 为装夹零件左端加工零件右端内外型面和工序 2 掉头装夹零件右端加工零件左端内外型面。

1）球头偏心轴的加工工序与工步划分。

工序 1：下料，用切割机切 ϕ100mm 的 45 热轧圆钢，长度为 142mm；

工序 2：装夹毛坯左端，棒料伸出卡盘外约 90mm，找正后夹紧，加工零件右端面。工步如下：

① 用 93°外圆正偏车刀进行零件右端面的轮廓粗加工；

② 用 93°外圆正偏车刀进行零件右端面的轮廓精加工；

③ 用宽 4mm 的硬质合金焊接切槽刀切槽；

④ 用 30°的梯形螺纹刀切制螺纹。

工序 3：卸下工件，掉头装夹零件右端面，用铜皮包住已加工过的 ϕ60mm 的外圆，棒料伸出卡盘外约 77mm 找正后夹紧，加工零件左端内外型面。工步如下：

① 用 93°外圆正偏车刀车圆球面和 ϕ40mm 的圆柱面并控制总长在 138mm 内；

② 用 93°外圆正偏车刀进行零件左端面的轮廓粗加工；

③ 用 93°外圆正偏车刀进行零件左端面的轮廓精加工。

2）薄壁偏心套的加工工序与工步划分。

工序 1：下料，用切割机切 ϕ100mm 的 45 热轧圆钢，长度为 45mm；

工序 2：装夹毛坯左端，棒料伸出卡盘外约 25mm，找正后夹紧，加工零件右端面内外型面。工步如下：

① 用 93°外圆正偏车刀进行零件右端面的轮廓粗加工；

② 用 93°外圆正偏车刀进行零件右端面的轮廓精加工；

③ 用 ϕ22mm 麻花钻钻孔；

④ 用镗孔刀进行零件右孔的镗孔粗加工和精加工。

工序 3：卸下工件，掉头装夹零件右端面，用铜皮包住已加工过的 ϕ62mm 的外圆，棒料伸出卡盘外约 15mm 找正后夹紧，加工零件左端内外型面。工步如下：

① 用 93°外圆正偏车刀进行零件右端面的轮廓粗加工；

② 用 93°外圆正偏车刀进行零件右端面的轮廓精加工；

③ 用 ϕ25mm 麻花钻钻孔；

④ 用镗孔刀进行零件右孔的镗孔粗加工和精加工。

3）多阶套零件的加工工序与工步划分

工序 1：下料，用切割机切 ϕ100mm 的 45 热轧圆钢，长度为 70mm；

工序 2：装夹毛坯左端，棒料伸出卡盘外约 45mm，找正后夹紧，加工零件右端面内外型面。工步如下：

① 用 93°外圆正偏车刀进行零件右端面的轮廓粗加工；

② 用 93°外圆正偏车刀进行零件右端面的轮廓精加工；

③ 用宽 4mm 的硬质合金焊接切槽刀切槽；

④ 用 ϕ25mm 麻花钻钻孔；

⑤ 用镗孔刀进行零件右孔的镗孔粗加工和精加工；

⑥ 用 4mm 宽的内割刀割槽；

⑦ 用 60°内螺纹刀切制螺纹。

工序 3：卸下工件，掉头装夹零件右端面，用铜皮包住已加工过的 ϕ80mm 的外圆，棒料伸出卡盘外约 40mm 找正后夹紧，加工零件左端内外型面。工步如下：

① 用 93°外圆正偏车刀车 ϕ78mm 的圆柱面并控制总长在 64mm 内；

② 用 93°外圆正偏车刀进行零件左端面的轮廓粗加工；

③ 用 93°外圆正偏车刀进行零件左端面的轮廓精加工；

④ 用 ϕ25mm 麻花钻钻通孔；

⑤ 用镗孔刀进行零件左孔的镗孔粗加工和精加工。

4）双锥螺套零件的加工工序与工步划分。

工序 1：下料，用切割机切 ϕ100mm 的 45 热轧圆钢，长度为 57mm；

工序 2：装夹毛坯左端，棒料伸出卡盘外约 20mm，找正后夹紧，加工零件右端面内外型面。工步如下：

① 用 93°外圆正偏车刀进行零件右端面的轮廓粗加工；

② 用 93°外圆正偏车刀进行零件右端面的轮廓精加工；

③ 用 ϕ20mm 麻花钻钻通孔；

④ 用镗孔刀进行零件右孔的镗孔粗加工和精加工。

工序 3：卸下工件，掉头装夹零件右端面，用铜皮包住已加工过的 ϕ80mm 的外圆，棒料伸出卡盘外约 44mm 找正后夹紧，加工零件左端内外型面。工步如下：

① 用 93°外圆正偏车刀车 ϕ80mm 的圆柱面并控制总长在 57mm 内；

② 用 93°外圆正偏车刀进行零件左端面的轮廓粗加工；

③ 用 93°外圆正偏车刀进行零件左端面的轮廓精加工；

④ 用 ϕ20mm 麻花钻钻孔；

⑤ 用镗孔刀进行零件左孔的镗孔粗加工和精加工；

⑥ 用 60°内螺纹刀切制螺纹；

⑦ 用 4mm 宽的内割刀割槽；

⑧ 用 30°的梯形螺纹刀加工外螺纹。

12.2　球头偏心轴串套工艺文件的制定

12.2.1　球头偏心轴串套零件刀具卡

根据球头偏心轴串套零件加工工艺的分析，选择其加工刀具，填写刀具卡，如表 12-1 所示。

表 12-1　　　　球头偏心轴串套零件刀具卡

<table>
<tr><td>序号</td><td colspan="2">刀具规格与名称</td><td colspan="2">刀具号</td><td>数量</td><td colspan="4">加工内容</td></tr>
<tr><td>1</td><td colspan="2">93°外圆正偏车刀</td><td colspan="2">T01</td><td>1</td><td colspan="4">轮廓粗精加工</td></tr>
<tr><td>2</td><td colspan="2">宽 4mm 的硬质合金焊接切槽刀</td><td colspan="2">T02</td><td>1</td><td colspan="4">切槽</td></tr>
<tr><td>3</td><td colspan="2">30°的梯形螺纹刀</td><td colspan="2">T03</td><td>1</td><td colspan="4">螺纹加工</td></tr>
<tr><td>4</td><td colspan="2">镗孔刀</td><td colspan="2">T04</td><td>1</td><td colspan="4">镗孔</td></tr>
<tr><td>5</td><td colspan="2">4mm 宽的内割刀</td><td colspan="2">T05</td><td>1</td><td colspan="4">割槽</td></tr>
<tr><td>6</td><td colspan="2">60°内螺纹刀</td><td colspan="2">T06</td><td>1</td><td colspan="4">螺纹加工</td></tr>
<tr><td>7</td><td colspan="2">ϕ20 麻花钻</td><td colspan="2">T07</td><td>1</td><td colspan="4" rowspan="3">钻孔</td></tr>
<tr><td>8</td><td colspan="2">ϕ22 麻花钻</td><td colspan="2">T08</td><td>1</td></tr>
<tr><td>9</td><td colspan="2">ϕ25 麻花钻</td><td colspan="2">T09</td><td>1</td></tr>
<tr><td>设计</td><td></td><td>校对</td><td></td><td>审核</td><td></td><td>标准化</td><td></td><td>会签</td><td></td></tr>
<tr><td>处数</td><td colspan="2"></td><td>标记</td><td colspan="2"></td><td>更改文件号</td><td colspan="3"></td></tr>
</table>

12.2.2 球头偏心轴串套零件加工工序卡

（1）球头偏心轴零件加工工序卡

表 12-2　　　　球头偏心轴零件加工工序卡

<table>
<tr><td colspan="2" rowspan="2">全工序</td><td rowspan="2">机械工序卡</td><td colspan="2">产品型号</td><td colspan="2"></td></tr>
<tr><td colspan="2">产品名称</td><td colspan="2">球头偏心轴</td></tr>
<tr><td colspan="3" rowspan="5"> 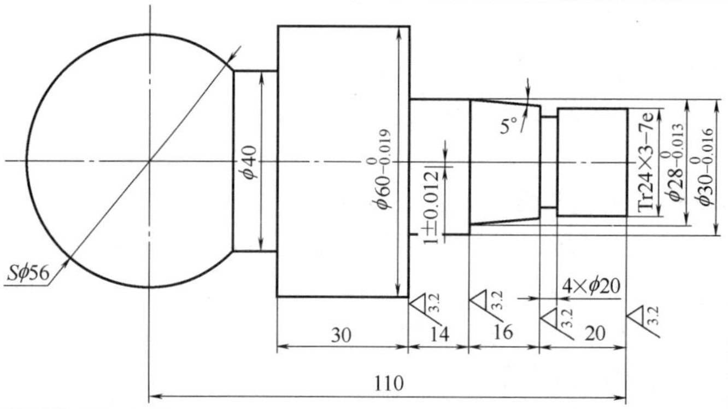</td><td>设备名称及型号</td><td colspan="2">夹具</td><td>量具</td></tr>
<tr><td>CK6140 FANUC 0i TB 系统</td><td colspan="2">三爪自定心卡盘</td><td>游标卡尺</td></tr>
<tr><td>程序号</td><td colspan="3"></td></tr>
<tr><td>准终工时</td><td colspan="2">单件工时</td><td>工序工时</td></tr>
<tr><td></td><td colspan="2"></td><td></td></tr>
<tr><td rowspan="2">工步号</td><td colspan="2" rowspan="2">工步内容</td><td colspan="3">切削参数</td><td rowspan="2">刀号</td></tr>
<tr><td>v_c /(mm/min)</td><td>n /(r/min)</td><td>a_p /mm</td></tr>
<tr><td>5</td><td colspan="2">夹毛坯外圆，伸出长度约 90mm</td><td></td><td></td><td></td><td></td></tr>
<tr><td>10</td><td colspan="2">粗车零件右端面、台阶等单边，留加工余量 0.3mm</td><td>120</td><td>600</td><td>1.5</td><td></td></tr>
<tr><td>15</td><td colspan="2">精加工零件右端外轮廓</td><td>40</td><td>800</td><td>0.5</td><td></td></tr>
<tr><td>20</td><td colspan="2">换 4mm 宽的割刀割 4×ϕ20mm 的槽</td><td>20</td><td>400</td><td>0.3</td><td></td></tr>
<tr><td>25</td><td colspan="2">换外螺纹刀粗、精车外螺纹（螺距为 3mm）</td><td>40</td><td>400</td><td>0.2</td><td></td></tr>
<tr><td>30</td><td colspan="2">掉头用薄铜片装夹右端并校正</td><td></td><td></td><td></td><td></td></tr>
<tr><td>35</td><td colspan="2">精车圆球面和 ϕ40mm 的圆柱面，保证总长 138mm</td><td>50</td><td>500</td><td></td><td></td></tr>
<tr><td>40</td><td colspan="2">粗加工左端外轮廓，单边留加工余量 0.3mm</td><td>100</td><td>500</td><td>1</td><td></td></tr>
<tr><td>45</td><td colspan="2">精加工左端外轮廓</td><td>40</td><td>800</td><td>0.5</td><td></td></tr>
<tr><td>50</td><td colspan="2">检验，入库</td><td></td><td></td><td></td><td></td></tr>
<tr><td>设计</td><td></td><td>校对</td><td></td><td colspan="2">会签</td><td></td></tr>
<tr><td>标记</td><td></td><td>处数</td><td></td><td colspan="2">更改文件号</td><td></td></tr>
</table>

（2）薄壁偏心套零件加工工序卡

表 12-3　　**薄壁偏心套零件加工工序卡**

全工序	机械工序卡	产品型号	
		产品名称	薄壁偏心套

设备名称及型号	夹具	量具
CK6140 FANUC 0i TB 系统	三爪自定心卡盘	游标卡尺
程序号		
准终工时	单件工时	工序工时

工步号	工步内容	切削参数 v_c(mm/min)	切削参数 n/(r/min)	切削参数 a_p/mm	刀号
5	夹毛坯外圆，伸出长度约 25mm				
10	车平零件右端面		500		
15	粗加工右端面外轮廓	120	600	2	
20	精加工零件右端外轮廓	40	800	0.5	
25	用 ϕ25mm 麻花钻钻孔		400		
30	粗镗右孔，单边留余量 0.3mm	50	500	1	
35	精镗右孔	40	800	0.5	
40	调头用薄紫铜片装夹右端并校正				
45	车端面保证总长为 40mm				
50	粗加工左端外轮廓，单边留余量 0.3mm	100	500	1	
55	精加工零件左端外轮廓	40	800	0.5	
60	粗镗左孔，单边留余量 0.3mm	50	500	1	
65	精镗左孔	40	800	0.5	
70	检验，入库				

设计		校对		会签	
标记		处数		更改文件号	

（3）多阶套零件加工工序卡

表 12-4　　多阶套零件加工工序卡

全工序	机械工序卡	产品型号		
		产品名称	多阶套	
		设备名称及型号	夹具	量具
		CK6140 FANUC 0i TB 系统	三爪自定心卡盘	游标卡尺
		程序号		
		准终工时	单件工时	工序工时

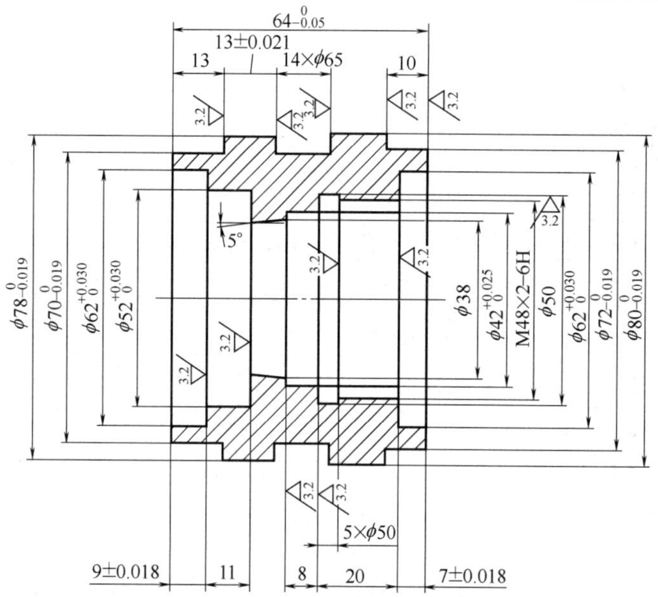

工步号	工步内容	切削参数 v_c /(mm/min)	切削参数 n /(r/min)	切削参数 a_p /mm	刀号
5	夹毛坯外圆，伸出长度约 45mm				
10	车平零件右端面	100	500		
15	粗加工右端面外轮廓，单边留余量 0.3mm	120	600	2	
20	精加工零件右端外轮廓	40	800	0.5	
25	用 ϕ25mm 麻花钻钻通孔		400		
30	粗镗右孔，单边留余量 0.3mm	50	500	1	
35	精镗右孔	40	800	0.5	
40	进行内孔割槽（槽宽 5mm）	40	400	1	
45	粗精加工内螺纹（螺距为 2mm）	40	400	0.2	
50	调头用薄紫铜片装夹右端并校正				
55	车端面保证总长为 64mm				
60	粗加工左端外轮廓，单边留余量 0.3mm	100	500	1	
65	精加工零件左端外轮廓	40	800	0.5	
70	粗镗左孔，单边留余量 0.3mm	50	500	1	
75	精镗左孔	40	800	0.5	
80	检验，入库				

设计		校对		会签	
标记		处数		更改文件号	

（4）双锥螺套零件加工工序卡

表 12-5　双锥螺套零件加工工序卡

全工序	机械工序卡	产品型号	
		产品名称	双锥螺套

设备名称及型号	夹具	量具
CK6140 FANUC 0i TB 系统	三爪自定心卡盘	游标卡尺
程序号		
准终工时	单件工时	工序工时

工步号	工步内容	切削参数			刀号
		v_c /(mm/min)	n /(r/min)	a_p /mm	
5	夹毛坯外圆，伸出长度约 22mm				
10	车平零件右端面	100	500		
15	粗加工右端面外轮廓，单边留余量 0.3mm	120	600	2	
20	精加工零件右端外轮廓	40	800	0.5	
25	用 ϕ20mm 麻花钻钻通孔		400		
30	粗镗右孔，单边留余量 0.3mm	50	500	1	
35	精镗右孔	40	800	0.5	
40	粗精加工内螺纹（螺距为 2mm）	40	400	0.2	
45	调头用薄紫铜片装夹右端并校正				
50	车端面保证总长为 57mm				
55	粗加工左端外轮廓，单边留余量 0.3mm	100	500	1	
60	精加工零件左端外轮廓	40	800	0.5	
65	粗镗左孔，单边留余量 0.3mm	50	500	1	
70	精镗左孔	40	800	0.5	
75	粗精加工内螺纹（螺距为 3mm）	40	400	0.2	
80	进行 5mm×3mm 割槽	20	400		
85	粗精加工外螺纹	40	400	0.2	
90	检验，入库				

设计		校对		会签	
标记		处数		更改文件号	

12.3 考核评价小结

(1) 形成性考核评价(30%)

形成性考核评价由教师根据学生考勤和课堂表现给出,见表 12-6。

表 12-6 形成性考核评价

小组	成员	考勤	课堂表现	汇报人	补充发言 自由发言
1					
2					
3					

(2) 球头偏心轴串套零件考核评价(70%)

球头偏心轴串套零件考核评价由学生自评、学生互评、教师评价三部分组成,见表 12-7。

表 12-7 球头偏心轴串套零件考核评价表

序号	项目名称		配分	自评 (15%)	互评 (20%)	教评 (65%)	得分
	评价项目	扣分标准					
1	定位基准的选择	不合理,扣 5~10 分	10				
2	确定装夹方案	不合理,扣 5 分	5				
3	拟定工艺路线	不合理,扣 10~20 分	20				
4	确定加工余量	不合理,扣 5~10 分	10				
5	确定工序尺寸	不合理,扣 5~10 分	10				
6	确定切削用量	不合理,扣 1~5 分	10				
7	机床夹具的选择	不合理,扣 5 分	5				
8	刀具的确定	不合理,扣 5 分	5				
9	工序图的绘制	不合理,扣 5~10 分	10				
10	工艺文件内容	不合理,扣 5~10 分	15				
互评小组		指导教师		项目得分			
备　注				合　计			

拓展练习

如图 12-9 所示的单拐曲轴零件图，试完成以下任务：①进行单拐曲轴零件图的工艺性分析；②进行单拐曲轴零件形位公差分析；③进行单拐曲轴零件加工方法、定位基准、工艺装备分析；④确定单拐曲轴零件的加工工艺规程。

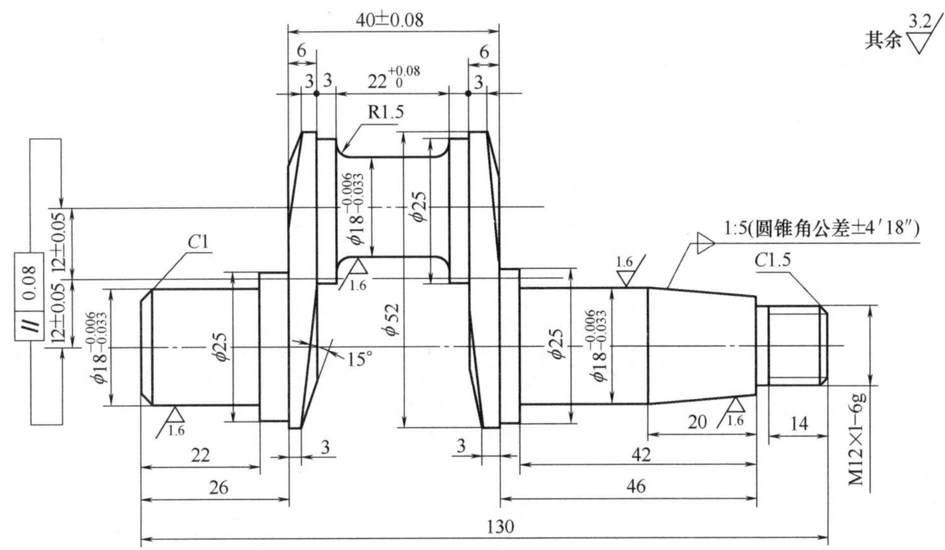

图 12-9　单拐曲轴零件图

项目13　六边形配合零件铣削加工工艺

【项目概述】

六边形配合零件是常见的铣削零件产品，如图 13-1 所示。

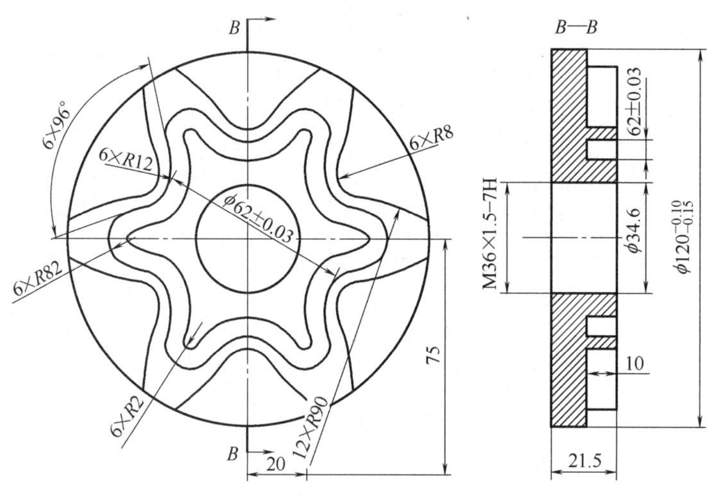

图 13-1　六边形顶盖零件图

【教学目标】

1. 能力目标

通过六边形配合零件的加工工艺设计，学生能运用铣削类零件加工的相关知识，根据铣工职业规范，完成定位配合件零件的铣削加工，并初步具备操作铣削完成零件加工的岗位能力。

2. 知识目标

（1）认识碳钢的性能及用途。

（2）知道金属切削加工基本规律。

（3）了解铣刀几何角度定义，车刀的材料、结构、类型及选用。

（4）掌握铣刀几何角度选择的方法。

（5）了解铣床、铣削加工特点，掌握配合件的装夹方法。

（6）掌握游标卡尺、内径百分表的使用。

【任务描述】

配合零件在机械或机器产品中应用非常广泛，而六边形配合零件正是这种典型铣削加

工产品，该配合件的六边形顶盖和六边形底座配合而成，从工艺上分析，需要分别按六边形顶盖和六边形底座的零件图要求加工，完成后再装配在一起，达到产品的设计加工要求。

【任务实施】

13.1　零件工艺分析

如图 13-1 所示，该六边形顶盖零件使用的毛坯为棒料，且零件本身为圆柱形零件，所以仅需要对零件上下两个面、凸台、凹槽、中心孔及螺纹进行加工，该零件的加工精度为 IT8 级，未注公差按 IT14 级，倒圆角处表面粗糙度为 $Ra12.5\mu m$，未注圆角的半径为 0.5mm，其余的表面粗糙度为 $Ra3.2\mu m$。六边形底座也是圆柱形零件，如图 13-2 所示，需要对上下两个面及几个型腔和倒圆角的加工，但是需要反面装夹加工螺纹。

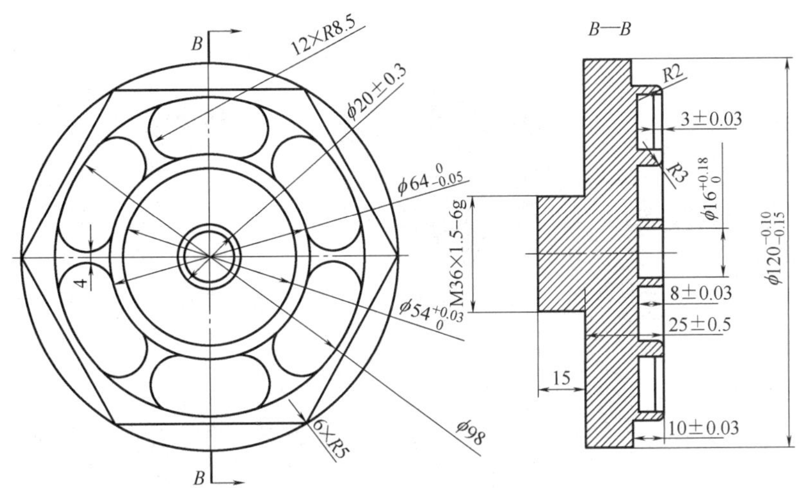

图 13-2　六边形底座零件图

13.1.1　六边形类零件材料

由图 13-1 可知，该六边形顶盖零件四周为圆柱形，选用材料长形板材，零件最大的直径均为 $\phi120$mm，故选用材质为 45 钢，综合力学性能较好，能够满足零件需求，毛坯尺寸为 125mm×125mm×30mm。

13.1.2　六边形类零件的加工技术要求

（1）尺寸

六边形顶盖零件外圆直径为 $\phi120$mm，总高 21.5mm，内螺纹 M36×1.5mm—7H，均布六边形凸台轮廓，型腔深度为 10mm；六边形底座零件外圆直径为 $\phi120$mm，总高 40mm，外螺纹 M36×1.5mm—6g，均布六边形腰形型腔，内孔 $\phi20$mm，型腔深度为 10mm。

（2）表面粗糙度

六边形配合零件表面粗糙度值为 $Ra6.3\mu m$，其余为 $Ra12.5\mu m$。

（3）其他技术要求

未注尺寸公差为 GB/T 1804—2000，即图样上未注公差的线性尺寸均按中等级加工和检验。

13.2 预备基础知识

13.2.1 数控铣削加工对象

数控铣削主要适合加工以下几类零件。

（1）平面轮廓类零件

平面轮廓类零件的主要特征为加工面平行或垂直于定位面，或与定位面成固定夹角（图 13-3）。

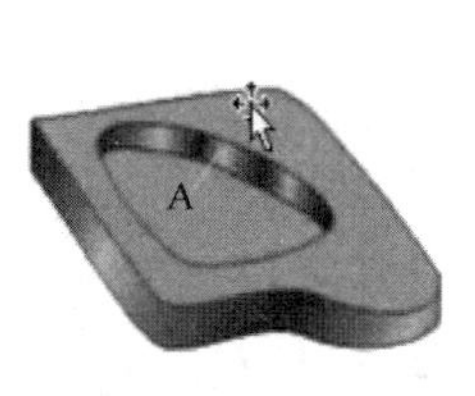

(a) 加工面与定位面平行

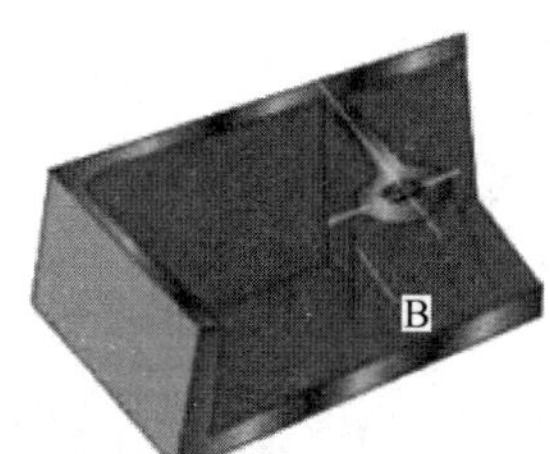

(b) 加工面与定位面垂直

(c) 加工面与定位面成固定夹角

图 13-3　平面轮廓零件

（2）变斜角类零件

加工面与水平面的夹角呈连续变化的零件称为变斜角零件，如图 13-4 所示的飞机变斜角梁椽条。

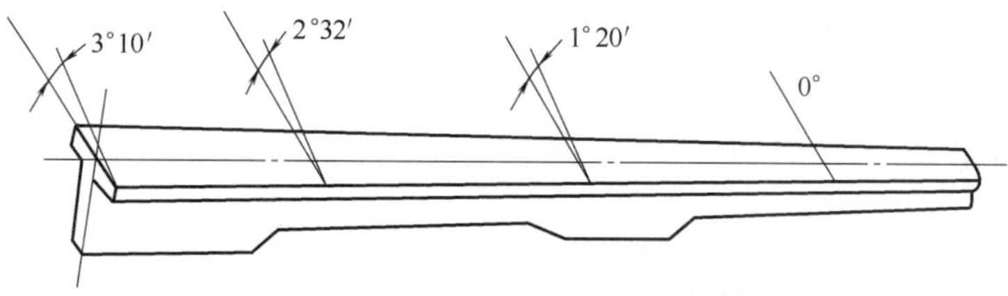

图 13-4　飞机变斜角梁椽条

（3）空间曲面类零件

加工面为空间曲面的零件称为空间曲面类零件，如模具、叶片、螺旋桨等（图 13-5）。

（4）孔及螺纹

孔及孔系、螺纹的加工都可在数控铣床及加工中心上进行。

13.2.2 加工工艺路线

加工路线（走刀路线）：刀具刀位点相对于工件运动的轨迹。

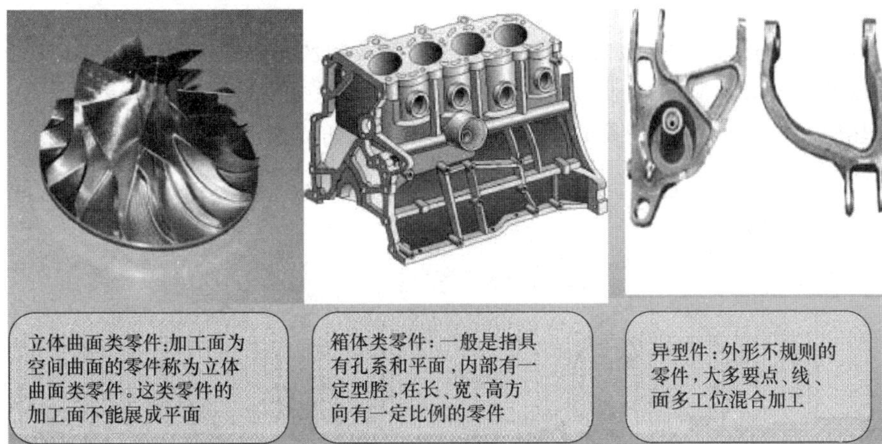

图 13-5　空间曲面类

确定加工路线的一般原则是：

① 保证零件的加工精度和表面粗糙度要求，且效率较高。

② 缩短走刀路线，减少进退刀时间和其他辅助时间。

③ 方便数值计算，减少编程工作量。

④ 走刀路线最短，可以减少程序段数，减少空刀时间。

注意：对于平面轮廓的铣削，无论是外轮廓或内轮廓，要安排刀具从切向进入轮廓进行加工，当轮廓加工完毕之后，要安排一段沿切线方向继续运动的距离退刀，这样可以避免刀具在工件上的切入点和退出点处留下接刀痕。

（1）平面轮廓加工路线

铣削平面类零件周边轮廓一般采用立铣刀。刀具的尺寸应满足：刀具半径 R 小于轮廓内侧弯曲的最小曲率半径 ρ_{min}，一般可取 $R=(0.8\sim0.9)\rho_{min}$；如果 ρ_{min} 过小，为提高加工效率，可先采用大直径刀具进行粗加工，然后按上述要求选择刀具对轮廓上残留余量过大的局部区域处理后再对整个轮廓进行精加工。

顺铣：在铣削加工中，铣刀的走刀方向与在切削点的切削分力方向相同（工作进给方向与铣刀旋转方向相同，切削厚度由大到小，直至为零），如图 13-6（a）所示。

逆铣：在铣削加工中，铣刀的走刀方向与在切削点的切削分力方向相反（工作进给方向与铣刀旋转方向相反，切削厚度由小到大），如图 13-6（b）所示。

顺铣与逆铣比较：顺铣时作用在工件上的垂直铣削分力向下，将工件压向工作台，铣削平稳。水平分力与走刀方向相同，使工作台突然窜动，应消除丝杠螺母间隙。逆铣时产生的水平分力和进给方向相反，工作台不会窜动，垂直分力向上，有抬起工件的趋势，振动加剧。刀具易磨损，耐

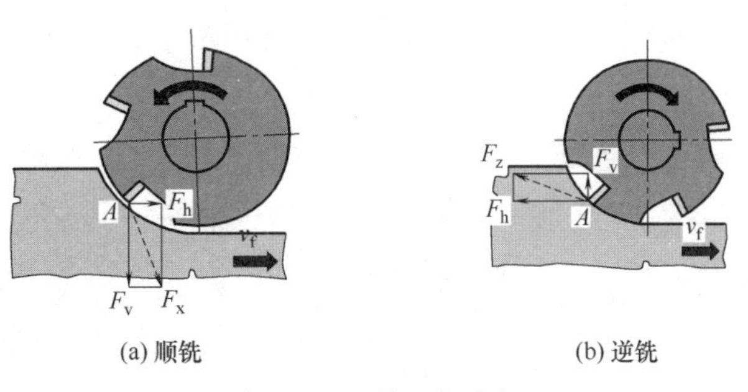

图 13-6　刀具上的受力

用度低。

顺铣与逆铣的选择：一般铣削优先选用顺铣，表面质量好，刀齿磨损小。铝镁合金、钛合金、耐热合金等材料，一般用顺铣。黑色铸件或锻件用逆铣。

平面轮廓切入切出路径如图 13-7 所示，采用圆弧切入切出路径。

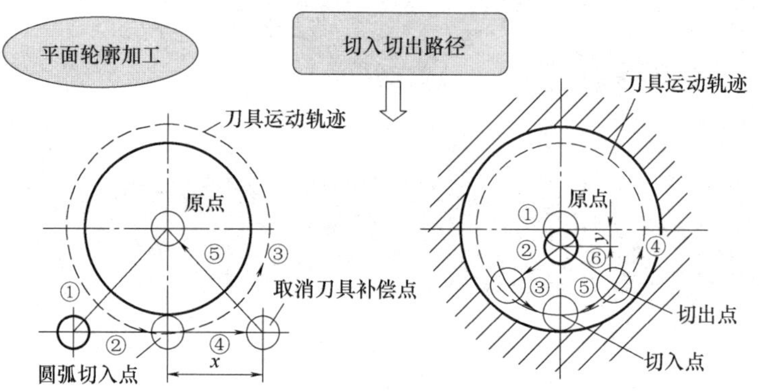

(a) 铣削外圆的切入切出路径　(b) 铣削内圆的切入切出路径

图 13-7　铣削圆的切入切出路径

铣削平面零件内轮廓时，刀具切入、切出点应选择在轮廓两几何元素的交点处。若无交点，刀具切入、切出点应远离拐角，或选择圆弧切入、切出，如图 13-8 所示。图 13-8（a）容易产生过切，图 13-8（b）从中间切入切出，进退刀路线设计较好。

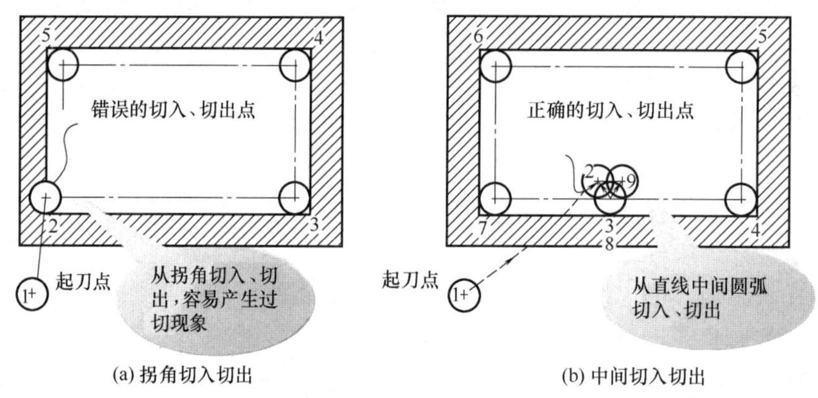

(a) 拐角切入切出　(b) 中间切入切出

图 13-8　铣削平面内轮廓无交点时的切入、切出路径

如图 13-9（a）所示，铣削外表面轮廓时，铣刀的切入、切出点应沿零件轮廓曲线的

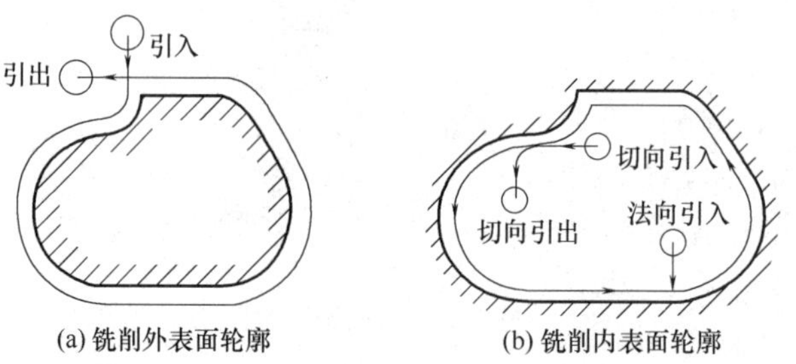

(a) 铣削外表面轮廓　(b) 铣削内表面轮廓

图 13-9　铣削表面轮廓的切入切出路径

延长线上切向切入和切出零件表面，而不应沿法线方向直接切入零件，引入点选在尖点处较妥。

如图 13-9（b）所示，铣削内表面轮廓时，切入和切出无法外延，这时铣刀可沿法线方向切入和切出或将引入引出弧改向，并将其切入、切出点选在零件轮廓两几何元素的交点处。但是，在沿法线方向切入、切出时，还应避免产生过切的可能性。

（2）孔加工路线

对孔位精度要求较高的孔系加工，还应注意在安排孔加工顺序时，防止将机床坐标轴的反向间隙带入而影响孔位精度，如图 13-10 所示。

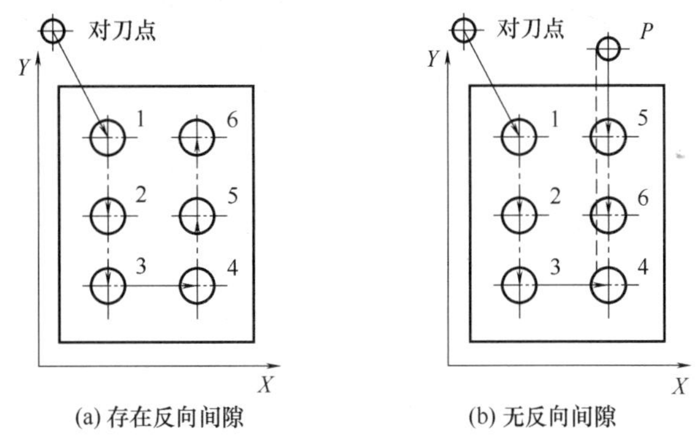

图 13-10　孔位置精度要求高时的加工路线

孔加工时另一方面主要考虑最短走刀路线原则，如图 13-11 所示的圆周分布孔，按最短路线设计能大大减少加工时间，提高加工效率。

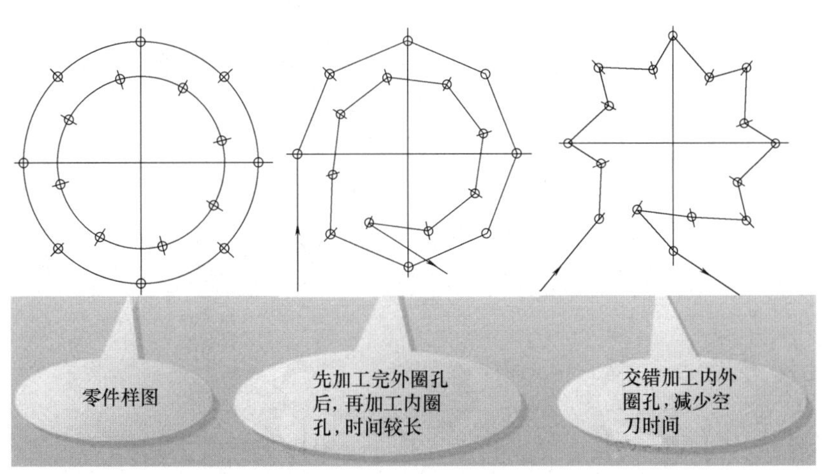

图 13-11　孔加工最短路线

（3）挖槽加工路线（型腔）

挖槽加工路线，如图 13-12（a）中环切法的加工路线最长；图 13-12（b）中行切法的加工路线最短，但切削最后的加工表面质量较差；图 13-12（c）中行切+环切法最好。

（4）曲面加工路线

对于曲面铣削，常用球头铣刀采用“行切法”进行加工。发动机大叶片类零件，当采

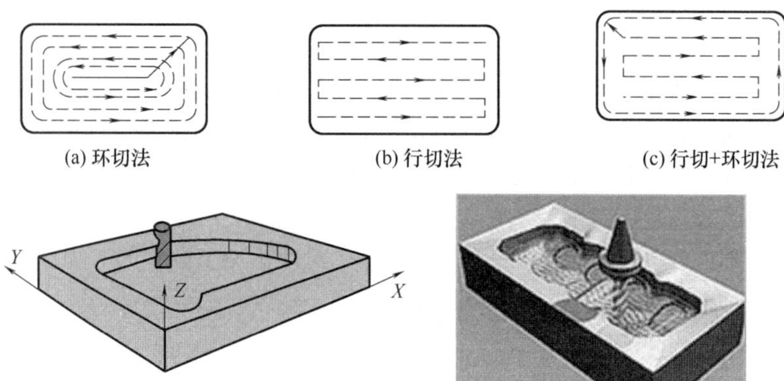

图 13-12　挖槽加工路线

用图 13-13（a）所示沿纵向来回切削的加工路线时，每次沿母线方向加工，刀位点计算简单，程序少，加工过程符合直纹面的形成，可以准确保证母线的直线度。

当采用图 13-13（b）所示的沿横向来回切削的加工路线时，符合这类零件数据给出情况，便于加工后的检验，叶形准确度高，但程序较多。复杂曲面的加工刀路算法较多，可以根据软件进行相应的设置。

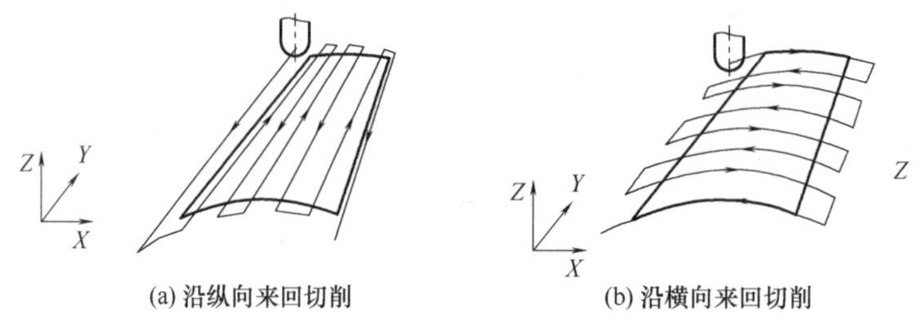

图 13-13　曲面加工路线

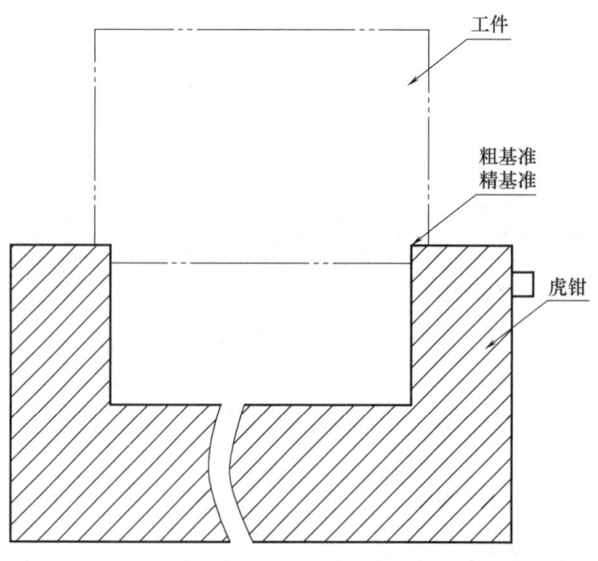

图 13-14　粗精基准示意图

六边形零件选择定位基准要遵循基准重合原则，即力求设计基准、工艺基准和编程基准统一，这样做可以减少基准不重合产生的误差和数控编程中的计算量，并且能有效地减少装夹次数，因下表面作为精基准可以满足基准重合的原则，所以在加工中，先将零件的上表面作为粗基准，铣出夹持面，再将夹持面作为精基准进行加工，如图 13-14 所示。

13.3　确定装夹方案

六边形零件装夹方案的确定，零件采用平口虎钳或螺钉压板进行装夹。

13.4　拟定工艺路线

13.4.1　六边形类顶盖零件工艺路线的拟定

备料铣 3mm 夹持面→粗铣上平面→精铣上平面→粗铣外圆柱轮廓 ϕ120mm→精铣外轮廓 ϕ120mm→粗铣六边形凸台外轮廓→精铣六边形凸台外轮廓→粗铣六边形型腔轮廓→精铣六边形型腔轮廓→钻孔→铣孔→翻面铣 ϕ36mm 内孔→铣 M36mm 内螺纹→去毛刺→整理。

13.4.2　六边形类底座零件工艺路线的拟定

备料→铣 3mm 夹持面→粗铣上平面→精铣上平面→粗铣外圆柱轮廓 ϕ120mm→精铣外轮廓 ϕ120mm→粗铣六边形凸台外轮廓→精铣六边形凸台外轮廓→粗铣六个腰形轮廓→精铣六个腰形轮廓→粗铣孔→精铣孔→翻面铣 ϕ36mm 外圆柱轮廓→铣 M36mm 外螺纹→去毛刺→整理。

13.5　设计工序内容

13.5.1　六边形类零件的刀具卡

根据六边形顶盖零件，选择其加工刀具，填写刀具卡，如表 13-1 所示。

表 13-1　　六边形顶盖刀具卡

（工序号）		工序刀具清单				
序号	刀具名称	刀具规格				备注（长度要求）
		型号	刀号	刀片规格标记	刀尖半径 R/mm	
1	面铣刀	ϕ160	T01		0.2	
2	立铣刀	ϕ16	T02		0.4	
3	立铣刀	ϕ10	T03			
4	立铣刀	ϕ2	T04			
5	内螺纹铣刀	SMT-25-16	T05			
设计		校对	审核	标准化	会签	
标记		处数		更改文件号		

根据六边形底座零件，选择其加工刀具，填写刀具卡，如表 13-2 所示。

表 13-2　　六边形底座刀具卡

（工序号）		工序刀具清单				
序号	刀具名称	刀具规格				备注(长度要求)
		型号	刀号	刀片规格标记	刀尖半径 R/mm	
1	面铣刀	f160	T01		0.2	
2	立铣刀	f16	T02		0.4	
3	立铣刀	f10	T03			
4	立铣刀	f3R1	T04			
5	外螺纹铣刀	SMT-25-16	T05			
设计		校对		审核		标准化		会签	
标记		处数		更改文件号					

13.5.2　六边形类零件的工艺过程卡

根据六边形顶盖零件，填写工艺过程卡，如表 13-3 所示。

表 13-3　　六边形顶盖工艺过程卡

材料	45 钢	毛坯种类	棒料	毛坯尺寸	125mm×125mm×45mm	加工设备
序号	工序名称	工作内容				
1	备料	125mm×125mm×45mm				锯床
2	热处理	正火				热处理设备
3	铣工	粗精铣平面及轮廓				KVC650
4	铣工	粗精铣型腔及内螺纹				KVC650
5	钳工	去毛刺				手工
6	检验	按图纸要求检验				检验台
编制		审核		批准		共　页	第　页

根据六边形底座零件，填写工艺过程卡，如表 13-4 所示。

表 13-4　　六边形底座工艺过程卡

材料	45 钢	毛坯种类	棒料	毛坯尺寸	125mm×125mm×45mm	加工设备
序号	工序名称	工作内容				
1	备料	125mm×125mm×45mm				锯床
2	热处理	正火				热处理设备
3	铣工	粗精铣平面及外轮廓				KVC650
4	铣工	粗精铣六边形凸台外轮廓				KVC650
5	铣工	粗精铣六个腰型槽				KVC650
6	铣工	铣内孔				KVC650
7	铣工	粗精铣内螺纹				KVC650
8	钳工	去毛刺				手工
9	检验	按图纸要求检验				检验台
编制		审核		批准		共　页	第　页

13.5.3　填写六边形类零件机械加工工序卡

根据六边形顶盖零件，填写工序卡，如表 13-5 所示。

表 13-5　　六边形顶盖机械加工工序卡

全工序	机械工序卡	产品型号	
		产品名称	六边形顶盖

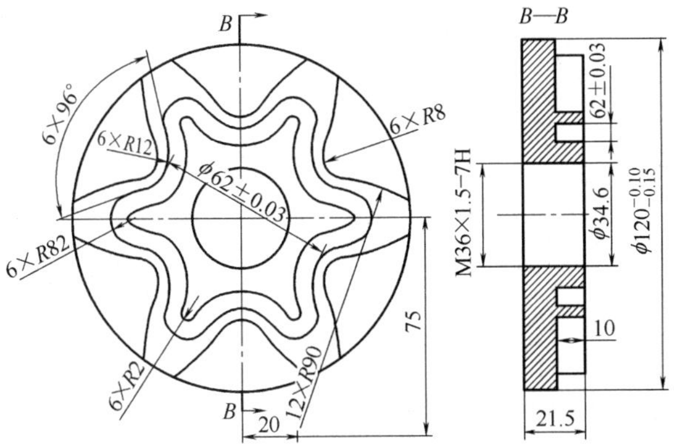

设备	夹具	量具
KVC650	三爪卡盘	千分尺 游标卡尺
程序号		

准终工时	单件工时	工序工时

工步号	工步内容	切削参数				冷却方式	刀号
		v_c	n	a_p	F		
5	粗、精铣 3mm 夹持面						T01
10	粗、精铣顶平面	180	1000	1	300	水冷	T02
15	粗、精铣外圆柱轮廓 ϕ120mm	180	1000	2	300	水冷	T02
20	粗、精铣六边形凸台外轮廓	200	1500	0.3	150	水冷	T03
25	粗、精铣六边形型腔轮廓	180	1000	1	300	水冷	T03
30	钻孔 ϕ12	180	1000	2	300	水冷	T04
35	铣孔	200	1500	0.3	150	水冷	T03
40	铣 ϕ36mm 内孔		400		60		T03
45	铣 ϕ36 螺纹						T05
50	去毛刺，检验，入库						

设计		校对		审核		标准化		会签	
标记		处数		更改文件号					

根据六边形底座零件，填写工序卡，如表 13-6 所示。

表 13-6　　六边形底座机械加工工序卡

全工序	机械工序卡	产品型号	
		产品名称	六边形顶座

设备	夹具	量具
KVC650	三爪卡盘	千分尺 游标卡尺
程序号		
准终工时	单件工时	工序工时

工步号	工步内容	切削参数				冷却方式	刀号
		v_c	n	a_p	F		
5	粗、精铣 3mm 夹持面						
10	粗、精铣顶平面	180	1000	1	300	水冷	T01
15	粗、精铣外圆柱轮廓 ϕ120mm	180	1000	2	300	水冷	T02
20	粗、精铣六边形凸台外轮廓	200	1500	0.3	150	水冷	T02
25	粗、精铣腰型槽	180	1000	1	300	水冷	T03
35	铣孔	200	1500	0.3	150	水冷	T03
40	铣外圆柱 ϕ36mm		1000	0.3	150		T04
45	铣 ϕ36 外螺纹				1.5		T05
50	去毛刺，检验，入库						

设计		校对		审核		标准化		会签	
标记		处数		更改文件号					

13.6　考核评价小结

（1）形成性考核评价（30%）

形成性考核评价由教师根据学生考勤和课堂表现评价，见表 13-7。

表 13-7　　六边形顶盖及底座形成性考核评价表

小组	成员	考勤	课堂表现	汇报人	补充发言 自由发言
1					
2					
3					

(2) 六边形顶盖及底座工艺设计考核评价 (70%)

表 13-8　　六边形顶盖及底座工艺设计考核评价表

序号	项目名称		配分	自评(15%)	互评(20%)	教评(65%)	得分
	评价项目	扣分标准					
1	定位基准的选择	不合理,扣 5～10 分	10				
2	确定装夹方案	不合理,扣 5 分	5				
3	拟定工艺路线	不合理,扣 10～20 分	20				
4	确定加工余量	不合理,扣 5～10 分	10				
5	确定工序尺寸	不合理,扣 5～10 分	10				
6	确定切削用量	不合理,扣 1～5 分	10				
7	机床夹具的选择	不合理,扣 5 分	5				
8	刀具的确定	不合理,扣 5 分	5				
9	工序图的绘制	不合理,扣 5～10 分	10				
10	工艺文件内容	不合理,扣 5～10 分	15				
互评小组		指导教师		项目得分			
备　注				合　计			

拓展练习

编制如图 13-15 所示零件铣削加工工艺。

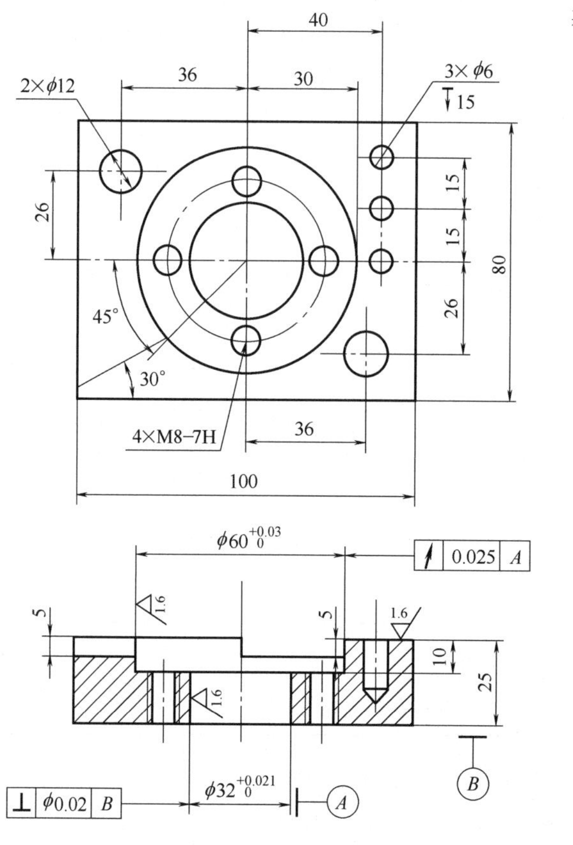
其余 3.2
40
36
30
2×φ12
3×φ6
↧15
15
15
26
26
80
45°
30°
4×M8-7H
36
100
φ60 +0.03 0
0.025 A
5
1.6
5
1.6
10
25
1.6
B
φ0.02 B
φ32 +0.021 0
A

图 13-15 槽孔零件图

项目 14　多轴联动加工工艺

【项目概述】

圆柱凸轮槽一般是按一定规律环绕在圆柱面上的等宽槽，如图 14-1 所示。通过其加工工艺的设计，学生能够掌握多轴加工工艺的基本方法。本项目通过对典型圆柱凸轮槽类零件的加工，使学生掌握多轴加工的基本原理、多轴工艺分析、多轴机床选择、多轴刀具选择以及多轴工艺的编制方法。

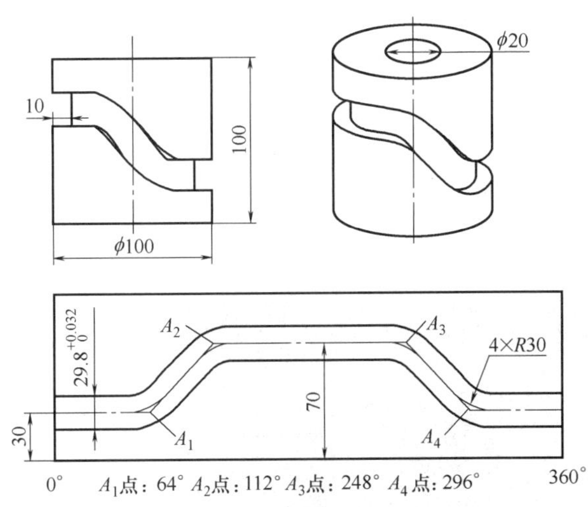

图 14-1　圆柱凸轮零件图

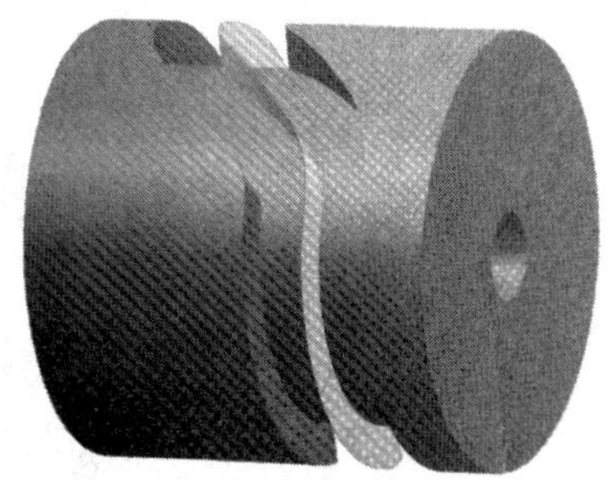

图 14-2　圆柱凸轮三维实体图

【教学目标】

1. 能力目标

通过对圆柱凸轮零件的加工工艺设计，使学生能运用多轴加工技术的相关知识，根据多轴加工的职业规范，完成圆柱凸轮零件的多轴加工，并初步具备操作多轴联动机床完成零件加工的岗位能力。

2. 知识目标

（1）认识多轴加工机床。

（2）了解多轴加工的特点。

（3）掌握多轴加工工艺。

（4）了解 NX 四轴零件编程及 VERICUT 仿真方法。

（5）掌握多轴加工工艺知识。

【任务描述】

圆柱凸轮是一个在圆柱面上开有曲线凹槽或在圆柱端面上作出曲线轮廓的构件，它可以看作是将移动凸轮卷成圆柱体演化而成的。

【任务实施】

14.1 预备基础知识

14.1.1 数控多轴加工机床（图 14-3）

（1）数控多轴加工的特点

① 可以一次装夹完成多面多方位加工，从而提高零件的加工精度和加工效率。

② 由于多轴机床的刀轴可以相对于工件状态而改变，刀具或工件的姿态角可以随时调整，所以可以加工更加复杂的零件。

③ 具有较高的切削速度和切削宽度，使切削效率和加工表面质量得以改善。

④ 多轴机床的应用，可以简化刀具形状，从而降低刀具成本。

⑤ 在多轴机床上进行加工时，工件夹具较为简单。

（2）四轴联动数控机床

图 14-3 四轴联动数控机床

特点：四轴联动数控机床有三个直线坐标轴和一个旋转轴（A 轴或 B 轴），并且四个坐标轴可以在计算机数控（CNC）系统的控制下同时协调运动进行加工。常用于小型零件、细长零件的铣削。

（3）五轴联动数控机床

五轴联动加工中心有高效率、高精度的特点，工件一次装夹就可完成五面体的加工。若配以五轴联动的高档数控系统，还可以对复杂的空间曲面进行高精度加工，更能够适应

像汽车零部件、飞机结构件等现代模具的加工。

如图 14-4（a）所示，五轴双转台加工中心的特点：适用于加工小型、轻型工件，工艺性较好，能完成孔的钻、扩、铰、镗、攻螺纹等加工。常用于加工精度要求不高的小型零件。

如图 14-4（b）所示，五轴双摆头加工中心的特点：适用于大型、重型工件，常用于大型模具、飞机机翼等的加工。

如图 14-4（c）所示，五轴一摆台一摆头加工中心的特点：由于减少了旋转轴、摆动轴的叠加，提高了机床刚性，适用于叶轮、支架类中小型零件的加工。

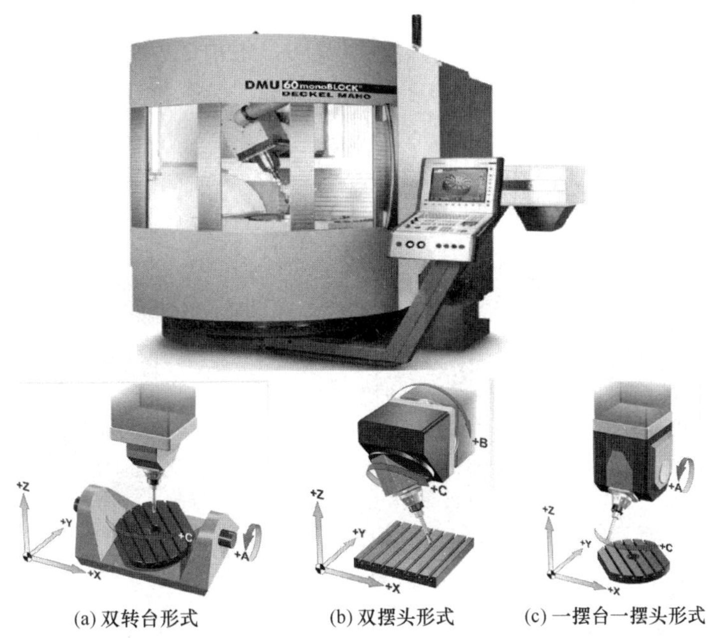

(a) 双转台形式　(b) 双摆头形式　(c) 一摆台一摆头形式

图 14-4　DMU 60 monoBLOCK 五轴数控镗铣加工中心

14.1.2　多轴加工技术

多轴加工技术特点如下：

① 主轴速度和刀具具有非常高的刀尖线速率。

② 小步距，更多的加工步骤。

③ 恒定的切削负载和切削量。

④ 避免切削方向的突然变化。

⑤ 减少数控机床的加工时间和成本。

⑥ 改进曲面精加工质量，减少或省去手工打磨工序。

⑦ 直接加工高硬度材料。

⑧ 减少电火花加工。

14.1.3　多轴加工工艺

（1）多轴加工的刀具

多轴加工的刀具种类很多，常规刀具如图 14-5 所示，通常可按照以下方法进行分类：

1）从制造所采用的材料可分为：高速钢刀具、硬质合金刀具、陶瓷刀具、超硬刀具。

2）从结构上可分为：

① 整体式、镶嵌式。镶嵌式刀具可分为焊接式和机夹式两种。机夹式根据刀体结构不同，也可分为可转位刀具和不转位刀具。

② 减振式、内冷式。内冷式即切削液通过刀体内部，由喷口喷射到刀具的切削刃部，起到冷却刀具和工件并冲走切屑的作用。另外，还有特殊型式刀具，如复合刀具，可逆螺纹刀具等。

3）从切削工艺上可分为：

① 铣削刀具，包括面铣刀、立铣刀、模具铣刀、键槽铣刀、鼓形铣刀等。

② 孔加工刀具，包括钻孔刀具、扩孔刀具、铰孔刀具、镗孔刀具等。

为了适应数控机床对刀具耐用、稳定、易调、可换等要求，近几年机夹式可转位刀具得到了广泛应用，在数量上达到了整个数控刀具的30%～40%，金属切除量占总数的80%～90%。

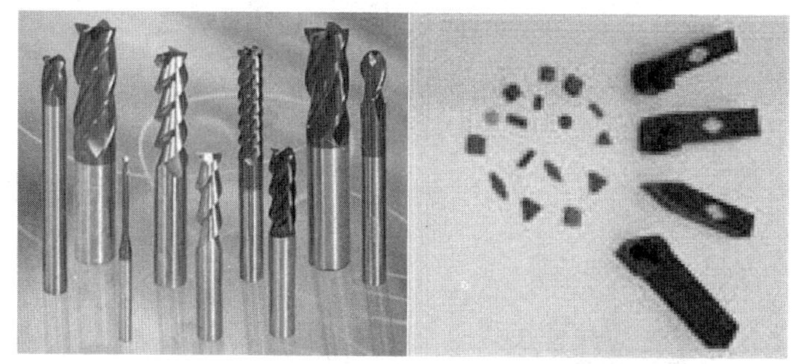

图 14-5　多轴加工刀具

（2）多轴加工的工艺安排原则

1）粗加工的工艺安排原则。

① 粗加工尽可能地用平面加工或三轴加工去除大余量，提高切削效率，可预见结果。

② 分层加工，留够精加工余量，使加工产生的内应力均衡，防止变形过大。

③ 对于难加工材料或窄缝的去粗可采用插铣。

2）半精加工的工艺安排原则。

① 给精加工留下均匀的较小的余量。

② 给精加工留有足够的刚性。

3）精加工的工艺安排原则。

① 分区域精加工，从浅到深，从上到下。

② 曲面—清根—曲面，切记底面余量过大造成清根时过切。

14.2　圆柱凸轮加工工艺

14.2.1　零件加工工艺

（1）零件分析

图 14-1 为圆柱凸轮槽环绕在圆柱面上的等宽槽，毛坯为棒料，其中 ϕ100 外圆、ϕ20 的中心孔在上工序已经完成加工，零件材料为 45 钢，要求在 ϕ100 圆柱表面加工出 29.8mm×10mm 的槽。

（2）机床选择及工件装夹

该圆柱凸轮槽加工时沿圆周表面铣削，适于用带有数控回转台的立式数控铣床进行加工。根据圆柱凸轮的实际结构，选用一夹一拉的装夹方式，三爪卡盘夹持毛坯 ϕ100 圆柱部位约 10mm，并通过中心孔用拉杆压紧在回转工作台上。

14.2.2　设计工序内容

（1）圆柱凸轮加工的刀具卡

根据圆柱凸轮零件，选择其加工刀具，填写刀具卡，如表 14-1 所示。

表 14-1　　圆柱凸轮刀具卡

<table>
<tr><td colspan="2">（工序号）</td><td colspan="2">工序刀具清单</td><td colspan="3"></td></tr>
<tr><td rowspan="2">序号</td><td rowspan="2">刀具名称</td><td colspan="4">刀具规格</td><td>备注</td></tr>
<tr><td>型号</td><td>刀具号</td><td>刀具半径补偿号</td><td>刀具长度补偿号</td><td></td></tr>
<tr><td>1</td><td>粗加工立铣刀</td><td>f28</td><td>T1</td><td>D01</td><td>H01</td><td></td></tr>
<tr><td>2</td><td>精加工立铣刀</td><td>f29.8</td><td>T2</td><td>D02</td><td>H02</td><td></td></tr>
</table>

设计		校对		审核		标准化		会签	
标记		处数		更改文件号					

（2）圆柱凸轮零件的工艺过程卡

根据圆柱凸轮零件填写工艺过程卡，如表 14-2 所示。

表 14-2　　圆柱凸轮工艺过程卡

<table>
<tr><td>材料</td><td>45 钢</td><td>毛坯种类</td><td>棒料</td><td>毛坯尺寸</td><td>ϕ105mm×110mm</td><td rowspan="2">加工设备</td></tr>
<tr><td>序号</td><td>工序名称</td><td colspan="4">工作内容</td></tr>
<tr><td>1</td><td>备料</td><td colspan="4">ϕ105mm×110mm</td><td>锯床</td></tr>
<tr><td>2</td><td>热处理</td><td colspan="4">正火</td><td>热处理车间</td></tr>
<tr><td>3</td><td>车工</td><td colspan="4">粗精毛坯至 ϕ100mm×100mm</td><td>C2-6136HK</td></tr>
<tr><td>4</td><td>车工</td><td colspan="4">切断</td><td>C2-6136HK</td></tr>
<tr><td>5</td><td>铣工</td><td colspan="4">一夹一拉装夹，粗加工凸轮槽，精加工凸轮槽</td><td>VMC850/L</td></tr>
<tr><td>6</td><td>钳工</td><td colspan="4">去毛刺</td><td>手工</td></tr>
<tr><td>7</td><td>检验</td><td colspan="4">按图纸要求检验</td><td>检验台</td></tr>
</table>

编制		审核		批准		共　页	第　页

（3）填写圆柱凸轮零件机械加工工序卡

根据圆柱凸轮零件填写工序卡，如表 14-3 所示。

表 14-3　　　　圆柱凸轮多轴加工工序卡

全工序	机械工序卡	产品型号		
		产品名称	阶梯轴	
		设备	夹具	量具
		VMC850/L	三爪卡盘	千分尺 游标卡尺
		程序号		
		准终工时	单件工时	工序工时

$\phi20$　10　100　$\phi100$　$29.8^{+0.032}_{0}$　A_2　A_3　4×$R30$　70　30　A_1　A_4

0°　A_1点: 64°　A_2点:112°　A_3点:248°　A_4点:296°　360°

圆柱面展开图

工步号	工步内容	切削参数				冷却方式	刀号
		v_c	n	a_p	F		
5	检查毛坯尺寸 ϕ100mm×100mm						
10	夹持毛坯 ϕ100 圆柱部位约 10mm，并通过中心孔用拉杆压紧在回转工作台上						
15	粗加工圆柱凸轮槽	110	800	1.5	200	水冷	T1
20	精加工圆柱凸轮槽，符合图纸要求	150	1000	0.2	80	水冷	T2

设计		校对		审核		标准化		会签	
标记		处数		更改文件号					

14.3　圆柱凸轮编程及 VERICUT 仿真

CAM 是多轴加工的必备工具，在多轴加工中 CAM 具有无可比拟的作用，为了更好地掌握多轴加工工艺，本项目以圆柱凸轮四轴编程及 VERICUT 仿真为例，让大家更深刻地理解多轴加工工艺。下面着重介绍 UG 四轴编程的相关操作。

（1）四轴定位加工

平面铣、型腔铣、固定轮廓铣、孔加工。

（2）四轴联动加工

可变轮廓铣、顺序铣。

（3）四轴加工的刀轴控制

UG 为四轴加工提供了丰富的刀轴控制方法，使多轴加工变得非常灵活。这些刀轴控制方法必须与不同的操作、不同的驱动方式配合，才能完成不同的加工任务。在选择刀轴控制方法时，必须考虑到机床工作台在回转中刀具与工作台、夹具、零件的干涉。减小工

作台的旋转角度，并尽可能使工作台均匀缓慢旋转，对四轴加工是非常重要的。

1）可变轴轮廓铣中的刀轴控制方法。

① 离开直线。

② 朝向直线。

③ 4 轴，垂直于部件。

④ 4 轴，相对于部件。

⑤ 4 轴，垂直于驱动体。

⑥ 4 轴，相对于驱动体。

2）顺序铣中的刀轴控制方法。

① 4 轴投影部件表面（驱动表面）法向。

② 4 轴相切于部件表面（驱动表面）。

③ 4 轴与部件表面（驱动曲面）成一角度。

14.3.1　圆柱凸轮 UG 四轴编程

（1）造型

1）创建 ϕ100mm×100mm 圆柱体。

2）展开圆柱面。

3）绘制展开图曲线。

4）缠绕曲线到圆柱表面上。

5）生成扫掠面。

6）增厚减料生成凸轮槽，如图 14-6 所示。

图 14-6　增厚减料生成凸轮槽

（2）编程

1）启动 cam _ general 多轴铣加工模块，如图 14-7 所示。

2）创建刀具 ϕ28、ϕ29.8 铣刀，如图 14-8 所示。

图 14-7　启动多轴加工模块

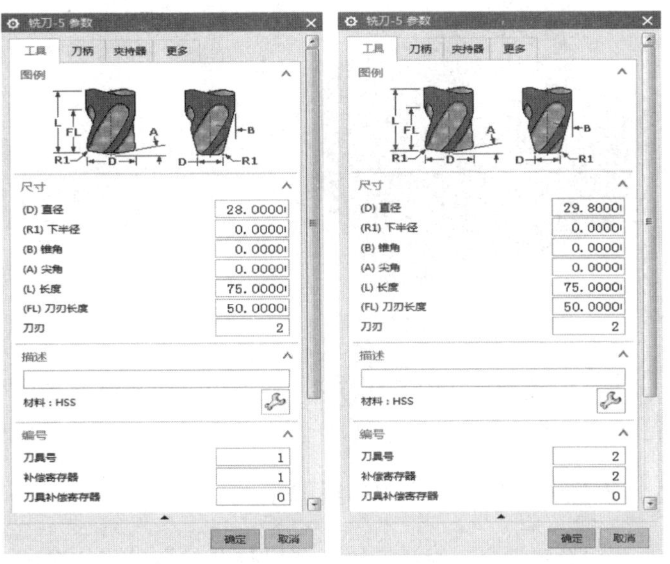

图 14-8　创建刀具

3）设置加工坐标系。

4）粗加工凸轮槽。

① 在几何体视图下，创建可变轮廓铣操作，刀具为 D28，修改为粗加工凸轮槽，如图 14-9 所示。

② 指定部件：凸轮槽底面。

③ 驱动方法：曲线/点，选择缠绕在圆柱表面的线。

④ 投影矢量：刀轴，远离直线，指定矢量选 X 轴正方向。

⑤ 切削参数：多刀路设为“多重深度”，余量偏置为“10”，刀路数为“4”。

⑥ 非切削移动：进刀类型“圆弧—平行于刀轴”。

⑦ 进给率和速度：S480，F100。

⑧ 生成刀具轨迹，如图 14-10 所示。

5）精加工凸轮槽

① 在几何体视图下，复制粗加工凸轮槽操作并粘贴修改为精加工凸轮槽。

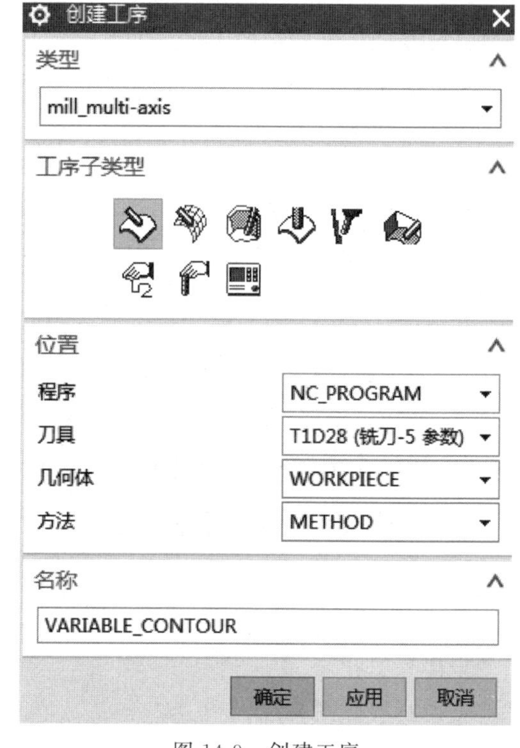

图 14-9　创建工序

② 刀具选择 D29.8 铣刀。

③ 切削参数：去掉“多重深度切削”选项，部件余量偏置为“0"。

④ 进给率和速度：S360，F80。

⑤ 生成刀具轨迹，如图 14-11 所示。

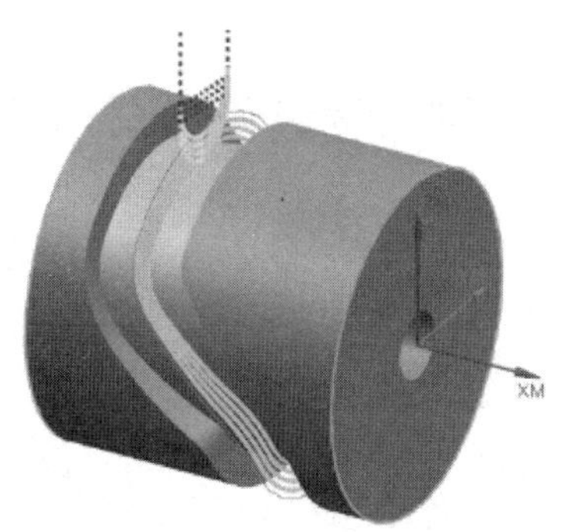

图 14-10　粗加工轨迹

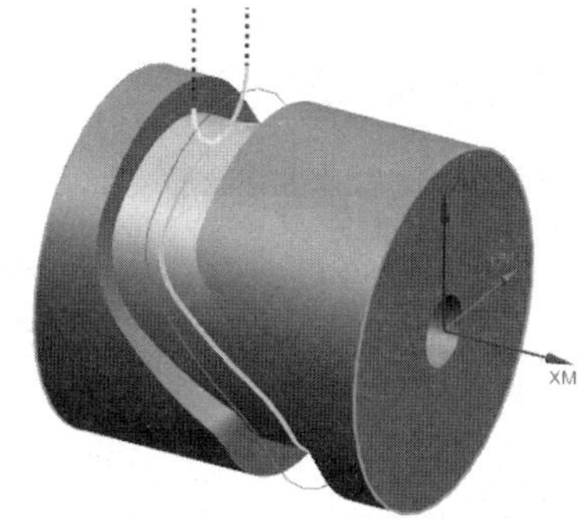

图 14-11　精加工轨迹

6）后处理。选中所有刀路→后处理（后处理器路径 D：\ UG_post \ 4L \ 4a. pui）——→程序名：O3. ptp。

14. 3. 2　VERICUT 仿真切削

① 新建项目，勾选“从一个模板开始”，路径“D：\ V7 \ 4x \ 01 \ demo. vcproject”；导入毛坯和设计文件（X 方向移动 200），如图 14-12 所示。

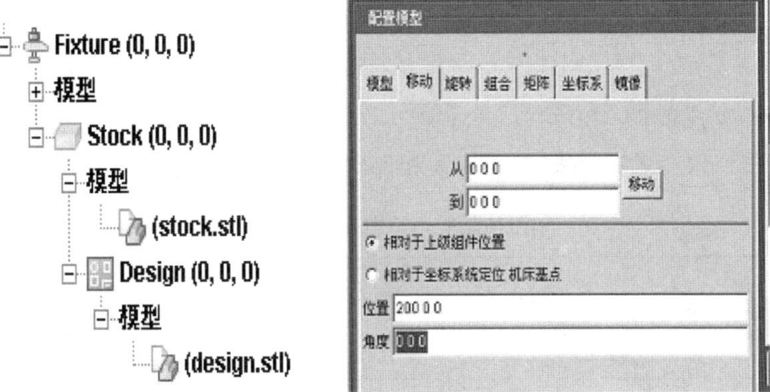

图 14-12　新建项目

② 新建坐标系 CSYS1，设置为（200，0，0），设置工作偏置（G54），如图 14-13 所示。

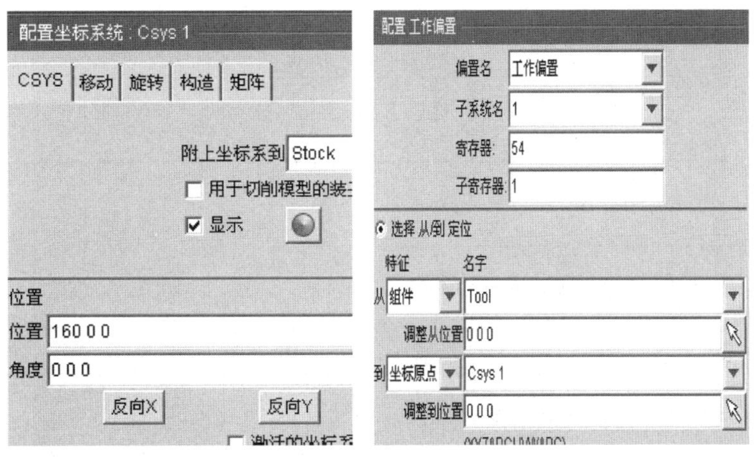

图 14-13　建立坐标系

③ 设置刀具 4a3. tls，添加数控程序 O3. ptp，仿真，结果比较，如图 14-14 所示。

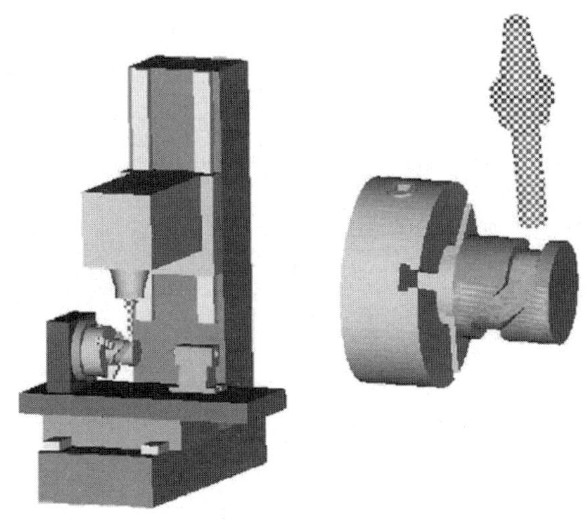

图 14-14　仿真结果

14.4 考核评价小结

（1）形成性考核评价（30%）

形成性考核评价由教师根据学生考勤和课堂表现给出，见表 14-4。

表 14-4　　圆柱凸轮形成性考核评价表

小组	成员	考勤	课堂表现	汇报人	补充发言 自由发言
1					
2					
3					

（2）圆柱凸轮工艺设计考核评价（70%）

表 14-5　　圆柱凸轮工艺设计考核评价表

序号	项目名称		配分	自评 （15%）	互评 （20%）	教评 （65%）	得分
	评价项目	扣分标准					
1	定位基准的选择	不合理，扣 5～10 分	10				
2	确定装夹方案	不合理，扣 5 分	5				
3	拟定工艺路线	不合理，扣 10～20 分	20				
4	确定加工余量	不合理，扣 5～10 分	10				
5	确定工序尺寸	不合理，扣 5～10 分	10				
6	确定切削用量	不合理，扣 1～5 分	10				
7	机床夹具的选择	不合理，扣 5 分	5				
8	刀具的确定	不合理，扣 5 分	5				
9	工序图的绘制	不合理，扣 5～10 分	10				
10	工艺文件内容	不合理，扣 5～10 分	15				
互评小组		指导教师		项目得分			
备　注				合　计			

拓展练习

合理编制如图 14-15 所示的零件加工工艺方案，包括定位、夹紧方案、工艺路线，选择合理的刀具和切削参数。

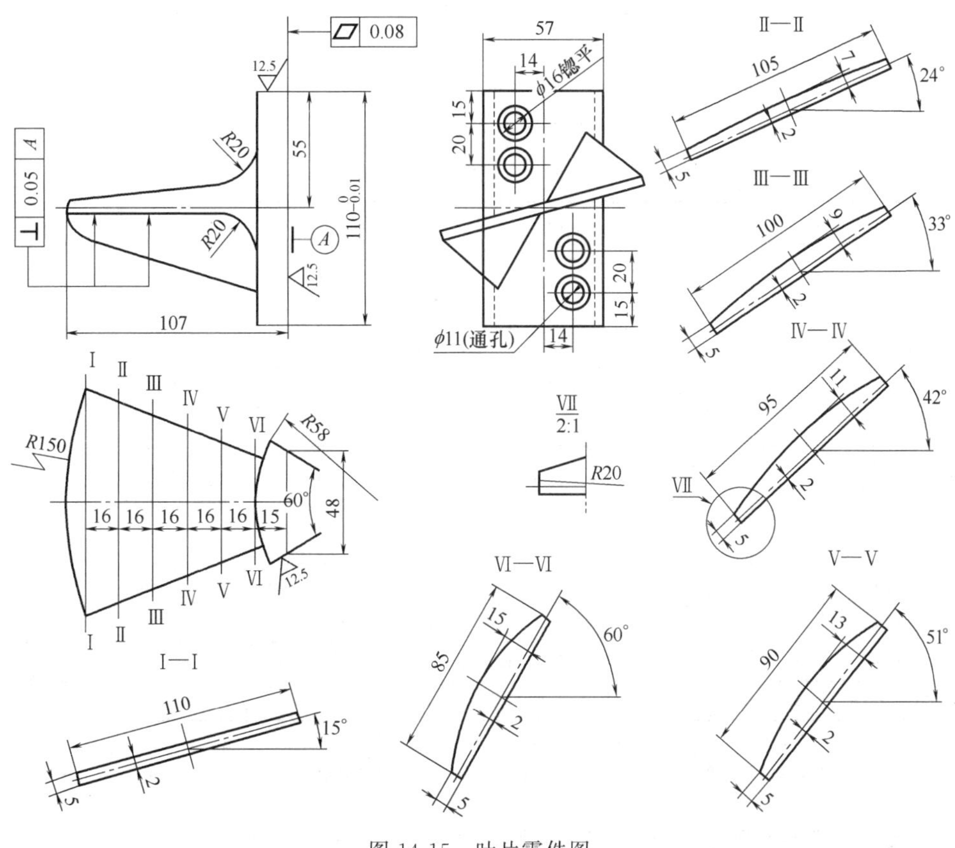

图 14-15　叶片零件图

附录一 车削用量选取参考表

一、外圆车削背吃刀量选择表（端面切深减半）

单位：mm

轴 径	长 度											
	≤100		>100～250		>250～500		>500～800		>800～1200		>1200～2000	
	半精	精车	半精	精车	半精	精车	半精	精车	半精	精车	半精	精车
≤10	0.8	0.2	0.9	0.2	1	0.3	—	—	—	—	—	—
>10～18	0.9	0.2	0.9	0.3	1	0.3	1.1	0.3	—	—	—	—
>18～30	1	0.3	1	0.3	1.1	0.3	1.3	0.4	1.4	0.4	—	—
>30～50	1.1	0.3	1	0.3	1.1	0.4	1.3	0.5	1.5	0.6	1.7	0.6
>50～80	1.1	0.3	1.1	0.4	1.2	0.4	1.4	0.5	1.6	0.6	1.8	0.7
>80～120	1.1	0.4	1.2	0.4	1.2	0.5	1.4	0.5	1.6	0.6	1.9	0.7
>120～180	1.2	0.5	1.2	0.5	1.3	0.6	1.5	0.6	1.7	0.7	2	0.8
>180～260	1.3	0.5	1.3	0.6	1.4	0.6	1.6	0.7	1.8	0.8	2	0.9
>260～360	1.3	0.6	1.4	0.6	1.5	0.7	1.7	0.7	1.9	0.8	2.1	0.9
>360～500	1.4	0.7	1.5	0.7	1.5	0.8	1.7	0.8	1.9	0.9	2.2	1

注：1. 粗加工，表面粗糙度为 $Ra50$～12.5μm 时，一次走刀应尽可能切除全部余量。

2. 粗车背吃刀量的最大值是受车床功率的大小决定的。中等功率机床可以达到 8～10mm。

二、高速钢及硬质合金车刀车削外圆及端面的粗车进给量

工件材料	车刀刀杆尺寸/mm	工件直径/mm	切深/mm				
			≤3	3～5	5～8	8～12	>12
			进给量 f/(mm/r)				
碳素结构钢、合金结构钢、耐热钢	16×25	20	0.3～0.4	—	—	—	—
		40	0.4～0.5	0.3～0.4	—	—	—
		60	0.5～0.7	0.4～0.6	0.3～0.5	—	—
		100	0.6～0.9	0.5～0.7	0.5～0.6	0.4～0.5	—
		400	0.8～1.2	0.7～1	0.6～0.8	0.5～0.6	—
	20×30 25×25	20	0.3～0.4	—	—	—	—
		40	0.4～0.5	0.3～0.4	—	—	—
		60	0.6～0.7	0.5～0.7	0.4～0.6	—	—
		100	0.8～1	0.7～0.9	0.5～0.7	0.4～0.7	—
		400	1.2～1.4	1～1.2	0.8～1	0.6～0.9	0.4～0.6

续表

工件材料	车刀刀杆尺寸/mm	工件直径/mm	切深/mm				
			≤3	3～5	5～8	8～12	>12
			进给量 f/(mm/r)				
铸铁及铜合金	16×25	40	0.4～0.5	—	—	—	—
		60	0.6～0.8	0.5～0.8	0.4～0.6	—	—
		100	0.8～1.2	0.7～1	0.6～0.8	0.5～0.7	—
		400	1～1.4	1～1.2	0.8～1	0.6～0.8	—
	20×30 25×25	40	0.4～0.5	—	—	—	—
		60	0.6～0.9	0.5～0.8	0.4～0.7	—	—
		100	0.9～1.3	0.8～1.2	0.7～1	0.5～0.8	—
		400	1.2～1.8	1.2～1.6	1～1.3	0.9～1.1	0.7～0.9

注：1. 断续切削、有冲击载荷时，乘以修正系数：k=0.75～0.85。

2. 加工耐热钢及其合金时，进给量应不大于1mm/r。

3. 无外皮时，表内进给量应乘以系数：k=1.1。

4. 加工淬硬钢时，进给量应减小。硬度为HRC 45～56时，乘以修正系数0.8；硬度为HRC 57～62，乘以修正系数k=0.5。

三、按表面粗糙度选择进给量的参考值

工件材料	粗糙度等级 Ra/μm	切削速度 v/(m/min)	刀尖圆弧半径/mm		
			0.5	1	2
			进给量 f/(mm/r)		
碳钢及合金碳钢	10～5	≤50	0.3～0.5	0.45～0.6	0.55～0.7
		>50	0.4～0.55	0.55～0.65	0.65～0.7
	5～2.5	≤50	0.18～0.25	0.25～0.3	0.3～0.4
		>50	0.25～0.3	0.3～0.35	0.35～0.5
	2.5～1.25	≤50	0.1	0.11～0.15	0.15～0.22
		50～100	0.11～0.16	0.16～0.25	0.25～0.35
		>100	0.16～0.2	0.2～0.25	0.25～0.35
铸铁及铜合金	10～5	不限	0.25～0.4	0.4～0.5	0.5～0.6
	5～2.5		0.15～0.25	0.25～0.4	0.4～0.6
	2.5～1.25		0.1～0.15	0.15～0.25	0.2～0.35

注：适用于半精车和精车的进给量的选择。

四、车削切削速度参考数值表

加工材料		硬度	背吃刀量 a_p /mm	高速钢刀具		硬质合金刀具						陶瓷(超硬材料)刀具		
						未涂层				涂层				
				v /(m/min)	f /(mm/r)	v/(m/min) 焊接式	v/(m/min) 可转位	f /(mm/r)	材料	v /(m/min)	f /(mm/r)	v /(m/min)	f /(mm/r)	说明
易切碳钢	低碳	100～200	1	55～90	0.18～0.2	185～240	220～275	0.18	YT15	320～410	0.18	550～700	0.13	切削条件好，可用冷压 Al_2O_3 陶瓷，较差时宜用 Al_2O_3 + TiC 热压混合陶瓷。
			4	41～70	0.4	135～185	160～215	0.5	YT14	215～275	0.4	425～580	0.25	
			8	34～55	0.5	110～145	130～170	0.75	YT5	170～220	0.5	335～490	0.4	
	中碳	175～225	1	52	0.2	165	200	0.18	YT15	305	0.18	520	0.13	
			4	40	0.4	125	150	0.5	YT14	200	0.4	395	0.25	
			8	30	0.5	100	120	0.75	YT5	160	0.5	305	0.4	
碳钢	低碳	100～200	1	43～46	0.18	140～150	170～195	0.18	YT15	260～290	0.18	520～580	0.13	
			4	34～33	0.4	115～125	135～150	0.5	YT14	170～190	0.4	365～425	0.25	
			8	27～30	0.5	88～100	105～120	0.75	YT5	135～150	0.5	275～365	0.4	
	中碳	175～225	1	34～40	0.18	115～130	150～160	0.18	YT15	220～240	0.18	460～520	0.13	
			4	23～30	0.4	90～100	115～125	0.5	YT14	145～160	0.4	290～350	0.25	
			8	20～26	0.5	70～78	90～100	0.75	YT5	115～125	0.5	200～260	0.4	
	高碳	175～225	1	30～37	0.18	115～130	140～155	0.18	YT15	215～230	0.18	460～520	0.13	
			4	24～27	0.4	88～95	105～120	0.5	YT14	145～150	0.4	275～335	0.25	
			8	18～21	0.5	69～76	84～95	0.75	YT5	115～120	0.5	185～245	0.4	
合金钢	低碳	125～225	1	41～46	0.18	135～150	170～185	0.18	YT15	220～235	0.18	520～580	0.13	
			4	32～37	0.4	105～120	135～145	0.5	YT14	175～190	0.4	365～395	0.25	
			8	24～27	0.5	84～95	105～115	0.75	YT5	135～145	0.5	275～335	0.4	
	中碳	175～225	1	34～41	0.18	105～115	130～150	0.18	YT15	175～200	0.18	460～520	0.13	
			4	26～32	0.4	85～90	105～120	0.4～0.5	YT14	135～160	0.4	280～360	0.25	
			8	20～24	0.5	67～73	82～95	0.5～0.75	YT5	105～120	0.5	220～265	0.4	

续表

加工材料		硬度	背吃刀量 a_p /mm	高速钢刀具		硬质合金刀具						陶瓷(超硬材料)刀具		
						未涂层				涂层				
				v /(m/min)	f /(mm/r)	v/(m/min) 焊接式	v/(m/min) 可转位	f /(mm/r)	材料	v /(m/min)	f /(mm/r)	v /(m/min)	f /(mm/r)	说明
合金钢	高碳	175～225	1	30～37	0.18	105～115	135～145	0.18	YT15	175～190	0.18	460～520	0.13	切削条件好，可用冷压 Al_2O_3 陶瓷，较差时宜用 Al_2O_3 + TiC 热压混合陶瓷。
			4	24～27	0.4	84～90	105～115	0.5	YT14	135～150	0.4	275～335	0.25	
			8	17～21	0.5	66～72	82～90	0.75	YT5	105～120	0.5	215～245	0.4	
高强度钢		225～350	1	20～26	0.18	90～105	115～135	0.18	YT15	150～185	0.18	380～440	0.13	> 300HBS 时宜用 W12Cr4-V5Co5 及 W2Mo9-Cr4VCo8
			4	15～20	0.4	69～84	90～105	0.4	YT14	120～135	0.4	205～265	0.25	
			8	12～15	0.5	53～66	69～84	0.5	YT5	90～105	0.5	145～205	0.4	
高速钢		200～225	1	15～24	0.13～0.18	76～105	85～125	0.18	YW1，YT15	115～160	0.18	420～460	0.13	加工 W12-Cr4V5Co5 等高速钢时宜用 W12-Cr4V5Co5 及 W2Mo9-Cr4VCo8
			4	12～20	0.25～0.4	60～84	69～100	0.4	YW2，YT14	90～130	0.4	250～275	0.25	
			8	9～15	0.4～0.5	46～64	53～76	0.5	YW3，YT5	69～100	0.5	190～215	0.4	
不锈钢	奥氏体	135～275	1	18～34	0.18	58～105	67～120	0.18	YG3X，YW1	84～60	0.18	275～425	0.13	> 225HBS 时宜用 W12Cr4V5-Co5 及 W2-Mo9Cr4VCo8
			4	15～27	0.4	49～100	58～105	0.4	YG6，YW1	76～135	0.4	150～275	0.25	
			8	12～21	0.5	38～76	46～84	0.5	YG6，YW1	60～105	0.5	90～185	0.4	
	马氏体	175～325	1	20～44	0.18	87～140	95～175	0.18	YW1，YT15	120～260	0.18	350～490	0.13	> 275HBS 时宜用 W12Cr4V5-Co5 及 W2-Mo9Cr4VCo8
			4	15～35	0.4	69～15	75～135	0.4	YW1，YT15	100～170	0.4	185～335	0.25	
			8	12～27	0.5	55～90	58～105	0.5～0.75	YW2，YT14	76～135	0.5	120～245	0.4	
灰铸铁		160～260	1	26～43	0.18	84～135	100～165	0.18～0.25	YG8，YW2	130～190	0.18	395～550	0.13～0.25	> 190HBS 时宜用 W12Cr4V5-Co5 及 W2-Mo9Cr4-VCo8
			4	17～27	0.4	69～110	81～125	0.4～0.5		105～160	0.4	245～365	0.25～0.4	
			8	14～23	0.5	60～90	66～100	0.5～0.75		84～130	0.5	185～275	0.4～0.5	
可锻铸铁		160～240	1	30～40	0.18	120～160	135～185	0.25	YW1，YT15	185～235	0.25	305～365	0.13～0.25	—
			4	23～30	0.4	90～120	105～135	0.5	YW1，YT15	135～185	0.4	230～290	0.25～0.4	
			8	18～24	0.5	76～100	85～115	0.75	YW2，YT14	105～145	0.5	150～230	0.4～0.5	

续表

加工材料	硬度	背吃刀量 a_p /mm	高速钢刀具		硬质合金刀具							陶瓷(超硬材料)刀具			
					未涂层				涂层						
			v /(m/min)	f /(mm/r)	v/(m/min)		f /(mm/r)	材料	v /(m/min)	f /(mm/r)		v /(m/min)	f /(mm/r)	说明	
					焊接式	可转位									
铝合金	30～150	1	245～305	0.18	550～610	max	0.25	YG3X，YW1	—	—		365～915	0.075～0.15	金刚石刀具	a_p=0.13～0.4
		4	215～275	0.4	425～550		0.5	YG6，YW1				245～760	0.15～0.3		a_p=0.4～1.25
		8	185～245	0.5	305～365		1	YG6，YW1				150～460	0.3～0.5		a_p=1.25～3.2
铜合金		1	40～175	0.18	84～345	90～395	0.18	YG3X，YW1	—	—		305～1460	0.075～0.15	金刚石刀具	a_p=0.13～0.4
		4	34～145	0.4	69～290	76～335	0.5	YG6，YW1				150～855	0.15～0.3		a_p=0.4～1.25
		8	27～120	0.5	64～270	70～305	0.75	YG8，YW2				90～550	0.3～0.5		a_p=1.25～3.2
钛合金	300～350	1	12～24	0.13	38～66	49～76	0.13	YG3X，YW1	—	—		—	—	高速钢采用W12Cr4V5-Co5及W2-Mo9Cr4VCo8	
		4	9～21	0.25	32～56	41～66	0.2	YG6，YW1							
		8	8～18	0.4	24～43	26～49	0.25	YG8，YW2							
高温合金	200～475	0.8	3.6～14	0.13	12～49	14～58	0.13	YG3X，YW1	—	—		185	0.075	立方氮化硼刀具	
		2.5	3～11	0.18	9～41	12～49	0.18	YG6，YW1				135	0.13		

五、外圆车削时切削速度公式中的系数和指数选择表

加工材料	加工形式	刀具材料	进给量/(mm/r)	公式中的系数和指数			
				C_V	X_V	y_V	m
碳素结构钢 $\sigma_b=0.65$GPa	外圆纵车 ($\kappa_r>0°$)	YT15 (不用切削液)	$f\leqslant0.3$	291	0.15	0.20	0.20
			$f\leqslant0.7$	242	0.15	0.35	0.20
			$f>0.7$	235	0.15	0.45	0.20
	外圆纵车 ($\kappa_r>0°$)	高速钢 (不用切削液)	$f\leqslant0.25$	67.2	0.25	0.33	0.125
			$f>0.25$	43	0.25	0.66	0.125
	外圆纵车 ($\kappa_r=0°$)	YT15 (不用切削液)	$f\geqslant a_p$	198	0.30	0.15	0.18
			$f>a_p$	198	0.15	0.30	0.18
	切断及切槽	YT5(不用液)		38		0.80	0.20
	切断及切槽	高速钢(用液)		21		0.66	0.25
	成型车削	高速钢(用液)		20.3		0.50	0.30
耐热钢 1Cr18Ni9Ti 141HB	外圆纵车	YG8(不用液)		110	0.2	0.45	0.15
		高速钢(用液)		31	0.2	0.55	0.15
淬硬钢 HRC50 $\sigma_b=1.65$GPa	外圆纵车	YT15 (不用切削液)	f≤0.3	53.3	0.18	0.40	0.10
灰铸铁 190HB	外圆纵车 ($\kappa_r>0°$)	YT15 (不用切削液)	$f\leqslant0.4$	189.8	0.15	0.2	0.2
			$f>0.4$	158	0.15	0.4	0.2
		高速钢 (不用切削液)	$f\leqslant0.25$	24	0.15	0.30	0.1
			$f>0.25$	22.7	0.15	0.40	0.1
	外圆纵车 ($\kappa_r=0°$)	YG6 (用切削液)	$f\geqslant a_p$	208	0.4	0.2	0.28
			$f>a_p$	208	0.2	0.4	0.28
	切断及切槽	YG6(不用液)		54.8		0.4	0.2
		高速钢(不用液)		18		0.4	0.15
可锻铸铁	外圆纵车	YG8 (不用切削液)	$f\leqslant0.4$	206	0.15	0.20	0.2
			$f>0.4$	140	0.15	0.45	0.2
		高速钢 (用切削液)	$f\leqslant0.25$	68.9	0.2	0.25	0.125
			$f>0.25$	48.8	0.2	0.5	0.125
	切断及切槽	YG6(不用液)		68.8		0.4	0.2
		高速钢(用液)		37.6		0.5	0.25
中等硬度非均质铜合金 HB100～140	外圆纵车	高速钢(不用液)	$f\leqslant0.2$	216	0.12	0.25	0.28
			$f>0.2$	145.6	0.12	0.5	0.28
硬青铜 HB200～240	外圆纵车	YG8(不用液)	$f\leqslant0.4$	734	0.13	0.2	0.2
			$f>0.4$	648	0.2	0.4	0.2

续表

加工材料	加工形式	刀具材料	进给量/(mm/r)	公式中的系数和指数			
				C_V	X_V	y_V	m
铝硅合金及铸铝合金	外圆纵车	YG8(不用液)	$f \leqslant 0.4$	388	0.12	0.25	0.28
			$f > 0.4$	262	0.12	0.5	0.28

注：1. 内表面加工（镗孔、孔内切槽、内表面成型车削）时，用外圆加工的车削速度乘以系数 0.9。

2. 用高速钢车刀加工结构钢、不锈钢及铸钢，不用切削液时，车削速度乘以系数 0.8。

3. 用 YT 车刀对钢件切断及切槽使用切削液时，车削速度乘以系数 1.4。

4. 成型车削深轮廓及复杂轮廓工件时，切削速度乘以系数 0.85。

5. 用高速钢车刀加工热处理钢件时，车削速度应减少：正火，乘以系数 0.95；退火，乘以系数 0.9；调质，乘以系数 0.8。

6. 加工钢和铸铁的机械性能改变时，车削速度的修正系数 kMv 可按表《钢和铸铁的强度和硬度改变时车削速度的修正系数 kM》计算。

7. 其他加工条件改变时，车削速度的修正系数见表《车削条件改变时的修正系数》。

附录二　铣削用量选取参考表

一、刀具：立铣刀（条件：粗铣）

材料	铣削平面及凸台				铣削槽			
	铣削深度/mm	铣削速度 v/(m/min)	铣刀直径 d_0/mm	每齿进给量 f_a/(mm/z)	铣削深度/mm	铣削速度 v/(m/min)	槽宽 d_0/mm	每齿进给量 f_z/(mm/z)
低碳钢 HB 125～225	0.5	52～64	10	0.025	0.75	30～34	10	0.025
	1.5	38～49	10	0.05	3	29～32	10	0.038
	$d_0/4$	34～43	10	0.025	$d_0/2$	26～29	10	0.018～0.025
	$d_0/2$	20～37	10	0.018	d_0	21～24	10	0.013
	0.5	52～64	12	0.05	0.75	30～34	12	0.038
	1.5	38～49	12	0.075	3	29～32	12	0.063
	$d_0/4$	34～43	12	0.05	$d_0/2$	26～29	12	0.038
	$d_0/2$	20～37	12	0.025	d_0	21～24	12	0.025
	0.5	52～64	18	0.075～0.102	0.75	30～34	18	0.075
	1.5	38～49	18	0.102～0.13	3	29～32	18	0.102
	$d_0/4$	34～43	18	0.075～0.102	$d_0/2$	26～29	18	0.063
	$d_0/2$	20～37	18	0.05～0.075	d_0	21～24	18	0.05
	0.5	52～64	25～50	0.102～0.13	0.75	30～34	25～50	0.102
	1.5	38～49	25～50	0.13～0.15	3	29～32	25～50	0.13
	$d_0/4$	34～43	25～50	0.102～0.13	$d_0/2$	26～29	25～50	0.089
	$d_0/2$	20～37	25～50	0.075～0.102	d_0	21～24	25～50	0.075
中碳钢 175～275	0.5	34～49	10	0.025	0.75	26～29	10	0.018
	1.5	26～37	10	0.05	3	24～27	10	0.025
	$d_0/4$	23～32	10	0.025	$d_0/2$	21～24	10	0.013
	$d_0/2$	20～27	10	0.018	d_0	18～20	10	
	0.5	34～49	12	0.05	0.75	26～29	12	0.025～0.038
	1.5	26～37	12	0.075	3	24～27	12	0.05～0.063
	$d_0/4$	23～32	12	0.05	$d_0/2$	21～24	12	0.025
	$d_0/2$	20～27	12	0.025	d_0	18～20	12	0.018
	0.5	34～49	18	0.075	0.75	26～29	18	0.05～0.075
	1.5	26～37	18	0.102	3	24～27	18	0.075～0.102
	$d_0/4$	23～32	18	0.075	$d_0/2$	21～24	18	0.05

续表

材料	铣削平面及凸台				铣削槽			
	铣削深度/mm	铣削速度 v/(m/min)	铣刀直径 d_0/mm	每齿进给量 f_a/(mm/z)	铣削深度/mm	铣削速度 v/(m/min)	槽宽 d_0/mm	每齿进给量 f_z/(mm/z)
中碳钢 175～275	$d_0/2$	20～27	18	0.05	d_0	18～20	18	0.038
	0.5	34～49	25～50	0.102	0.75	26～29	25～50	0.075～0.102
	1.5	26～37	25～50	0.13	3	24～27	25～50	0.102～0.13
	$d_0/4$	23～32	25～50	0.102	$d_0/2$	21～24	25～50	0.075
	$d_0/2$	20～27	25～50	0.075	d_0	18～20	25～50	0.063
高碳钢 175～275	0.5	32～46	10	0.025	0.75	24～27	10	0.018
	1.5	24～34	10	0.05	3	23～26	10	0.025
	$d_0/4$	21～29	10	0.025	$d_0/2$	20～23	10	0.013
	$d_0/2$	18～24	10	0.018	d_0	17～18	10	
	0.5	32～46	12	0.05	0.75	24～27	12	0.025
	1.5	24～34	12	0.075	3	23～26	12	0.05
	$d_0/4$	21～29	12	0.05	$d_0/2$	20～23	12	0.025
	$d_0/2$	18～24	12	0.025	d_0	17～18	12	0.018
	0.5	32～46	18	0.075	0.75	24～27	18	0.063
	1.5	24～34	18	0.102	3	23～26	18	0.089
	$d_0/4$	21～29	18	0.075	$d_0/2$	20～23	18	0.05
	$d_0/2$	18～24	18	0.05	d_0	17～18	18	0.038
	0.5	32～46	25～50	0.102	0.75	24～27	25～50	0.089
	1.5	24～34	25～50	0.13	3	23～26	25～50	0.102
	$d_0/4$	21～29	25～50	0.102	$d_0/2$	20～23	25～50	0.075
	$d_0/2$	18～24	25～50	0.075	d_0	17～18	25～50	0.063
合金钢(低碳) 125～225	0.5	37～38	10	0.025	0.75	27～30	10	0.025
	1.5	27～29	10	0.05	3	26～29	10	0.025
	$d_0/4$	24～26	10	0.038	$d_0/2$	23～26	10	0.018
	$d_0/2$	21～23	10	0.025	d_0	18～21	10	0.013
	0.5	37～38	12	0.05	0.75	27～30	12	0.038
	1.5	27～29	12	0.075	3	26～29	12	0.063
	$d_0/4$	24～26	12	0.05	$d_0/2$	23～26	12	0.038
	$d_0/2$	21～23	12	0.038	d_0	18～21	12	0.025
	0.5	37～38	18	0.075～0.102	0.75	27～30	18	0.075
	1.5	27～29	18	0.102～0.13	3	26～29	18	0.102
	$d_0/4$	24～26	18	0.075～0.102	$d_0/2$	23～26	18	0.063
	$d_0/2$	21～23	18	0.05～0.075	d_0	18～21	18	0.05
	0.5	37～38	25～50	0.102～0.13	0.75	27～30	25～50	0.102
	1.5	27～29	25～50	0.13～0.15	3	26～29	25～50	0.13
	$d_0/4$	24～26	25～50	0.102～0.13	$d_0/2$	23～26	25～50	0.089
	$d_0/2$	21～23	25～50	0.075～0.102	d_0	18～21	25～50	0.075

续表

材料	铣削平面及凸台				铣削槽			
	铣削深度/mm	铣削速度 v/(m/min)	铣刀直径 d_0/mm	每齿进给量 f_a/(mm/z)	铣削深度/mm	铣削速度 v/(m/min)	槽宽 d_0/mm	每齿进给量 f_z/(mm/z)
合金钢(中碳)175～275	0.5	30～37	10	0.025	0.75	20～23	10	0.018
	1.5	23～27	10	0.05	3	18～21	10	0.025
	$d_0/4$	20～24	10	0.038	$d_0/2$	15～18	10	0.013
	$d_0/2$	18～21	10	0.025	d_0	12～14	10	
	0.5	30～37	12	0.05	0.75	20～23	12	0.038
	1.5	23～27	12	0.075	3	18～21	12	0.05
	$d_0/4$	20～24	12	0.05	$d_0/2$	15～18	12	0.025
	$d_0/2$	18～21	12	0.038	d_0	12～14	12	0.013～0.018
	0.5	30～37	18	0.075	0.75	20～23	18	0.05～0.075
	1.5	23～27	18	0.102	3	18～21	18	0.075～0.102
	$d_0/4$	20～24	18	0.075	$d_0/2$	15～18	18	0.05
	$d_0/2$	18～21	18	0.05	d_0	12～14	18	0.038
	0.5	30～37	25～50	0.102	0.75	20～23	25～50	0.075～0.102
	1.5	23～27	25～50	0.13	3	18～21	25～50	0.102～0.13
	$d_0/4$	20～24	25～50	0.102	$d_0/2$	15～18	25～50	0.075
	$d_0/2$	18～21	25～50	0.075	d_0	12～14	25～50	0.063
合金钢(高碳)175～275	0.5	30～34	10	0.025	0.75	18～20	10	0.018
	1.5	23～26	10	0.05	3	17～18	10	0.025
	$d_0/4$	20～21	10	0.025	$d_0/2$	14～15	10	0.013
	$d_0/2$	18	10	0.018	d_0	12	10	
	0.5	30～34	12	0.05	0.75	18～20	12	0.038
	1.5	23～26	12	0.075	3	17～18	12	0.05
	$d_0/4$	20～21	12	0.05	$d_0/2$	14～15	12	0.025
	$d_0/2$	18	12	0.025	d_0	12	12	0.018
	0.5	30～34	18	0.075	0.75	18～20	18	0.05～0.075
	1.5	23～26	18	0.102	3	17～18	18	0.075～0.102
	$d_0/4$	20～21	18	0.075	$d_0/2$	14～15	18	0.05
	$d_0/2$	18	18	0.05	d_0	12	18	0.038
	0.5	30～34	25～50	0.102	0.75	18～20	25～50	0.075～0.102
	1.5	23～26	25～50	0.13	3	17～18	25～50	0.102～0.13
	$d_0/4$	20～21	25～50	0.102	$d_0/2$	14～15	25～50	0.075
	$d_0/2$	18	25～50	0.075	d_0	12	25～50	0.063
高强度钢225～350	0.5	18～26	10	0.018	0.75	15～18	10	0.013～0.018
	1.5	14～20	10	0.025	3	14～17	10	0.018～0.025
	$d_0/4$	12～17	10	0.018	$d_0/2$	12～14	10	0.013

续表

材料	铣削平面及凸台				铣削槽			
	铣削深度/mm	铣削速度 v/(m/min)	铣刀直径 d_0/mm	每齿进给量 f_a/(mm/z)	铣削深度/mm	铣削速度 v/(m/min)	槽宽 d_0/mm	每齿进给量 f_z/(mm/z)
高强度钢 225～350	$d_0/2$	11～15	10	0.013	d_0	11～12	10	
	0.5	18～26	12	0.038～0.05	0.75	15～18	12	0.025
	1.5	14～20	12	0.05～0.075	3	14～17	12	0.038～0.05
	$d_0/4$	12～17	12	0.038～0.05	$d_0/2$	12～14	12	0.025
	$d_0/2$	11～15	12	0.025～0.038	d_0	11～12	12	0.013
	0.5	18～26	18	0.075	0.75	15～18	18	0.05
	1.5	14～20	18	0.102	3	14～17	18	0.075
	$d_0/4$	12～17	18	0.075	$d_0/2$	12～14	18	0.038
	$d_0/2$	11～15	18	0.05	d_0	11～12	18	0.025
	0.5	18～26	25～50	0.102	0.75	15～18	25～50	0.075
	1.5	14～20	25～50	0.13	3	14～17	25～50	0.102
	$d_0/4$	12～17	25～50	0.102	$d_0/2$	12～14	25～50	0.063
	$d_0/2$	11～15	25～50	0.075	d_0	11～12	25～50	0.05
高速钢 200～275	0.5	18～26	10	0.013～0.018	0.75	9～15	10	0.013
	1.5	14～20	10	0.018～0.025	3	8～14	10	0.018
	$d_0/4$	12～17	10	0.013	$d_0/2$	6～12	10	0.013
	$d_0/2$	11～15	10	0.013	d_0	5～11	10	
	0.5	18～26	12	0.025	0.75	9～15	12	0.038
	1.5	14～20	12	0.025～0.05	3	8～14	12	0.05
	$d_0/4$	12～17	12	0.013～0.025	$d_0/2$	6～12	12	0.018～0.025
	$d_0/2$	11～15	12	0.013	d_0	5～11	12	0.013
	0.5	18～26	18	0.038～0.05	0.75	9～15	18	0.05
	1.5	14～20	18	0.038～0.075	3	8～14	18	0.075
	$d_0/4$	12～17	18	0.025～0.05	$d_0/2$	6～12	18	0.038～0.05
	$d_0/2$	11～15	18	0.013～0.025	d_0	5～11	18	0.025
	0.5	18～26	25～50	0.05～0.075	0.75	9～15	25～50	0.075
	1.5	14～20	25～50	0.063～0.102	3	8～14	25～50	0.102
	$d_0/4$	12～17	25～50	0.05～0.075	$d_0/2$	6～12	25～50	0.075
	$d_0/2$	11～15	25～50	0.025～0.05	d_0	5～11	25～50	0.05
工具钢 150～250	0.5	20～30	10	0.013～0.018	0.75	12～17	10	0.013～0.018
	1.5	15～23	10	0.025	3	11～15	10	0.018
	$d_0/4$	12～20	10	0.013～0.018	$d_0/2$	9～12	10	0.013
	$d_0/2$	11～18	10	0.013	d_0	8～9	10	
	0.5	20～30	12	0.025	0.75	12～17	12	0.038
	1.5	15～23	12	0.038～0.05	3	11～15	12	0.05

续表

材料	铣削平面及凸台				铣削槽			
	铣削深度/mm	铣削速度 v/(m/min)	铣刀直径 d_0/mm	每齿进给量 f_a/(mm/z)	铣削深度/mm	铣削速度 v/(m/min)	槽宽 d_0/mm	每齿进给量 f_z/(mm/z)
工具钢 150～250	$d_0/4$	12～20	12	0.025	$d_0/2$	9～12	12	0.025～0.038
	$d_0/2$	11～18	12	0.013	d_0	8～9	12	0.013～0.025
	0.5	20～30	18	0.038～0.05	0.75	12～17	18	0.05
	1.5	15～23	18	0.05～0.075	3	11～15	18	0.075
	$d_0/4$	12～20	18	0.038～0.05	$d_0/2$	9～12	18	0.038～0.05
	$d_0/2$	11～18	18	0.025	d_0	8～9	18	0.025～0.05
	0.5	20～30	25～50	0.05～0.075	0.75	12～17	25～50	0.075～0.102
	1.5	15～23	25～50	0.075～0.102	3	11～15	25～50	0.102～0.13
	$d_0/4$	12～20	25～50	0.05～0.075	$d_0/2$	9～12	25～50	0.075～0.102
	$d_0/2$	11～18	25～50	0.038～0.05	d_0	8～9	25～50	0.05～0.075
不锈钢（奥氏体）135～275	0.5	27～34	10	0.025	0.75	12～18	10	0.013～0.018
	1.5	20～24	10	0.05	3	11～17	10	0.018～0.025
	$d_0/4$	17～21	10	0.025	$d_0/2$	9～15	10	0.013
	$d_0/2$	15～18	10	0.025	d_0	8～12	10	
	0.5	27～34	12	0.05	0.75	12～18	12	0.025
	1.5	20～24	12	0.075	3	11～17	12	0.038～0.05
	$d_0/4$	17～21	12	0.05	$d_0/2$	9～15	12	0.025
	$d_0/2$	15～18	12	0.025～0.038	d_0	8～12	12	0.013
	0.5	27～34	18	0.102	0.75	12～18	18	0.05
	1.5	20～24	18	0.13	3	11～17	18	0.063～0.075
	$d_0/4$	17～21	18	0.102	$d_0/2$	9～15	18	0.038～0.05
	$d_0/2$	15～18	18	0.075	d_0	8～12	18	0.025
	0.5	27～34	25～50	0.13	0.75	12～18	25～50	0.075
	1.5	20～24	25～50	0.15	3	11～17	25～50	0.102
	$d_0/4$	17～21	25～50	0.13	$d_0/2$	9～15	25～50	0.063～0.075
	$d_0/2$	15～18	25～50	0.102	d_0	8～12	25～50	0.038～0.05
不锈钢（马氏体）175～325	0.5	21～40	10	0.018～0.025	0.75	12～20	10	0.013
	1.5	17～30	10	0.025～0.05	3	11～18	10	0.018
	$d_0/4$	14～27	10	0.018～0.025	$d_0/2$	9～15	10	0.013
	$d_0/2$	12～23	10	0.013～0.025	d_0	8～12	10	
	0.5	21～40	12	0.025～0.05	0.75	12～20	12	0.025～0.038
	1.5	17～30	12	0.05～0.075	3	11～18	12	0.038～0.05
	$d_0/4$	14～27	12	0.025～0.05	$d_0/2$	9～15	12	0.025～0.038
	$d_0/2$	12～23	12	0.018～0.025	d_0	8～12	12	0.013
	0.5	21～40	18	0.05～0.075	0.75	12～20	18	0.05

续表

材料	铣削平面及凸台				铣削槽			
	铣削深度/mm	铣削速度 v/(m/min)	铣刀直径 d_0/mm	每齿进给量 f_a/(mm/z)	铣削深度/mm	铣削速度 v/(m/min)	槽宽 d_0/mm	每齿进给量 f_z/(mm/z)
不锈钢（马氏体）175～325	1.5	17～30	18	0.075～0.102	3	11～18	18	0.063～0.075
	$d_0/4$	14～27	18	0.05～0.075	$d_0/2$	9～15	18	0.038～0.05
	$d_0/2$	12～23	18	0.038～0.05	d_0	8～12	18	0.018～0.025
	0.5	21～40	25～50	0.075～0.102	0.75	12～20	25～50	0.075
	1.5	17～30	25～50	0.102～0.13	3	11～18	25～50	0.102
	$d_0/4$	14～27	25～50	0.075～0.102	$d_0/2$	9～15	25～50	0.05～0.075
	$d_0/2$	12～23	25～50	0.063～0.075	d_0	8～12	25～50	0.025～0.05
灰铸铁 160～260	0.5	27～43	10	0.025	0.75	14～23	10	0.038
	1.5	21～35	10	0.05	3	12～21	10	0.05
	$d_0/4$	18～29	10	0.038	$d_0/2$	11～18	10	0.025～0.038
	$d_0/2$	15～24	10	0.025	d_0	9～14	10	0.013～0.018
	0.5	27～43	12	0.038～0.05	0.75	14～23	12	0.038～0.05
	1.5	21～35	12	0.063～0.075	3	12～21	12	0.05～0.075
	$d_0/4$	18～29	12	0.05	$d_0/2$	11～18	12	0.038～0.05
	$d_0/2$	15～24	12	0.038	d_0	9～14	12	0.025
	0.5	27～43	18	0.05～0.102	0.75	14～23	18	0.05～0.102
	1.5	21～35	18	0.075～0.13	3	12～21	18	0.075～0.13
	$d_0/4$	18～29	18	0.063～0.102	$d_0/2$	11～18	18	0.05～0.075
	$d_0/2$	15～24	18	0.05～0.075	d_0	9～14	18	0.036～0.05
	0.5	27～43	25～50	0.075～0.15	0.75	14～23	25～50	0.075～0.13
	1.5	21～35	25～50	0.102～0.18	3	12～21	25～50	0.102～0.15
	$d_0/4$	18～29	25～50	0.089～0.13	$d_0/2$	11～18	25～50	0.075～0.13
	$d_0/2$	15～24	25～50	0.075～0.102	d_0	9～14	25～50	0.05～0.102
可锻铸铁 160～240	0.5	34～43	10	0.025	0.75	18～21	10	0.018
	1.5	27～34	10	0.05	3	17～20	10	0.025
	$d_0/4$	21～23	10	0.025	$d_0/2$	14～17	10	0.018
	$d_0/2$	18～24	10	0.018	d_0	11～14	10	0.013
	0.5	34～43	12	0.05	0.75	18～21	12	0.025
	1.5	27～34	12	0.075	3	17～20	12	0.038～0.05
	$d_0/4$	21～23	12	0.05	$d_0/2$	14～17	12	0.025
	$d_0/2$	18～24	12	0.025	d_0	11～14	12	0.018
	0.5	34～43	18	0.075～0.102	0.75	18～21	18	0.05～0.063
	1.5	27～34	18	0.102～0.13	3	17～20	18	0.063～0.075
	$d_0/4$	21～23	18	0.075～0.102	$d_0/2$	14～17	18	0.05
	$d_0/2$	18～24	18	0.05～0.075	d_0	11～14	18	0.025～0.038

续表

材料	铣削平面及凸台				铣削槽			
	铣削深度/mm	铣削速度 v/(m/min)	铣刀直径 d_0/mm	每齿进给量 f_a/(mm/z)	铣削深度/mm	铣削速度 v/(m/min)	槽宽 d_0/mm	每齿进给量 f_z/(mm/z)
可锻铸铁 160～240	0.5	34～43	25～50	0.102～0.15	0.75	18～21	25～50	0.063～0.075
	1.5	27～34	25～50	0.13～0.18	3	17～20	25～50	0.075～0.102
	$d_0/4$	21～23	25～50	0.102～0.13	$d_0/2$	14～17	25～50	0.063～0.075
	$d_0/2$	18～24	25～50	0.075～0.102	d_0	11～14	25～50	0.038～0.05
铝合金 30～150	0.5	245～305	10	0.075	0.75	115～150	10	0.075
	1.5	185～245	10	0.102	3	100～135	10	0.102
	$d_0/4$	150～185	10	0.075	$d_0/2$	84～120	10	0.075
	$d_0/2$	120～150	10	0.05	d_0	69～105	10	0.05
	0.5	245～305	12	0.102	0.75	115～150	12	0.13
	1.5	185～245	12	0.15	3	100～135	12	0.15
	$d_0/4$	150～185	12	0.102	$d_0/2$	84～120	12	0.13
	$d_0/2$	120～150	12	0.075	d_0	69～105	12	0.075
	0.5	245～305	18	0.13	0.75	115～150	18	0.15
	1.5	185～245	18	0.2	3	100～135	18	0.2
	$d_0/4$	150～185	18	0.15	$d_0/2$	84～120	18	0.15
	$d_0/2$	120～150	18	0.13	d_0	69～105	18	0.13
	0.5	245～305	25～50	0.18	0.75	115～150	25～50	0.25
	1.5	185～245	25～50	0.25	3	100～135	25～50	0.3
	$d_0/4$	150～185	25～50	0.2	$d_0/2$	84～120	25～50	0.2
	$d_0/2$	120～150	25～50	0.15	d_0	69～105	25～50	0.15
铜合金	0.5	46～150	10	0.025～0.05	0.75	30～87	10	0.025～0.05
	1.5	38～120	10	0.038～0.075	3	26～79	10	0.05～0.075
	$d_0/4$	30～105	10	0.025～0.05	$d_0/2$	23～72	10	0.025～0.05
	$d_0/2$	23～90	10	0.018～0.038	d_0	20～64	10	0.025～0.038
	0.5	46～150	12	0.025～0.075	0.75	30～87	12	0.05
	1.5	38～120	12	0.038～0.13	3	26～79	12	0.063～0.075
	$d_0/4$	30～105	12	0.025～0.075	$d_0/2$	23～72	12	0.038～0.05
	$d_0/2$	23～90	12	0.018～0.075	d_0	20～64	12	0.025～0.038
	0.5	46～150	18	0.102～0.13	0.75	30～87	18	0.075
	1.5	38～120	18	0.13～0.2	3	26～79	18	0.102～0.13
	$d_0/4$	30～105	18	0.075～0.103	$d_0/2$	23～72	18	0.063～0.075
	$d_0/2$	23～90	18	0.05～0.102	d_0	20～64	18	0.05
	0.5	46～150	25～50	0.13～0.18	0.75	30～87	25～50	0.102～0.13
	1.5	38～120	25～50	0.18～0.25	3	26～79	25～50	0.13～0.18
	$d_0/4$	30～105	25～50	0.102～0.15	$d_0/2$	23～72	25～50	0.089～0.102
	$d_0/2$	23～90	25～50	0.075～0.13	d_0	20～64	25～50	0.063～0.075

续表

材料	铣削平面及凸台				铣削槽			
	铣削深度/mm	铣削速度 v/(m/min)	铣刀直径 d_0/mm	每齿进给量 f_a/(mm/z)	铣削深度/mm	铣削速度 v/(m/min)	槽宽 d_0/mm	每齿进给量 f_z/(mm/z)
钛合金 300～350	0.5	15～34	10	0.025	0.75	11～20	10	0.018～0.025
	1.5	14～30	10	0.035～0.05	3	9～18	10	0.018～0.025
	$d_0/4$	8～17	10	0.025	$d_0/2$	8～15	10	0.013～0.018
	$d_0/2$	6～12	10	0.018～0.025	d_0	6～12	10	0.013
	0.5	15～34	12	0.05	0.75	11～20	12	0.025～0.05
	1.5	14～30	12	0.075	3	9～18	12	0.025～0.05
	$d_0/4$	8～17	12	0.038～0.05	$d_0/2$	8～15	12	0.018～0.038
	$d_0/2$	6～12	12	0.025～0.038	d_0	6～12	12	0.013～0.025
	0.5	15～34	18	0.102	0.75	11～20	18	0.05～0.075
	1.5	14～30	18	0.13	3	9～18	18	0.05～0.075
	$d_0/4$	8～17	18	0.05～0.075	$d_0/2$	8～15	18	0.05
	$d_0/2$	6～12	18	0.038～0.05	d_0	6～12	18	0.038
	0.5	15～34	25～50	0.102～0.13	0.75	11～20	25～50	0.075～0.102
	1.5	14～30	25～50	0.13～0.15	3	9～18	25～50	0.075～0.102
	$d_0/4$	8～17	25～50	0.075～0.13	$d_0/2$	8～15	25～50	0.063～0.075
	$d_0/2$	6～12	25～50	0.05～0.075	d_0	6～12	25～50	0.05～0.075
高温合金 200～475	0.5	3～12	10	0.025	0.75	2.1～1.6	10	0.013～0.018
	1.5	2.4～9	10	0.038～0.05	3	1.8～1.55	10	0.013～0.025
	$d_0/4$	2.1～8	10	0.025～0.038	$d_0/2$	1.5～5	10	
	$d_0/2$	2～6	10	0.013～0.025	d_0		10	
	0.5	3～12	12	0.025	0.75	2.1～1.6	12	0.013～0.05
	1.5	2.4～9	12	0.038～0.05	3	1.8～1.55	12	0.018～0.038
	$d_0/4$	2.1～8	12	0.025～0.038	$d_0/2$	1.5～5	12	0.018～0.025
	$d_0/2$	2～6	12	0.018～0.025	d_0		12	
	0.5	3～12	18	0.038～0.05	0.75	2.1～1.6	18	0.018～0.05
	1.5	2.4～9	18	0.05～0.075	3	1.8～1.55	18	0.025～0.075
	$d_0/4$	2.1～8	18	0.038～0.063	$d_0/2$	1.5～5	18	0.018～0.05
	$d_0/2$	2～6	18	0.025～0.05	d_0		18	
	0.5	3～12	25～50	0.05	0.75	2.1～1.6	25～50	0.025～0.075
	1.5	2.4～9	25～50	0.075～0.102	3	1.8～1.55	25～50	0.038～0.089
	$d_0/4$	2.1～8	25～50	0.05～0.075	$d_0/2$	1.5～5	25～50	0.025～0.075
	$d_0/2$	2～6	25～50	0.038～0.063	d_0		25～50	

二、端铣刀、圆柱形铣刀、圆盘铣刀（条件：半精铣）

要求表面粗糙度 $Ra/\mu m$	铣刀类型	铣刀直径 d_0 /mm	加工材料	进给量 f(mm/r)
6.3	圆盘和镶齿端铣刀			1.2～2.7
3.2	圆盘和镶齿端铣刀			0.5～1.2
1.6	圆盘和镶齿端铣刀			0.23～0.5
3.2	圆柱形铣刀	40～80		1.0～2.7
1.6	圆柱形铣刀	40～80	钢及铸铁	0.6～1.5
3.2	圆柱形铣刀	100～125	钢及铸铁	1.7～3.8
1.6	圆柱形铣刀	100～125	钢及铸铁	1.0～2.1
3.2	圆柱形铣刀	160～250	钢及铸铁	2.3～5.0
1.6	圆柱形铣刀	160～250	钢及铸铁	1.3～2.8
3.2	圆柱形铣刀	40～80	铸铁、铜及铝合金	1.0～2.3
1.6	圆柱形铣刀	40～80	铸铁、铜及铝合金	0.6～1.3
3.2	圆柱形铣刀	100～125	铸铁、铜及铝合金	1.4～3.0
1.6	圆柱形铣刀	100～125	铸铁、铜及铝合金	0.8～1.7
3.2	圆柱形铣刀	160～250	铸铁、铜及铝合金	1.9～3.7
1.6	圆柱形铣刀	160～250	铸铁、铜及铝合金	1.1～2.1

注：本表为半精铣时每转进给量 f，使用圆柱形铣刀。

1. 表中大进给量用于小的铣削深度和铣削宽度；小进给量用于大的铣削深度和铣削宽度。
2. 铣削耐热钢时，进给量与铣削钢时相同，但不大于 0.3mm/z。

三、立铣刀［条件：铣削平面及凸台（半精铣）］

铣刀类型	铣刀直径 d_0/mm	铣削宽度 a_w/mm	每齿进给量 a_f/(mm/z)
带整体刀头的立铣刀	10～12	1～3	0.03～0.025
带整体刀头的立铣刀	14～16	1～3	0.06～0.04
带整体刀头的立铣刀	14～16	5	0.04～0.03
带整体刀头的立铣刀	18～22	1～3	0.08～0.05
带整体刀头的立铣刀	18～22	5	0.06～0.04
带整体刀头的立铣刀	18～22	8	0.04～0.03
镶螺旋刀片的立铣刀	20～25	1～3	0.12～0.07
镶螺旋刀片的立铣刀	20～25	5	0.10～0.05
镶螺旋刀片的立铣刀	20～25	8	0.10～0.03
镶螺旋刀片的立铣刀	20～25	12	0.08～0.05
镶螺旋刀片的立铣刀	30～40	1～3	0.18～0.10
镶螺旋刀片的立铣刀	30～40	5	0.12～0.08
镶螺旋刀片的立铣刀	30～40	8	0.10～0.06
镶螺旋刀片的立铣刀	30～40	12	0.10～0.05

续表

铣刀类型	铣刀直径 d_0/mm	铣削宽度 a_w/mm	每齿进给量 a_f/(mm/z)
镶螺旋刀片的立铣刀	50～60	1～3	0.20～0.10
镶螺旋刀片的立铣刀	50～60	5	0.16～0.10
镶螺旋刀片的立铣刀	50～60	8	0.12～0.08
镶螺旋刀片的立铣刀	50～60	12	0.12～0.06

注：表中进给量可得到 Ra=6.3～3.2μm 的表面粗糙度。

附录三　钻削用量选取参考表

一、钻中心孔的切削用量

刀具名称	钻中心孔公称直径/mm	钻中心孔的切削进给量/(mm/r)	钻中心孔切削速度 v/(m/min)
中心钻	1	0.02	8～15
中心钻	1.6	0.02	8～15
中心钻	2	0.04	8～15
中心钻	2.5	0.05	8～15
中心钻	3.15	0.06	8～15
中心钻	4	0.08	8～15
中心钻	5	0.1	8～15
中心钻	6.3	0.12	8～15
中心钻	8	0.12	8～15
60°中心锪钻及带锥柄60°中心锪钻	1	0.01	12～25
60°中心锪钻及带锥柄60°中心锪钻	1.6	0.01	12～25
60°中心锪钻及带锥柄60°中心锪钻	2	0.02	12～25
60°中心锪钻及带锥柄60°中心锪钻	2.5	0.03	12～25
60°中心锪钻及带锥柄60°中心锪钻	3.15	0.03	12～25
60°中心锪钻及带锥柄60°中心锪钻	4	0.04	12～25
60°中心锪钻及带锥柄60°中心锪钻	5	0.06	12～25
60°中心锪钻及带锥柄60°中心锪钻	6.3	0.08	12～25
60°中心锪钻及带锥柄60°中心锪钻	8	0.08	12～25
不带护锥及带护锥的60°复合中心钻	1	0.01	12～25
不带护锥及带护锥的60°复合中心钻	1.6	0.01	12～25
不带护锥及带护锥的60°复合中心钻	2	0.02	12～25
不带护锥及带护锥的60°复合中心钻	2.5	0.03	12～25
不带护锥及带护锥的60°复合中心钻	3.15	0.03	12～25
不带护锥及带护锥的60°复合中心钻	4	0.04	12～25
不带护锥及带护锥的60°复合中心钻	5	0.06	12～25
不带护锥及带护锥的60°复合中心钻	6.3	0.08	12～25
不带护锥及带护锥的60°复合中心钻	8	0.08	12～25

二、高速钢钻头切削用量选择表

钻头直径 d_0/mm	钻孔的进给量/(mm/r)				
	钢 σ_b/MPa <800	钢 σ_b/MPa 800～1000	钢 σ_b/MPa >1000	铸铁、铜及铝合金 HB≤200	铸铁、铜及铝合金 HB>200
≤2	0.05～0.06	0.04～0.05	0.03～0.04	0.09～0.11	0.05～0.07
2～4	0.08～0.10	0.06～0.08	0.04～0.06	0.18～0.22	0.11～0.13
4～6	0.14～0.18	0.10～0.12	0.08～0.10	0.27～0.33	0.18～0.22
6～8	0.18～0.22	0.13～0.15	0.11～0.13	0.36～0.44	0.22～0.26
8～10	0.22～0.28	0.17～0.21	0.13～0.17	0.47～0.57	0.28～0.34
10～13	0.25～0.31	0.19～0.23	0.15～0.19	0.52～0.64	0.31～0.39
13～16	0.31～0.37	0.22～0.28	0.18～0.22	0.61～0.75	0.37～0.45
16～20	0.35～0.43	0.26～0.32	0.21～0.25	0.70～0.86	0.43～0.53
20～25	0.39～0.47	0.29～0.35	0.23～0.29	0.78～0.96	0.47～0.56
25～30	0.45～0.55	0.32～0.40	0.27～0.33	0.9～1.1	0.54～0.66
30～50	0.60～0.70	0.40～0.50	0.30～0.40	1.0～1.2	0.70～0.80

注：1. 表列数据适用于在大刚性零件上钻孔，精度在IT12～IT13级以下（或自由公差），钻孔后还用钻头、扩孔钻或镗刀加工，在下列条件下需乘修正系数；

(1) 在中等刚性零件上钻孔（箱体形状的薄壁零件、零件上薄的突出部分钻孔）时，乘系数0.75；

(2) 钻孔后要用铰刀加工的精确孔，低刚性零件上钻孔，斜面上钻孔，钻孔后用丝锥攻螺纹的孔，乘系数0.50。

2. 钻孔深度大于3倍直径时应乘修正系数。

钻孔深度（孔深以直径的倍数表示）	$3d_0$	$5d_0$	$7d_0$	$10d_0$
修正系数 Klf	1.0	0.9	0.8	0.75

3. 为避免钻头损坏，当刚要钻穿时应停止自动走刀而改用手动走刀。

三、加工不同材料的切削速度

加工材料	硬度 HB	切削速度/(m/min)
铝及铝合金	45～105	105
铜及铜合金(加工性好)	～124	60
铜及铜合金(加工性差)	～124	20
镁及镁合金	50～90	45～120
锌合金	80～100	75
低碳钢(～0.25C)	125～175	24
中碳钢(～0.50C)	175～225	20
高碳钢(～0.90C)	175～225	17
合金低碳钢(0.12～0.25C)	175～225	21
合金中碳钢(0.25～0.65C)	175～225	15～18
马氏体时效钢	275～325	17
不锈钢(奥氏体)	135～185	17
不锈钢(铁素体)	135～185	20

续表

加工材料	硬度 HB	切削速度/(m/min)
不锈钢(马氏体)	135～185	20
不锈钢(沉淀硬体)	150～200	15
工具钢	196	18
工具钢	241	15
灰铸铁(软)	120～150	43～46
灰铸铁(硬)	160～220	24～34
可锻铸铁	112～126	27～37
球墨铸铁	190～225	18
高温合金(镍基)	150～300	6
高温合金(铁基)	180～230	7.5
高温合金(钴基)	180～230	6
钛及钛合金(纯钛)	110～200	30
钛及钛合金(α 及 α+β)	300～360	12
钛及钛合金(β)	275～350	7.5
碳		18～21
塑料		30
硬橡胶		30～90

四、硬质合金钻头切削用量选择

钻头直径 d_0 /mm	钻孔的进给量/(mm/r)						
	σ_b 550～85①	淬硬钢硬度 HRC≤40	淬硬钢硬度 HRC40	淬硬钢硬度 HRC55	淬硬钢硬度 HRC64	铸铁 HB≤170	铸铁 HB>170
≤10	0.12～0.16	0.04～0.05	0.03	0.025	0.02	0.25～0.45	0.20～0.35
10～12	0.14～0.20	0.04～0.05	0.03	0.025	0.02	0.30～0.50	0.20～0.35
12～16	0.16～0.22	0.04～0.05	0.03	0.025	0.02	0.35～0.60	0.25～0.40
16～20	0.20～0.26	0.04～0.05	0.03	0.025	0.02	0.40～0.70	0.25～0.40
20～23	0.22～0.28	0.04～0.05	0.03	0.025	0.02	0.45～0.80	0.30～0.50
23～26	0.24～0.32	0.04～0.05	0.03	0.025	0.02	0.50～0.85	0.35～0.50
26～29	0.26～0.35	0.04～0.05	0.03	0.025	0.02	0.50～0.90	0.40～0.60

注：1. 大进给量用于在大刚性零件上钻孔，精度在 IT12～IT13 级以下或自由公差，钻孔后还用钻头、扩孔钻或镗刀加工。小进给量用于在中等刚性条件下，钻孔后要用铰刀加工的精确孔，钻孔后用丝锥攻螺纹的孔。

2. 钻孔深度大于 3 倍直径时应乘修正系数：

孔深	$3d_0$	$5d_0$	$7d_0$	$10d_0$
修正系数 Klf	1.0	0.9	0.8	0.75

3. 为避免钻头损坏，当刚要钻穿时应停止自动走刀而改用手动走刀。

4. 钻削钢件时使用切削液，钻削铸铁时不使用切削液。

① 为淬硬的碳钢及合金钢。

五、加工不同材料的切削速度

加工材料	抗拉强度 σ_b/MPa	硬度 HB	切削速度/(m/min) d_0=5～10	切削速度/(m/min) d_0=11～30
工具钢	1000	300	35～40	40～45
工具钢	1800～1900	500	8～11	11～14
工具钢	2300	575	<6	7～10
镍铬钢	1000	300	35～38	40～45
镍铬钢	1400	420	15～20	20～25
铸钢	500～600		35～38	38～40
不锈钢			25～27	27～35
热处理钢	1200～1800		20～30	25～30
淬硬钢			8～10	8～12
高锰钢			10～11	11～15
耐热钢			3～6	5～8
灰铸铁		200	40～45	45～60
合金铸铁		230～350	20～40	25～45
合金铸铁		350～400	8～20	10～25
冷硬铸铁			5～8	6～10
可锻铸铁			35～38	38～40
高强度可锻铸铁			35～38	38～40
黄铜			70～100	90～100
铸铁青铜			50～70	55～75
铝			250～270	270～300
硅铝合金			125～270	130～140
硬橡胶			30～60	30～60
酚醛树脂			10～120	10～120
硬质纸			40～70	40～70
硬质纤维			80～150	80～150
热固性纤维			60～90	60～90
塑料			30～60	30～60
玻璃			4.5～7.5	4.5～7.5
玻璃纤维复合材料			198	198
贝壳			30～60	30～60
软大理石			20～50	20～50
硬大理石			4.5～7.5	4.5～7.5

六、高速钢及硬质合金切削用量选择表

高速钢及硬质合金扩孔时的进给量/(mm/r)			
扩孔直径 d_0/mm	加工钢及铸钢	铸铁铜合金铝合金 HB<200	铸铁铜合金铝合金 HB>200
≤15	0.5～0.6	0.7～0.9	0.5～0.6
15～20	0.6～0.7	0.9～1.1	0.6～0.7
20～25	0.7～0.9	1.0～1.2	0.7～0.8
25～30	0.8～1.0	1.1～1.3	0.8～0.9
30～35	0.9～1.1	1.2～1.5	0.9～1.0
35～40	0.9～1.2	1.4～1.7	1.0～1.2
40～50	1.0～1.3	1.6～2.0	1.2～1.4
50～60	1.1～1.3	1.8～2.2	1.3～1.5
60～80	1.2～1.5	2.0～2.4	1.4～1.7

注：1. 加工强度及硬度较低的材料时，采用较大值；加工强度及硬度较高的材料时，采用较小值。

2. 在扩盲孔时，进给量取为0.3～0.6mm/r。

3. 表列进给量用于：孔的精度不高于IT12～IT13级，以后还要用扩孔钻和铰刀加工的孔，还要用两把铰刀加工的孔。

4. 当加工孔的要求较高时，例如IT8～IT11级精度的孔，还要用一把铰刀加工的孔，用丝锥攻丝前的扩孔，则进给量应乘系数0.7。

七、高速钢扩孔钻扩孔时的切削速度

刀具规格/mm	结构钢 f/(mm/r)													
	0.3	0.4	0.5	0.6	0.7	0.8	1	1.2	1.4	1.6	1.8	2	2.2	2.4
$d_0=15$ 整体 $a_p=1$	34	29.4	26.3	24	22.2									
$d_0=20$ 整体 $a_p=1.5$	38	32.1	28.7	26.2	24.2	22.7	21.4	20.3						
$d_0=25$ 整体 $a_p=1.5$	29.7	25.7	23	21	19.4	18.2	17.1	16.2	14.8					
$d_0=25$ 套式 $a_p=1.5$	26.5	22.9	20.5	18.7	17.3	16.2	15.3	14.5	13.2					
$d_0=30$ 整体 $a_p=1.5$		27.1	24.3	22.1	20.5	19.2	17.2	15.6	14.5					
$d_0=30$ 套式 $a_p=1.5$		24.2	21.7	19.8	18.3	17.1	15.3	14	12.9					
$d_0=35$ 整体 $a_p=1.5$		25.2	22.5	20.5	19	17.8	15.9	14.5	13.4	12.6				
$d_0=35$ 套式 $a_p=1.5$		22.4	20.1	18.3	17	15.9	14.2	13	12	11.2				
$d_0=40$ 整体 $a_p=1.5$		24.7	22.1	20.2	18.7	17.5	15.6	14.3	13.2	12.3				

续表

刀具规格/mm	结构钢 $f/(mm/r)$													
	0.3	0.4	0.5	0.6	0.7	0.8	1	1.2	1.4	1.6	1.8	2	2.2	2.4
$d_0=40$ 套式 $a_p=2$			19.7	18	16.7	15.6	14	12.7	11.8	11				
$d_0=50$ 套式 $a_p=2.5$			18.5	16.9	15.6	14.6	13.1	12	11.1	10.4	9.8	9.3		
$d_0=60$ 套式 $a_p=3$			17.6	16.1	14.9	13.9	12.5	11.4	10.5	9.9	9.3	8.8	8.4	
$d_0=70$ 套式 $a_p=3.5$				15.5	14.3	13.4	12	10.9	10.1	9.5	8.9	8.5	8.1	7.7
$d_0=80$ 套式 $a_p=4$				14.4	13.4	12.5	11.1	10.2	9.4	8.8	8.3	7.9	7.5	7.2

刀具规格/mm	灰铸铁 $f/(mm/r)$															
	0.3	0.4	0.5	0.6	0.8	1	1.2	1.4	1.6	1.8	2	2.4	2.8	3.2	3.6	4
$d_0=15$ 整体 $a_p=1$	33.1	29.5	27	25.1	22.4	20.5	19									
$d_0=20$ 整体 $a_p=1.5$	35.1	31.3	28.6	26.6	23.7	21.7	20.1	18.9	17.9							
$d_0=25$ 整体 $a_p=1.5$		29.4	26.9	25	22.3	20.4	19	17.8	16.9	16.1						
$d_0=25$ 套式 $a_p=1.5$		26.4	24.1	22.4	20	18.3	17	16	15.1	14.4						
$d_0=30$ 整体 $a_p=1.5$			28	26	23	21.2	19.7	18.5	17.5	16.7	16					
$d_0=30$ 套式 $a_p=1.5$			23.7	23.2	20.7	19	17.6	16.6	15.7	15	14.4					
$d_0=35$ 整体 $a_p=1.5$				25.7	22.9	20.9	19.5	18.3	17.3	16.5	15.9	14.7				
$d_0=35$ 套式 $a_p=1.5$				23	20.5	18.7	17.4	16.4	15.5	14.8	14.2	12.4				
$d_0=40$ 整体 $a_p=1.5$				25.6	22.8	20.9	19.4	18.3	17.3	16.5	15.8	14.7	13.8			
$d_0=40$ 套式 $a_p=2$				23	20.5	18.7	17.4	16.4	15.5		14.2	13.2	12.4			
$d_0=50$ 套式 $a_p=2.5$					20.3	18.5	17.2	16.2	15.4		14	13.1	12.3	11.6		
$d_0=60$ 套式 $a_p=3$					20.1	18.4	17.1	16.1	15.2		13.9	13	12.2	11.6	11	
$d_0=70$ 套式 $a_p=3.5$						18.3	17	16	15.2		13.9	12.9	12.1	11.5	11	10.5
$d_0=80$ 套式 $a_p=4$						18.2	16.9	15.9	15.1		13.8	12.8	12.1	11.4	10.9	10.5

八、硬质合金扩孔钻扩孔时的切削速度

刀具规格/mm	结构钢 f/(mm/r)													
	0.2	0.25	0.3	0.35	0.4	0.45	0.5	0.6	0.7	0.8	0.9	1	1.2	1.4
$d_0=15$　$a_p=1$	58	55	52	49	47	46	44	42	40					
$d_0=20$　$a_p=1$		65	61	59	56	54	53	50	48	46				
$d_0=25$　$a_p=1.5$			60	58	55	53	52	49	47	45	43			
$d_0=30$　$a_p=1.5$					62	60	58	55	52	50	48	47		
$d_0=35$　$a_p=1.5$						62	60	57	54	52	50	49		
$d_0=40$　$a_p=2$						63	61	58	55	53	51	50	47	
$d_0=50$　$a_p=2.5$							61	58	56	53	52	50	47	45
$d_0=60$　$a_p=3$							62	59	56	54	52	50	48	46
$d_0=70$　$a_p=3.5$							63	60	57	55	53	51	48	46
$d_0=80$　$a_p=4$							64	60	57	55	53	52	49	47

刀具规格/mm	灰铸铁 f/(mm/r)													
	0.3	0.35	0.4	0.5	0.6	0.7	0.8	0.9	1	1.2	1.4	1.6	2	2.4
$d_0=15$　$a_p=1$	86	80	76	68	63	59	55	52						
$d_0=20$　$a_p=1$		90	85	77	71	66	62	59	56					
$d_0=25$　$a_p=1.5$			78	70	65	60	57	54	51	47				
$d_0=30$　$a_p=1.5$			81	76	70	65	61	58	55	51				
$d_0=35$　$a_p=1.5$				73	68	63	60	56	54	50				
$d_0=40$　$a_p=2$				74	68	64	60	57	54	50	47	44		
$d_0=50$　$a_p=2.5$					63	59	56	53	50	46	43	41	37	
$d_0=60$　$a_p=3$					60	56	53	50	48	44	41	38	35	
$d_0=70$　$a_p=3.5$						54	50	48	46	42	39	37	33	31
$d_0=80$　$a_p=4$						52	49	46	44	41	38	36	32	30

九、高速钢铰刀铰削的切削速度（精铰）

结构碳钢、铬钢、镍铬钢			灰铸铁、可锻铸铁、铜合金		
精度等级	加工表面粗糙度 Ra/μm	切削速度 v /(m/min)	灰铸铁	可锻铸铁	铜合金
IT7～IT8	3.2～1.6	4～5	8	15	15
IT7～IT8	1.6～0.8	2～3	4	8	8

十、铰刀铰削切削用量选择表

高速钢及硬质合金机铰刀铰孔时的进给量/(mm/r)								
刀具材料	加工材料	铰刀直径 ≤5	铰刀直径 5～10	铰刀直径 10～20	铰刀直径 20～30	铰刀直径 30～40	铰刀直径 40～60	铰刀直径 60～80
高速钢铰刀	钢 σ_b ≤900MPa	0.2～0.5	0.4～0.9	0.65～1.4	0.8～1.8	0.95～2.1	1.3～2.8	1.5～3.2
	钢 σ_b >900MPa	0.15～0.35	0.35～0.7	0.55～1.2	0.65～1.5	0.8～1.8	1.0～2.3	1.2～3.2
	铸铁铜及铝合金 HB≤170	0.6～1.2	1.0～2.0	1.5～3.0	2.0～4.0	2.5～5.0	3.2～6.4	3.75～7.5
	铸铁 HB >170	0.4～0.8	0.65～1.3	1.0～2.0	1.3～2.6	1.6～3.2	2.1～4.2	2.6～5.0
硬质合金铰刀	未淬硬钢	—	0.35～0.5	0.4～0.6	0.5～0.7	0.6～0.8	0.7～0.9	0.9～1.2
	淬硬钢	—	0.25～0.35	0.3～0.4	0.35～0.45	0.4～0.5	—	—
	铸铁 HB≤170	—	0.9～1.4	1.0～1.5	1.2～1.8	1.3～2.0	1.6～2.4	2.0～3.0
	铸铁 HB>170	—	0.7～1.1	0.8～1.2	0.9～1.4	1.0～1.5	1.25～1.8	1.5～3.2

注：1. 表内进给量用于加工通孔，加工盲孔时进给量应取为0.2～0.5mm/r。

2. 最大进给量用于在钻或扩孔之后，精铰孔之前的粗铰孔。

3. 中等进给量用于：①粗铰之后精铰IT7级精度的孔；②精镗之后精铰IT7级精度的孔；③对硬质合金铰刀，用于精铰IT8～IT9级精度的孔。

4. 最小进给量用于：①抛光或珩磨之前的精铰孔；②用一把铰刀铰IT8～IT9级精度的孔；③对硬质合金铰刀，用于精铰IT7级精度的孔。

十一、高速钢铰刀粗铰削的切削速度（粗铰）

刀具规格/mm	结构钢、铬钢、镍铬钢 f/(mm/r)														
	≤0.5	0.6	0.7	0.8	1	1.2	1.4	1.6	1.8	2	2.2	2.5	3	3.5	4
$d_0=5$ $a_p=0.05$	24	21.3	19.3	17.6											
$d_0=10$ $a_p=0.075$	21.6	19.2	17.4	15.9	13.8	12.3									
$d_0=15$ $a_p=0.1$	17.4	15.3	14.1	12.9	11.1	9.9	9.2	8.2	7.7	7.1					
$d_0=20$ $a_p=0.125$	18.2	16.1	14.7	13.5	11.6	10.3	9.3	8.6	7.9	7.4					
$d_0=25$ $a_p=0.125$	16.6	14.8	13.4	12.2	10.6	9.4	8.5	7.8	7.2	6.7					
$d_0=30$ $a_p=0.125$	12.9				11.2	9.9	8.9	8.2	7.6	7.1	6.6	6.2	5.4	5.1	4.6
$d_0=40$ $a_p=0.15$	12.1				10.4	9.1	8.4	7.5	7.2	6.7	6.2	5.7	5.1	4.7	4.2
$d_0=50$ $a_p=0.15$	11.4				9.9	8.8	8	7.3	6.7	6.3	5.9	5.4	4.8	4.4	4
$d_0=60$ $a_p=0.2$	10.7				9.2	8.2	7.4	6.8	6.3	5.9	5.5	5.1	4.5	4.1	3.7
$d_0=80$ $a_p=0.25$	9.8				8.5	7.5	6.8	6.2	5.8	5.4	5.1	4.7	4.1	3.8	3.4

续表

刀具规格/mm	灰铸铁 190HBf/(mm/r)														
	≤0.5	0.6	0.7	0.8	1	1.2	1.4	1.6	1.8	2	2.5	3	4	5	
$d_0=5$　$a_p=0.05$	18.9	17.2	15.9	14.9	13.3	12.2	11.3	10.6	9.9	9.4					
$d_0=10$　$a_p=0.075$	17.9	16.3	15.1	14.1	12.6	11.5	10.7	9.4	8.9						
$d_0=15$　$a_p=0.1$	15.9	14.5	13.4	12.6	11.2	10.3	9.5	8.9	8.4	8					
$d_0=20$　$a_p=0.125$	16.5	15.1	14	13.1	11.7	10.7	9.9	9.2	8.7	8.3	7.4	6.7			
$d_0=25$　$a_p=0.125$	14.7	13.4	12.4	11.3	10.4	9.5	8.8	8.2	7.7	7.4	6.6	6			
$d_0=30$　$a_p=0.125$				12.1	10.8	9.8	9.1	8.5	8	7.6	6.8	6.2	5.4	4.8	
$d_0=40$　$a_p=0.15$				11.5	10.3	9.4	8.7	8.1	7.6	7.3	6.5	5.9	5.1	4.6	
$d_0=50$　$a_p=0.15$				11.5	10	9.2	8.5	7.9	7.5	7.1	6.3	5.8	5	4.5	
$d_0=60$　$a_p=0.2$				10.7	9.6	8.7	8.1	7.6	7.1	6.8	6.1	5.5	4.8	4.3	
$d_0=80$　$a_p=0.25$				10	8.9	8.1	7.5	7.1	6.7	6.3	5.6	5.2	4.5	4	

参考文献

[1] 蒋增福．铣工工艺与技能训练［M］．北京：高等教育出版社，2006.

[2] 蒋增福．车工工艺与技能训练［M］．2版．北京：高等教育出版社，2004.

[3] 肖善华，廖璘志．机械加工工艺设计［M］．北京：机械工业出版社，2018.

[4] 姜全新，唐燕华．铣削工艺技术［M］．沈阳：辽宁科技技术出版社，2009.

[5] 王甫茂．机械制造基础［M］．北京：科学出版社，2011.

[6] 杨好学，周文超．互换性与测量［M］．北京：国防工业出版社，2014.

[7] 侯德政．机械工程材料及热加工基础［M］．北京：国防工业出版社，2008.

[8] 闵小琪，陶松桥．机械制造工艺［M］．3版．北京：高等教育出版社，2018.

[9] 陈明．机械制造工艺学［M］．北京：机械工艺出版社，2014.

[10] 陈锡渠．现代机械制造工艺［M］．北京：清华大学出版社，2006.

[11] 兰建设．机械制造工艺与夹具［M］．北京：机械工业出版社，2004.

[12] 陈宝军，张雪筠．切削加工［M］．北京：电子工业出版社，2009.

[13] 夏致斌．模具钳工［M］．北京：机械工业出版社，2009.

[14] 赵玉奇．机械制造基础与实训［M］．2版．北京：机械工业出版社，2009.

[15] 张宝忠．现代机械制造技术基础实训教程［M］．北京：清华大学出版社，2004.

[16] 黄华烨．机械制造工程实践［M］．哈尔滨：哈尔滨工业大学出版社，2011.

[17] 蔡安江．机械制造技术基础［M］．北京：机械工业出版社，2007.

[18] 谢琪．机械制造技术［M］．北京：机械工业出版社，2007.

[19] 郑建中．互换性与测量技术［M］．杭州：浙江大学出版社，2004.

[20] 胡瑢华，甘泽新．公差配合与测量［M］．北京：清华大学出版社，2005.